斯坦福算法博弈论二十讲

[美] 蒂姆·拉夫加登（Tim Roughgarden）著
郝东 李斌 刘凡 译

Twenty Lectures on Algorithmic Game Theory

机械工业出版社
China Machine Press

图书在版编目（CIP）数据

斯坦福算法博弈论二十讲 /（美）蒂姆·拉夫加登（Tim Roughgarden）著；郝东，李斌，刘凡译．—北京：机械工业出版社，2020.1（2024.11 重印）
（计算机科学丛书）
书名原文：Twenty Lectures on Algorithmic Game Theory

ISBN 978-7-111-64306-7

I. 斯… II. ①蒂… ②郝… ③李… ④刘… III. 博弈论 – 计算机算法 IV. ① O225 ② TP301.6

中国版本图书馆 CIP 数据核字（2019）第 269906 号

北京市版权局著作权合同登记 图字：01-2019-0737 号。

本书源于斯坦福大学“算法博弈论”课程讲义，面向计算机科学、经济学、电子工程和数学等不同专业的高年级本科生和研究生。第 1 章概述相关知识和实例。第 2 ～ 10 章讨论关于规则制定的理论，即“机制设计”，包括在线广告、无线频谱拍卖和肾脏交换等实例。第 11 ～ 15 章介绍“无秩序代价”理论，围绕实际博弈中均衡的近似保证展开讨论。第 16 ～ 20 章介绍关于均衡计算的一些结论，基于分布式学习算法和以计算效率为核心的算法对均衡进行分析和计算，包括积极结论和消极结论。此外，每章都有颇具挑战性的习题，部分习题配有解答提示。

出版发行：机械工业出版社（北京市西城区百万庄大街 22 号 邮政编码：100037）

责任编辑：曲 熠　　责任校对：殷 虹

印　刷：北京虎彩文化传播有限公司　　版　次：2024 年 11 月第 1 版第 7 次印刷

开　本：185mm × 260mm 1/16　　印　张：15.5

书　号：ISBN 978-7-111-64306-7　　定　价：99.00 元

客服电话：（010）88361066 68326294

译者序

我们该如何理解人的决策和交互，并使计算机程序能够像人一样进行决策和交互？本书所探讨的就是在由人或智能体所组成的系统中，个体是如何决策的；以及这样的系统该如何理解，如何设计。

算法博弈论处于博弈论和计算机的交叉领域。在诸多世界顶尖级学术机构中，均有开设此门课程。它已经成功应用于很多场景，包括搜索关键字竞拍、在线广告、机构选址、网络构建、频谱定价、婚恋匹配、无人机群、竞技游戏等，其中有些已经收获了巨大的商业效益。我们希望此次翻译能够让更多的人了解并喜欢这一学科。

原书是基于作者 Tim Roughgarden 多年的授课经验而写成的。如果能跟随作者的思路深入研习下去，定会受益匪浅。原书内容概述可见前言，此处不再赘述。

本书的翻译是我在讲授研究生课程“算法博弈论”的过程中，与我的学生李斌和刘凡共同完成的。我主要负责第 1～7、11～15 及 19～20 章。李斌主要负责第 8～10 及 16～18 章。刘凡对第 5～7 章进行了协助。全文的检查和修改由我和李斌完成。我们要感谢李凯、董涵、张冬呈、侯光伟、石琪、张永亮、郭宇航进行了读校并给出了宝贵的修改建议。

此书涉及博弈论、理论计算机、人工智能领域的诸多知识。我们力求翻译可靠、易读，但由于时间较紧，知识和经验均有限，译文难免存在不足，在此敬请各位学者和读者朋友批评指正，您的任何意见请发送到邮箱 haodongpost@gmail. com。

郝　东

2019 年 12 月 6 日

前言

在过去的15年里，计算机科学和经济学进行了一场热烈的交互，诞生了一个叫作“算法博弈论”或者“经济与计算科学”的新领域。计算机科学中的诸多核心问题本质上都涉及多个自私个体之间的交互，而经济学和博弈论为这样的问题提供了丰富的推理模型和定义系统。在传统经济学的很多问题上，来自计算机科学的研究又起到了补充作用。例如，计算机科学聚焦于计算复杂性，并且为之提供了整套描述语言；计算机科学对近似边界进行了研究和推广，为不能或不容易找到精确解的问题提供了推理方法；计算机科学还为贝叶斯或平均情况分析提供了替代方法，而这能帮助经济设计问题找到更牢靠的解。

本书源自我在斯坦福大学所讲授的“算法博弈论”课程的讲义。从2004年到2013年，我一共五次讲授这门课程。该课程的目标是利用具有代表性的模型和结论，让学生便捷、容易地进入这个领域。本书的目标、讲授结构和关键点都与我在斯坦福大学的课程一致。出于精简内容的需要，本书没有更详细地展开一些课题，包括贝叶斯机制设计、紧凑型博弈的表示、计算社会选择、竞赛设计、合作博弈、加密货币和网络系统中的动机、市场均衡、预测市场、隐私、信誉系统和社会计算。以上这些问题很多都可以参考其他书目，包括Brandt等(2016)、Hartline(2016)、Nisan等(2007)、Parkes和Seuken(2016)、Shoham和Leyton-Brown(2009)，以及Vojnović(2016)。

在每章的开头，我会给出该章的简要介绍。在本书的最后，列出了全书的10个主要知识点。除此以外，每章中正文结束后，都会将重点知识总结出来。除了作为简介的第1章以外，全书可分为三部分。第2～10章涵盖关于规则制定的理论，即“机制设计”，除理论介绍外，还讲述了在线广告、无线频谱拍卖和肾脏交换等实际问题。第11～15章介绍的是“无秩序代价”理论，这是关于实际博弈中均衡的近似保证的，例如，由自私且相互竞争的个体组成的大型网络就是这样一个博弈。第16～20章介绍的是关于均衡计算的一些结论，既包括积极的结论，也包括消极的结论。这部分是基于分布式学习算法和以计算效率为核心的算法对均衡进行分析和计算的。第二、三部分可以独立于第一部分单独学习。学习本书第三部分需要具备第13章的基础；另外，学习16.2和16.3节需要12.4节的基础，学习16.4节需要第14章的基础。标星号的章节包含较困难的理论和技术内容，可以选择性阅读。

本书假设读者有一定的数学基础，另外，第4、19、20章需要读者对多项式时间算法和$\mathcal{NP}$完全性有基本了解。本书并不要求读者具备博弈论或经济学的背景，同时，本书也不能代替博弈论或经济学的传统教材。在斯坦福大学，上这门课的学生包括高年级本科生、硕士生和一年级博士生，他们来自不同的专业，包括计算机科学、经济学、电子工程、运筹学和数学等。

在每一章的正文之后，我都简要总结了与其相关的参考文献。课后练习部分可以作为对这一章的回顾或加强。问题部分比较困难，但能带领读者一步步走向新的研究成果。在本书的最后，我还给出了部分习题的提示，有提示的习题都带有“(H)”标记。

我的课堂教学视频已经上传到 YouTube，可以在我的个人主页(www.timroughgarden.org)上找到链接。除此以外，还有其他几门理论计算机科学课程的讲义和视频，也可以在主页上找到。如果有关于本书内容的问题，可以到论坛(twentylecturesonagt.freeforums.net/)与我及其他读者进行讨论。

我要感谢参加我的课程的斯坦福大学学生，他们提出的问题和建议对我很有益处。感谢我的助教 Peerapong Dhangwatnotai、Kostas Kollias、Okke Schrijvers、Mukund Sundararajan 和 Sergei Vassilvitskii。其中，Kostas 和 Okke 帮助我准备了本书中的部分图示。感谢 Yannai Gonczarowski、Warut Suksompong 和 Inbal Talgam-Cohen，他们对本书的草稿给出了详细的反馈。感谢 Lauren Cowles、Michal Feldman、Vasilis Gkatzelis、Weiwei Jiang、Yishay Mansour、Michael Ostrovsky、Shay Palachy 和 Rakesh Vohra 给出的诸多建议。本书封面是由 Max Greenleaf Miller 设计的。本书的撰写得到了美国国家科学基金会 CCF-1215965 和 CCF-1524062 项目的资助。

如果你有任何建议或发现了书中的疏漏之处，请不吝提出，非常感谢。

Tim Roughgarden
2016 年 6 月
于斯坦福大学

第1章

Twenty Lectures on Algorithmic Game Theory

简介和实例

本书由三部分组成，每一部分都有各自的目标。第2～10章探讨如何设计一个由多个策略型的参与者组成的系统，并保证有良好的性能表现。第11～15章探讨在什么样的情况下自私的行为是良性的。第16～20章研究如何使得策略型的参与者达到博弈的均衡，以及如果达到了，又会怎样。本章将介绍与书中这三部分知识相关的动机和实例。

1.1 关于规则制定的科学

2012年奥运会在伦敦举办。在羽毛球赛事中，发生了一件丑闻。这件丑闻与兴奋剂无关，而是由于赛制设计的失败导致的。在设计赛制时，奥委会没有仔细考虑运动员的动机这一关键因素。

奥运会羽毛球赛制的设计和足球世界杯的赛制类似。一共有四个组(A，B，C，D)，每组中有四支参赛队。赛程有两个环节。第一个环节是小组内循环赛，每一支参赛队与组内其他三支进行比赛，而不与其他组的参赛队比赛。小组赛中排名前两位的参赛队将进入第二个环节，排名后两位的参赛队则直接出局。第二个环节采用的是淘汰赛制。一共有四场四分之一决赛，每场失败的参赛队被直接淘汰；然后是两场半决赛，半决赛中失败的两支参赛队将会争夺铜牌；决赛中的获胜者拿金牌，负者拿银牌。

在这样的过程中，参赛队、奥委会和观众各自的动机是不一致的。参赛队想要的是什么？当然是拿更好的奖牌。奥委会想要的是什么？好像他们并没有认真思考这个问题，但是在丑闻发生后，我们很清楚奥委会希望每支参赛队都能尽全力去打每场比赛。一支参赛队竟然会想要输掉一场比赛？在淘汰赛环节，因为输一场会导致直接被淘汰，显然赢绝对是比输要好的。

为了理解动机，我们需要解释小组赛到淘汰赛的进阶过程(见图1.1)。在淘汰赛的四分之一决赛时，A组中积分最高的队伍会和C组中排名第二的队伍比赛，这是第一场四分之一决赛。类似的，C组中排名第一的队伍会和A组中排名第二的队伍比赛，这是第三场四分之一决赛。B组和D组中前两位的队伍会以类似的方式进行匹配，产生第二、四场四分之一决赛。问题发生在小组赛的最后一天，丹麦队的 Pedersen 和 Juhl(PJ)对阵中国队的 Tian 和 Zhao(TZ)，PJ 以小组第一的身份晋级淘汰赛，而 TZ 以小组第二的身份晋级。

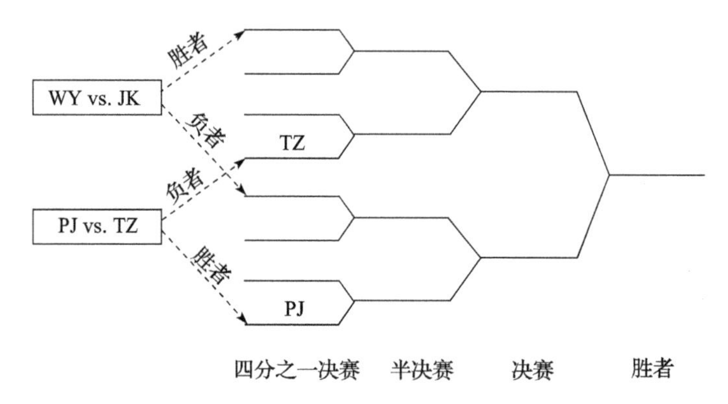

图 1.1　2012 年奥运会女子羽毛球比赛中，WY 队和 JK 队都想尽可能不与 TZ 队遭遇

第一场有争议的比赛是中国队的 Wang 和 Yu(WY)与韩国队的 Jung 和 Kim(JK)的比赛。这两个参赛队的战绩都是组内胜两场，所以两队都能提前晋级淘汰赛。但是有一个问题，本场比赛的获胜者以 A 组第一名的身份晋级后，很可能在半决赛时迎战上面提到的 TZ 队，而 TZ 队是公认的强队。如果输给 TZ 队，则最多只能拿到铜牌。而相比而言，本场比赛的失败者不会马上迎战 TZ 队，那么银牌就很有保障了。WY 队和 JK 队都清楚这一点，所以比赛时两队都想输给对方！这样无趣的比赛导致 WY 和 JK 两队最终被取消参赛资格。C 组中的另外两个参赛队也因为相似的原因被取消参赛资格。[⊖]

问题的关键在于，在一个由策略型参与者组成的系统中，*规则是至关重要的*！未经精心设计的系统会招致意想不到的结果。出现这样结果的责任在于系统的设计者而不是参与者，设计者应该预见到参与者的策略，而不能要求参与者违背自己的利益行事。我们不能责怪参赛的羽毛球队，他们在比赛时使用对自己有利的策略并没有错。

机制设计是一门成熟的、关于决策的科学。机制设计的目标是设计一系列规则，从而使得参与者的策略型行为能够导致好的结果。本书中所涉及的机制设计的经典应用包括关键字搜索拍卖、无线频谱拍卖、医院和病人的匹配以及肾脏交换等问题。第 2～10 章涵盖了传统经济学中关于机制设计的基础知识，以及计算机科学对于机制设计的贡献，包括计算效率、近似优化和可靠性保障等。

⊖　在这届奥运会中，PJ 队在四分之一决赛中被淘汰，TZ 队最终获得金牌。

1.2　自私的行为在什么时候是近似最优的

1.2.1　布雷斯悖论

有时你并没有条件从零开始来构建博弈，而是要先根据现实状况理解博弈。考虑图 1.2 中所示的布雷斯悖论问题。有一个源节点 o，一个目标节点 d，还有固定数量的司机要从 o 出发到 d 去。现在先假设 o 和 d 之间有两条不相干的路径，每条路径都是由一段长但宽阔的路和一段短但狭窄的路组成的(图 1.2a)。假设在长但宽阔的路段上，不论有多少交通流，所需的行程时间都是 1 小时；假设在短但狭窄的路段上，所需要的时间等于其上所承担的交通流的百分比。图 1.2a 中边上的数值就是这段路程所需的时间。每一条路径上的总体时间代价是$1+x$，其中 x 就是使用这条路径的交通流的比例。因为两条路径相互独立，交通流会在这两条路径上均分。这样，每一个司机从 o 出发到达 d 所花费的时间都是一个半小时。

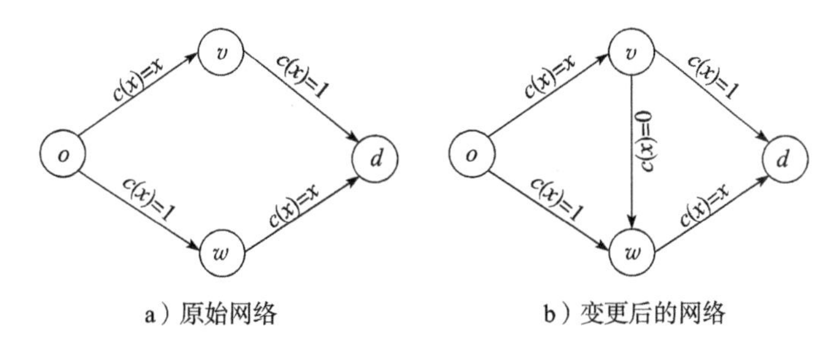

图 1.2　布雷斯悖论。每一条边上都标记了通过该边时所花费的时间函数。在加入连边(v,w)之后，无秩序代价是 4/3

假设我们想提升交通运行能力，在图上 v 和 w 之间增加一条可以瞬时通过的边(图 1.2b)。这种情况下，司机会如何反应？之前的交通流模式将会被打破。每一位司机在路径 $o \rightarrow v \rightarrow w \rightarrow d$ 上所花费的时间都不会比原先两条路径上的时间更多，当某些司机没有使用这条新的路径时，新路径上的时间会严格小于原始路径上的时间。所以，我们预期所有司机都会转变到使用这条新的路径。因为边(o,v)和(w,d)上的拥堵，现在每一位司机从 o 到 d 所耗费的总体时间都变成了两个小时。布雷斯悖论告诉我们，在网络中加边，虽然本意是好的，但有可能导致坏的结果。

布雷斯悖论还展示了自私的路由不能将司机的时间代价最小化。在一个带有瞬时通路的网络中，一个利他的指挥者能使每一个人的时间代价降低 25%。我们将*无秩序代价*(Price of Anarchy，POA)定义为策略型参与者自组织情况下系统的表现与系统最优表现的比例。对于图 1.2b 所示的例子，$\text{POA}=\frac{2}{3/2}=\frac{4}{3}$。

在诸多应用领域中，包括网络路由、调度、资源分配和拍卖，在合理的条件下，POA都可以趋近于1。在这样的情况下，自私的行为会导致近似最优的结果。

1.2.2 线与弹簧

布雷斯悖论不仅仅适用于交通网络，它还能与机械网络“线与弹簧”对应起来。在图1.3所示的设备中，一只弹簧的一头固定在顶上，另一头连着一条线。还有另一只相同的弹簧，一头被这条线吊着，另一头拉着一个重物。上面这只弹簧的下部到重物连有一条松弛的线，下面这只弹簧的上部到顶连有一条松弛的线。

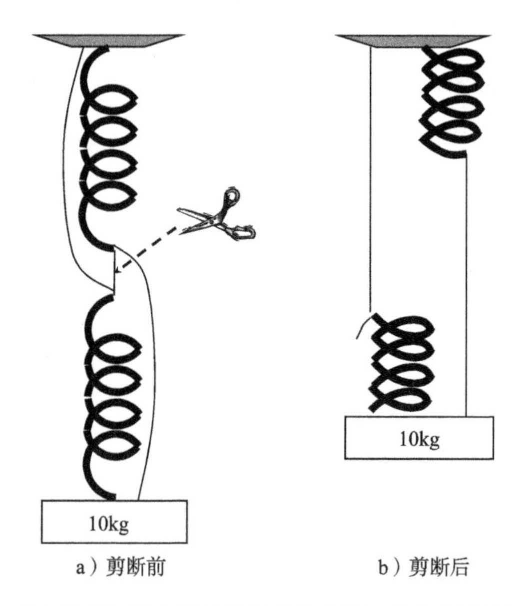

图1.3 线与弹簧。将中间被拉紧的线剪断，将会使重物被提起来

如果合理选择弹簧和线，这个机械网络可以达到一个均衡的位置，如图1.3a所示。可能很难相信的是，如果剪掉中间这条紧的线，会使重物被提起来，如图1.3b所示。这个现象的原因是一开始两只弹簧是串联的，所以每一只都承受了重物的全部重量。在剪掉中间的线之后，弹簧形成了并联，共同分担了重量，所以只拉伸了一半。在这个例子中，重物位置的提升，和交通网络例子中瞬时连边被移除后时间代价的减少有相同的效果。

1.3 策略型参与者能通过学习算出一个均衡吗

有一些博弈并不难玩。例如，在图1.2b中，使用瞬时连边是不需要思考的，不论其他司机怎么做，每个人都会选择走这条路。但是在大多数博弈中，一个参与者的最优动作要取决于其他参与者在做什么。下面所示的石头-剪刀-布博弈就是一个经典的例子。

	石头	布	剪刀
石头	0，0	−1，1	1，−1
布	1，−1	0，0	−1，1
剪刀	−1，1	1，−1	0，0

两个参与者，其中一人选择某一行，另一人选择某一列。矩阵每一个格子里的两个数分别代表行参与人的收益和列参与人的收益。更一般地，一个双人博弈包含每个参与者的有限策略集合，以及在每种策略组合下各方所获得的收益。

均衡就是系统的稳定状态。在这个状态下，对每一个参与者来说，如果其他参与者保持不变，那这个参与者也会想保持不变。在石头-剪刀-布博弈中，没有确定性的均衡：不论当前的状态是哪种，至少有一个参与者可以通过单方面改变策略来获得高收益。例如，博弈局势(石头，布)不可能是一个均衡，因为行参与者可以通过单方面改变到剪刀来获得更高的收益。

在实际玩石头-剪刀-布时，看起来对手好像是在随机选择三种策略。这样一个在所有策略上的概率分布称为混合策略。如果两个参与者都平均地随机选择自己的三种策略，则没有任何一个人能够通过单方面改变策略来获得更高的收益(任何的单方面改变策略都会导致期望收益为 0)。这样的概率分布所形成的策略对就叫作(混合策略)纳什均衡。

如果允许随机，那么每一个博弈都至少含有一个纳什均衡。

定理 1.1(纳什定理) 任何一个有限的双人博弈都含有纳什均衡。

纳什定理在任何含有有限人数的博弈中都成立(参见第 20 章)。

纳什均衡是否可以由一种算法或者一个策略型参与者自己很快计算出来呢？在石头-剪刀-布这样的零和博弈中，纳什均衡可以使用线性规划方法很快计算出来；或者如果允许很小的错误发生，也可以通过简单的迭代学习算法计算出来(见第 18 章)。这些算法的结果使得我们相信纳什均衡对于零和博弈有很好的预测能力。

但是在非零和双人博弈中，近期的研究结果表明，并不存在能计算纳什均衡的快速算法(见第 20 章)。有趣的是，$\mathcal{NP}$ 困难性这一复杂度的标准好像并不适用于纳什均衡的计算。在这种意义上讲，计算双人博弈的纳什均衡是一个少有的、自然的且展现出中等计算困难度的问题。

在关于均衡概念的很多版本的诠释中，牵扯到某些智能体(参与者或者博弈设计者)来决定一个均衡。如果所有的参与者都是有限理性的，只有当一个均衡的计算代价能够被接受的时候，它才可以被视为可信的预测。所以，计算困难性给均衡概念的预测能力提出了质疑。在计算困难性之前，还有其他对于纳什均衡的质疑。例如，博弈可以含有多个纳什均衡，而这种非唯一性也削弱了均衡的预测能力。即便如此，来自计算困难性的批评仍然是很重要的，并且，这是使用计算机科学中的概念很自然地构建出来的。计算困难性还为我们提供了动机，使得我们去研究计算可行的均衡概念，例如相关均衡和粗糙相关均衡(第13、17、18章)。

总结

- 2012年奥运会的女子羽毛球赛丑闻是由于参赛队和奥组委的目标不一致而导致的。
- 在一个系统中，系统设计者有责任预测参与者的策略，而不应该指望着参与者违背自己的利益行事。
- 布雷斯悖论告诉我们，在网络中修一条高速通道有可能会给交通造成负面的影响。类似的，在线和弹簧的系统中剪掉一条线可能会使得重物的位置上升。
- 无秩序代价(POA)是策略型参与者自组织情况下系统的表现与系统最优表现的比值。当POA接近1时，说明自私的行为大体上是良性的。
- 博弈的组件包括：一个参与者集合，每个参与者有一个策略集合，在每一个博弈局势下，每一个参与者都有一个收益。
- 在纳什均衡下，任何参与者都不能通过单方面变更自己的策略而增加收益。纳什定理说明，每个有限博弈至少含有一个混合策略纳什均衡。
- 计算双人博弈的纳什均衡是现实世界中少有的体现出中等计算困难的实例。

说明

Hartline和Kleinberg(2012)将奥运会女子羽毛球赛丑闻和机制设计问题联系起来。布雷斯悖论来自于Braess(1968)，线和弹簧问题可以参考Cohen和Horowitz(1991)。关于布雷斯悖论的相关引用和泛化参见Roughgarden(2006)。Koutsoupias和Papadimitrious定义了无秩序代价。定理1.1来自于Nash(1950)。“市场会不精确地为一个重要的计算性问题找到一个解”，这一思想可以追溯到亚当·斯密的“看不见的手”(Smith，1776)。Rabin(1957)率先讨论了有限理性和某些均衡概念之间的冲突。

练习

练习1.1 为奥运会羽毛球赛给出至少两种建议，从而消除参赛队故意输掉比赛的动机。

练习1.2 观赏电影《美丽心灵》中关于纳什均衡的片段。这个片段是四个参与者(四个男人)、五个动作(五个女人)的博弈的最简单建模。解释为什么片中纳什这一角色提出的解决方案并不是纳什均衡。

练习 1.3 证明在石头-剪刀-布博弈中，存在唯一的(混合策略)纳什均衡。

问题

问题 1.1 举一个现实世界中的系统的例子，在这个系统中，参与者的目标和系统设计者的目标基本不一致。这样的系统可以是一个网站、一场比赛等。为解决这个动机问题提出一种方案。答案应包括：

(a) 系统描述。描述应该足够细化，以便清楚表述动机问题以及你对该问题的解。

(b) 给出一个参与者可以用设计者不希望的方式在这个系统中进行决策的例子。

(c) 为什么你提出的方案可以减少或者消除(b)中提到的参与者策略性的行为？给出令人信服的论证。

问题 1.2 参考 YouTube 上关于布雷斯悖论的示例，给出一个更好的说明。可以考虑在边权的变化幅度等方面进行扩展。

第2章
Twenty Lectures on Algorithmic Game Theory

机制设计基础

机制设计是关于规则制定的科学，本章我们将开始关于机制设计的正规学习。我们将介绍机制设计中的一个重要的经典问题——单物品拍卖的设计，并探讨在简单情境下进行机制设计的基础知识。在之后的章节中，我们会将本章所讲述的内容扩展到更复杂的应用场景中。

2.1节定义单物品拍卖，包括竞拍者的拟线性效用模型。2.2节将密封价格拍卖进行公式化表示，2.3节涉及一价拍卖，2.4节介绍二价拍卖(即维克里拍卖)并确立它的基本特性。2.5节将把拍卖设计的基本目标进行公式化表示，包括强动机保证、高性能保证以及计算高效。2.6节列举一个拍卖理论的关键应用，即为在线广告而设计的关键字搜索拍卖。

2.1 单物品拍卖

我们从单物品拍卖开始讨论机制设计。回忆我们本部分的总体学习目标。

学习目标1 理解如何设计一个由多个策略型参与者组成的系统，从而保证这个系统有良好的性能。

考虑卖家想要卖一件物品，比如一部二手手机。这样的场景是易贝网等在线拍卖网站上经常见到的。假设有n个策略型的竞拍者都想要买这个物品。

我们想要做的是，针对不同的拍卖模式，对竞拍者可能的行为进行推理。为了实现这一点，我们需要为竞拍者的意愿进行建模。第一个关键的假设是：每一个竞拍者对于物品都有一个非负的估值v_i，即他愿意为该物品支付的最高额度。竞拍者i希望在价格最高不超过v_i这一前提之下，以尽可能便宜的价格获得该物品。另一个重要的假设是，这个估值是私人信息，即卖家和其他的竞拍者并不知道该估值。

竞拍者使用的效用模型称作拟线性效用模型。该模型的描述如下：如果竞拍者i在拍卖中输了，他的效用是0；如果该竞拍者以价格p赢得了这场拍卖，则他的效用记为v_i-p。这可以说是最简单且符合现实的效用模型，之后的几章都将使用这个模型。

2.2 密封价格拍卖

我们的讲述内容会专注于一类简单的拍卖形式：密封价格拍卖。具体如下：

1. 每个竞拍者 i 私下将他的报价 b_i 提交给卖家。
2. 卖家决定谁能得到物品(如果存在这样的竞拍者)。
3. 卖家决定卖出的价格。

要实现以上第二步，有一个很显然的方法：将物品分给最高报价者。实际上这也是本书中所使用的唯一的选择方法。[一]

要实现第三步，有多种合理的方法。不同的实现方法将对竞拍者的行为有显著的影响。例如，假设卖家是完全利他的并且不对最高报价者收取任何费用。这种方法会适得其反，因为在这样的规则下，竞拍者之间将会转向另一种博弈，即谁给出的数字最大?

2.3 一价拍卖

在一价拍卖中，获胜的竞拍者需要支付的价格就是他的报价。这种拍卖在现实中很常见。

但是我们很难对一价拍卖进行推理。首先，参与者很难算出究竟该如何报价。其次，卖家或拍卖设计者很难预测拍卖中将发生什么。假想你参与了下面这样一场一价拍卖，你对在售物品的估值是你出生日期中的月份与日期的和，这样的话你的估值应该位于2(1月1日)和43(12月31日)之间。假设有另外一个竞拍者的估值也是这样定出来的。这种情况下，你如果想最大化自己的效用，该提交什么数字作为自己的报价呢？如果你知道对手的生日，是否会对你有帮助？如果你知道你有两个对手而不是一个，你的报价是否会改变?[二]

2.4 二价拍卖和占优策略

现在我们专注于另外一种同样常见的单物品拍卖，这种拍卖更加容易进行推理。如果你在易贝网上赢得了一场拍卖，你需要支付多少？假设你的报价是100元并且赢

[一] 在第5、6章学习收益最大化问题时，我们将会看到为什么其他的赢家选择方法很重要。

[二] 关于一价拍卖的更多理论阐述详见问题5.3。

了，你需要支付 100 元吗？答案是不需要。如果第二高报价是 90 元，那么你只需要支付 90 元就可以了，而不是支付自己的报价 100 元。也就是说，如果你在一场易贝网拍卖中获胜了，你成交的价格是所有人报价中第二高的那个价格。

二价拍卖也称维克里拍卖，是一种密封的拍卖形式。在二价拍卖下，最高报价者赢，并且其支付等于第二高报价。为了阐述二价拍卖的最重要性质，我们需要给出一个新的定义——占优策略，这是一种不论其他竞拍者如何报价，都能使本竞拍者的效用最大化的策略。

命题 2.1(二价拍卖中的动机)　*在二价拍卖中，每一个竞拍者 i 都有占优策略，即将自己的报价 b_i 设定为自己的真正估值 v_i。*

命题 2.1 意味着二价拍卖很容易参与。当竞拍者报价时，他不需要推测其他竞拍者要做什么，不需要关心有多少其他竞拍者，不需要考虑其他竞拍者是否按照自己的估值如实报价，等等。这和一价拍卖完全不同。一价拍卖中，按照自己的真实估值报价是不合情理的，因为这只能保证收益为 0。而最优的报价取决于其他竞拍者的报价。

命题 2.1 的证明：考虑任意一个竞拍者 i，他的估值为 v_i，其他竞拍者的报价组合为 $\boldsymbol{b}_{-i}$，即从所有人的报价组合 $\boldsymbol{b}$ 中移除竞拍者 i 的报价之后所形成的向量。我们需要证明竞拍者 i 的效用在 $b_i=v_i$ 时最大。

令 $B=\max_{j\neq i} b_j$ 表示除 i 以外的最高报价。二价拍卖的特殊之处在于，虽然 i 的报价有无穷多个数字可以选择，但这些报价只可能有两种不同的结果产生。如果 $b_i<B$，则 i 输掉了这场拍卖，效用为 0。如果 $b_i\geqslant B$，则 i 赢得这场拍卖，支付的价格为 B，最终的效用为 v_i-B。[⊖]

最后，我们针对 i 的估值分情况讨论：一种情况是 $v_i<B$，这种情况下，i 能获得的最高效用是 $\max\{0, v_i-B\}=0$，当如实报告自己的估值时，i 将输掉这场拍卖并实现效用最大化。第二种情况是 $v_i\geqslant B$，这种情况下，i 能获得的最高效用是 $\max\{0, v_i-B\}=v_i-B$，当如实报告自己的估值时，i 将赢得这场拍卖并且实现效用最大化。 ■

二价拍卖的另一个重要性质是，说真话的买家(即按照自己真实估值报价的买家)不会后悔参与到二价拍卖中来。

命题 2.2(非负效用)　*二价拍卖能保证每一个说真话的竞拍者的效用不为负。*

证明：二价拍卖中输家的效用都是 0。如果赢家 i 赢得了拍卖，他的效用是 v_i-p，其中 p 的值就是第二高报价。因为 i 是赢家，所以他必然是最高报价者，又因为 i 是说真话的，所以有 $p\leqslant v_i$，即 $v_i-p\geqslant 0$。 ■

⊖ 如果有两个相同的最高报价，则可以用任意的方式打破僵局，比如可以偏向竞拍者 i。不论怎样打破僵局，命题 2.1 的结论都不受影响。

练习 2.1～2.5 探讨了二价拍卖的更多其他性质和变种。例如，在二价拍卖中，真实报价是唯一的占优策略。

2.5 理想化拍卖

二价拍卖是理想化的，因为它具备了三个不同的属性，而这三个属性都是我们想要的。下面这个定义描述了第一个属性。

定义 2.3(占优策略激励相容) 在一场拍卖中，如果对于每一个竞拍者按照自己的估值真实报价都是一个占优策略，并且真实报价的竞拍者的效用都非负，则称这个拍卖是占优策略激励相容(Dominant-Strategy Incentive Compatible，DSIC)的。[一]

单物品拍卖结果的社会福利定义为

$$\sum_{i=1}^{n} v_i x_i$$

其中，如果竞拍者 i 赢得了拍卖，则x_i为 1，否则为 0。因为只有一个物品，所以有一个可行性的约束条件 $\sum_{i=1}^{n} x_i \leqslant 1$ 。所以，社会福利就是赢家的估值，或者如果没有赢家的话，社会福利就是 0 [二]。如果在一场拍卖中，在所有的竞拍者都说真话的情况下，拍卖的结果能导致最大的社会福利，就说这场拍卖是社会福利最大化(welfare maximizing)的。下一个定理由命题 2.1、命题 2.2 以及二价拍卖的定义推出。

定理 2.4(二价拍卖是理想化的) 二价单物品拍卖满足以下几条性质：

(1) [强动机保证]二价拍卖是 DSIC 的。

(2) [高性能保证]二价拍卖是社会福利最大化的。

(3) [计算高效]二价拍卖可以在输入量的多项式时间(实际上是线性时间)内实施。输入量是指描述v_1，…，v_n所需要的比特的数量。

这三条性质都很重要。从竞拍者的角度看，DSIC 性质使得报价选择变得非常简单易行。从卖家或机制设计者的角度看，DSIC 使得对拍卖结果的推测变得更容易了。需要说明的是，对于一个拍卖结果的任何推理，都应该是建立在竞拍者如何行动这一假设之上的。在 DSIC 拍卖下，唯一的假设就是，如果一个买家有明显的占优策略，他就一定会选择这个策略。这一行为假设并不算强。[三]

如果你能够保证 DSIC 性质，很好。但是我们需要更多。例如，一个随机免费分发物品的拍卖是 DSIC 的，但是这样的拍卖并没有找出哪个竞拍者最需要这件物品。

[一] 真实报价的竞拍者的效用都非负这一要求称作“个体理性”(Individual Rationality，IR)。为了减少定义书写，本书中将这一点加入 DSIC 的描述中了。

[二] 物品的售价并没有包括在社会福利的计算中。我们将卖家视为一个独立的智能体，他的收益抵消了赢家由于支付而产生的收益损失。

[三] 非 DSIC 的机制也很重要，更详细的阐述参见 4.3 节。

社会福利最大化这个性质很奇妙：即使卖家提前不知道竞拍者的估值，拍卖也能选出最高估值的竞拍者！(假设出价是真实的，而这一假设可以被 DSIC 性质保障)。也就是说，二价拍卖解决了社会福利最大化问题，具有与将竞拍者的私人估值提前公开一样的效果。

计算高效很重要，因为要保证潜在的实际应用价值，拍卖应该在合理的时间内运行出结果。例如，在线广告拍卖(如 2.6 节中的拍卖)一般是实时地给出结果。

2.6 节和第 3、4 章都是依据定理 2.4，这些章节为更复杂的情境寻找理想化的拍卖。

2.6 经典案例：关键字搜索拍卖

2.6.1 背景知识

在搜索引擎的搜索结果页面上一般有两类内容：一类是根据 PageRank 等算法得到的与你搜索的关键字有直接关联的源生链接，另一类是广告商付了费的广告链接。每次你在搜索引擎上搜索一个关键字时，搜索引擎在背后都实时地运行了一场拍卖，通过这场拍卖来决定哪些广告商的链接能够被显示出来，这些链接以什么次序排列，以及向每个广告商收取多少钱。这样的*关键字搜索拍卖*创造了巨大的网络经济效益。相关的数据非常让人震撼：在 2006 年，来自关键字搜索拍卖的利润占据了谷歌总利润的 98%。虽然在线广告现在有多种成熟的表现形式，但是关键字搜索拍卖产生的经济价值仍然是每年数百亿美元量级的。

2.6.2 关键字搜索拍卖的基本模型

下面我们针对关键字搜索拍卖，讨论一种简单、实用且很有影响的模型。需要销售的物品是某个搜索结果页面上的 k 个广告链接位置。竞拍者是一些想要在该关键字页面下显示自己广告链接的广告商。例如，沃尔沃和斯巴鲁可以是“客货两用车”这个关键字的竞拍者，尼康和佳能可以是“单反相机”这个关键字的竞拍者，这样的拍卖形式比单物品拍卖要复杂。其复杂体现在两个方面：一方面，一般来说，有多个物品待售(即 $k>1$)；另一方面，这些物品是不同的。例如，如果广告是按顺序显示在页面上的，那么排在前面的广告比排在后面的广告就更有价值，因为人们一般遵循从前到后的顺序来浏览广告列表。

我们使用*点击率*(Click-Through Rate，CTR)来对不同广告位之间的差别进行量化。广告位 j 的点击率α_j表示的是用户点击这个广告位链接的概率。如果广告位是从上到下排列的，那么一个合理的假设就是$\alpha_1 \geqslant \alpha_2 \geqslant \cdots \geqslant \alpha_k$。为了简化处理，我们现在做一个不太合理的假设，即广告位的点击率与该广告位的内容无关。关键字搜索拍卖可以扩展到更一般化且符合实际的形式，即每个广告商 i 都有一个自己的质量分β_i(越高越好)，这样的话，广告商 i 在广告位 j 处的链接的点击率计算为$\beta_i\alpha_j$(见练习 3.4)。

我们假设广告商并不在乎广告的曝光量，而是对用户的每一次点击有一个估值 v_i。这样的话，广告商 i 在广告位 j 处的期望值就是$v_i\alpha_j$。

2.6.3 我们想要什么

是否存在理想化的关键字搜索拍卖呢？对于这样的拍卖，有以下几个关键的需求：

(1) DSIC。也就是按照真实估值报价是占优策略，而且效用不会为负。

(2) 社会福利最大化。对广告位的分配应该使得 $\sum_{i=1}^{n} v_i x_i$ 最大化，其中x_i是分配给 i 的广告位的点击率(如果该广告位没分配给任何广告商，则为 0)。每个广告位只能分配给一个竞拍者，每个竞拍者只能得到一个广告位。

(3) 计算高效。拍卖的运行时间应该是输入(即v_1，…，v_n)的多项式级的(甚至是近线性的)。请注意，每天都有海量的这种拍卖在搜索引擎上运行。

2.6.4 我们的设计方法

拍卖问题的困难在于，我们要同时处理两个搅在一起的事情：决定谁赢得拍卖，以及决定每个人付多少钱。即使在单物品拍卖中，如果只做对了第一件事(比如把物品分给出价最高的竞拍者)，也是不够的。因为如果没有好好设计支付，那么策略型参与者就会钻空子。

令人高兴的是，在许多应用(包括关键字搜索拍卖)中，我们可以同时解决这两个交织在一起的问题。

> **步骤 1**：假设所有的竞拍者都如实报价。那么，我们该如何将竞拍者分配到广告位上去，从而使得上面的性质(2)和(3)成立？
>
> **步骤 2**：在得到步骤 1 的解之后，我们该如何设定售价，从而使得上面的性质(1)成立？

如果能高效地解决以上两个步骤，那么我们就得到了一个理想的拍卖。步骤 2 保证了 DSIC 性质，这意味着竞拍者会如实报价(前提是如果竞拍者有占优策略，就会执行这个策略)。这样的话，步骤 1 中的假设就得到满足了，所以拍卖的结果就是社会福利最大化的。

最后，我们来看看在关键字搜索拍卖这个情境下步骤 1 是如何执行的。如果报价都是真实的，我们该如何将竞拍者分配到广告位上去才能实现社会福利最大化呢？练习 2.8 中，要求证明自然的贪心算法是能实现最优的(而且是计算高效的)，即对于所有的 $i=1, 2, \cdots, k$，将报价第 i 高的竞拍者分配到点击率第 i 高的广告位上去。

那我们能实现步骤2吗？是否存在和二价拍卖中的定价相似的方案，从而使得说真话是一个占优策略呢？下一章中，我们将基于迈尔森引理，对此问题给出一个肯定的答案。

总结

- 在单物品拍卖中，有一个卖家、一件物品、多个竞拍者，每个竞拍者有一个私人估值。单物品拍卖是机制设计的一个简单但经典的实例。
- 在一场拍卖中，如果真实报价是占优策略，并且真实报价不会导致效用为负，则这场拍卖是DSIC的。
- 在一场拍卖中，假设报价都是真实的，如果拍卖的结果永远具有最大的可行社会福利，则这场拍卖是社会福利最大化的。
- 二价拍卖是理想化的，因为它是DSIC的，是社会福利最大化的，而且可以在多项式时间内运行出结果。
- 关键字搜索拍卖是互联网经济的重要组成部分。这种拍卖比单物品拍卖要复杂，因为有多个广告位待售，并且这些广告位的质量各不相同。
- 设计理想化拍卖的一般化方法是：第一步，假设报价都是真实的，决定如何分配物品以实现社会福利最大化；第二步，设计价格，从而使真实报价成为占优策略。

说明

占优策略激励相容这一概念参见Hurwicz(1972)。定理2.4来自Vickrey(1961)，这篇论文有效地建立了拍卖理论这一领域。2.6节中关键字搜索拍卖的模型参见Edelman等(2007)和Varian(2007)，前者包含前文提及的令人震撼的统计数据。问题2.1与Dynkin(1963)的秘书问题有较强的联系，也可以参考Hajiaghayi等(2004)。

2007年诺贝尔奖委员会给出了一个历史性的综述，这个综述对20世纪七八十年代机制设计理论的发展做了概述。当代的情况介绍参见Börgers(2015)、Diamantaras等(2009)，以及Mas-Colell等(1995)中的第23章。Krishna(2010)是关于拍卖理论的很好的入门文献。

练习

练习2.1 考虑一个至少有三个竞拍者的单物品拍卖。假设一种拍卖机制将物品分配给最高报价者，收取的费用等于第三高的报价，证明这个拍卖机制不是DSIC的。

练习 2.2 证明在二价拍卖中，对于一个竞拍者的每一个虚假报价$b_i \neq v_i$，都存在一个其他所有竞拍者的报价组合 $\boldsymbol{b}_{-i}$，能使得竞拍者 i 在报b_i时的效用严格小于其在报v_i时的效用。

练习 2.3 假设有 k 个相同的物品以及$n>k$ 个竞拍者，每个竞拍者最多可以分配 1 个物品。类比二价拍卖构建一个拍卖机制。证明你的机制是 DSIC 的。

练习 2.4 考虑卖家卖物品时，产生一个代价 $c>0$。此代价可能是由于卖家对物品的估值为 c，或者生产该物品的代价为 c。在这种情况下，社会福利的定义是赢家对物品的估值减去该物品对于卖家的代价。那么，该如何修改二价拍卖来使得机制仍然满足 DSIC 及社会福利最大化？证明你的机制是收支平衡的(budget-balanced)，也就是说，当卖家卖出物品时，他的收益最少是 c。

练习 2.5 假设你想要雇佣一个承包商来完成某个任务，比如装修房子。每个承包商都有执行该任务的成本，且只有该承包商自己知道该先验知识。类比二价拍卖，给出一个机制。该机制使得承包商都能汇报自己的成本，并选出一个承包商，同时给出一个价格。在这个机制中，如实汇报成本应该是承包商的占优策略，并且在真实的成本报告下，你的机制应该能选出成本最低的承包商。胜出的承包商收到的价格应该至少是他的成本价，落败的承包商不应该支付任何费用。

[这种类型的拍卖叫作采购拍卖或反向拍卖。]

练习 2.6 将易贝拍卖和密封二价拍卖做个对比。(如果你不了解易贝拍卖，先去研究一下它的工作模式。)你在这两种拍卖下应该有不同的报价吗？请解释清楚你关于竞拍者行为的假设。

练习 2.7 你可能在电视或网络上见过那种“要价-举牌”模式的公开升价单物品拍卖。拍卖商逐步提出更高的要价。这样的拍卖在无人接受当前的要价时结束，赢家就是接受前一轮要价的竞拍者，并且成交价就是前一轮的要价。请将这种公开升价拍卖与密封二价拍卖做比较。思考在公开升价拍卖中是否存在占优策略。

练习 2.8 回忆 2.6 节中的关键字搜索拍卖。在关键字搜索拍卖中，竞拍者 i 对每次点击有一个估值v_i。一共有 k 个广告位，其点击率分别是$\alpha_1 \geqslant \alpha_2 \geqslant \cdots \geqslant \alpha_k$。社会福利计算为 $\sum_{i=1}^{n} v_i x_i$ ，其中x_i是分配给 i 的广告位的点击率(如果该广告位没分给任何广告商，则为 0)。对于所有的 $i=1, 2, \cdots, k$，将出价第 i 高的竞拍者分配到点击率第 i 高的广告位上去，证明这种分配方式可以使得社会福利最大化。

问题

问题 2.1 本问题针对的是在线单物品拍卖，其中竞拍者一个接一个到来。假设竞拍者数量 n 已知，竞拍者 i 的私人估值是 c。我们考虑如下模式的拍卖。

> **在线单物品拍卖**
>
> 对于到来的每个竞拍者 $i=1, 2, \cdots, n$：
>
> 　　如果物品在前一迭代阶段没有售出，制定一个非负价格 p_i，
>
> 　　　　然后接收来自竞拍者 i 的一个报价 b_i；
>
> 　　如果 $p_i \leqslant b_i$，则将物品以价格 p_i 卖给竞拍者 i；
>
> 　　　　否则，竞拍者 i 离开且物品依旧待售。

(a) 证明这样的一种拍卖形式是 DSIC 的。

(b) 假设竞拍者都如实报价，证明如果估值和竞拍者到来的顺序都是任意的，那么对于每一个和 n 无关的大于 0 的常数 c，都不存在确定性的在线拍卖机制，使得其社会福利至少是最大估值的 c 倍。

(c) (H)假设竞拍者都如实报价。证明存在一个和 n 无关的大于 0 的常数 c，以及一个确定性的在线拍卖机制，能够有如下保证：对于每一组无序的 n 个竞拍者的估值组合，如果竞拍者的到达时间符合均匀的随机顺序，那么拍卖的期望社会福利最少是最大估值的 c 倍。

问题 2.2 假设二价拍卖中有一个竞拍者子集 S 决定共谋，他们协调好进行报价，以求最大化效用之和。假设除此集合外，其他竞拍者都如实报价。求共谋者能够提高效用之和的充分必要条件(关于 S 的充分必要条件)。

问题 2.3 我们已经证明，假设每一个竞拍者的效用函数都是拟线性的，即估值为 v_i 的竞拍者以价格 p 买到物品时其效用为 v_i-p，二价拍卖是 DSIC 的。现在如果将竞拍者的效用函数的假设放宽，讨论在什么样的效用函数下，如实汇报自己的估值仍然是占优策略。

迈尔森引理

在上一章中，我们阐述了如何使用“两步”方法来设计同时满足 DSIC、社会福利最大化和计算高效的拍卖机制(参考 2.6.4 节)。第一步是假设竞拍者都按照真实估值来进行出价，在此基础上设计一个分配规则，从而实现社会福利最大化。例如，在关键字搜索拍卖问题中，我们可以将质量排在第 i 位的广告位分配给出价第 i 高的竞拍者。第二步是设计一个合适的卖价，从而使真实报价成为一个占优策略。本章中，我们将阐述并证明*迈尔森引理*(Myerson’s Lemma)。迈尔森引理是一个强大且通用的理论工具，它可以帮助我们实现上述第二步操作。我们可以将迈尔森引理应用到关键字搜索拍卖问题上。另外，在第 4、5 章中，也会讲述更多有关迈尔森引理的应用。

3.1 节介绍单参数环境，单参数环境是将机制设计问题进行泛化的一种简便的方法。3.2 节从分配规则和支付规则设计的角度，重新探讨密封二价拍卖机制的三个环节。3.3 节给出和分配规则密切相关的两个特性，即可实施性和单调性，并在此基础上阐述迈尔森引理。3.4 节将对迈尔森引理进行简要的证明，在第一次阅读本章时，3.4 节可以先跳过。迈尔森引理给出了 DSIC 机制下的支付规则的明确解析式。3.5 节将这个解析式引入关键字搜索拍卖问题。

3.1 单参数环境

可以用单参数环境来简单阐述迈尔森引理。在单参数环境中，有 n 个智能体，每个智能体 i 都对单个物品有非负的估值，此估值为私人信息，记作 v_i。最后，有一个可行集 X。X 中的每个元素 $\boldsymbol{x}$ 都是一个 n 维向量(x_1，x_2，…，x_n)，其中 x_i 表示智能体 i 获得的物品数量。

例 3.1(单物品拍卖) 在一个单物品拍卖中(参考 2.1 节)，X 就是所有 0-1 向量 $\boldsymbol{x}$ 所组成的集合，并且对于任意一个 $\boldsymbol{x}$ 都有 $\sum_{i=1}^{n} x_i \leqslant 1$。

例 3.2(k 物品拍卖) 如果有 k 个相同的物品进行拍卖，并且每个竞拍者最多获得其中一个(练习 2.3)，那么可行集 X 就是所有满足 $\sum_{i=1}^{n} x_i \leqslant k$ 的 0-1 向量 $\boldsymbol{x}$ 所组成的集合。

例 3.3(关键字搜索拍卖)　在关键字搜索拍卖中(参考 2.6 节)，X 描述的是将广告位分配给竞拍者的所有可能分配方式 $\boldsymbol{x}$ 的集合。一个竞拍者最多获得一个广告位，并且一个广告位最多分配给一个竞拍者。如果竞拍者 i 得到了广告位 j，那么 $\boldsymbol{x}$ 中的分量x_i就等于其所获得的广告位的点击率α_j。

例 3.4(公共项目决策)　公共项目决策是指决定是否修建一个供所有人共享的公共项目，比如一座桥。公共项目决策可以被建模为可行集 $X=\{(0,0,\cdots,0),(1,1,\cdots,1)\}$。

例 3.4 告诉我们，单参数环境足够通用，它不仅能够用来刻画拍卖问题，也能刻画其他很多场景。考虑到这样的通用性，在之后的讲述中，我们将使用更为宽泛的智能体(agent)一词，而不再使用较为狭义的竞拍者(bidder)。同样，我们也会使用报告(report)一词来代替出价(bid)。在此基础上，机制(mechanism)就是在每个智能体都具有私人信息的条件下，系统所进行的决策。而拍卖(auction)仅仅是处理物品-金钱交换的一类特殊机制。对比关系参见表 3.1。

表 3.1　拍卖和机制的对比。拍卖是机制的一种特殊形式，它主要处理的是物品和金钱的交换问题

拍卖	机制
竞拍者	智能体
出价	报告(也称为上报、汇报)
估值	估值

3.2　分配规则和支付规则

在密封二价拍卖中，机制设计者需要做两个决策：一是谁获得物品，二是定出每个人需要付多少钱。这两个决策分别被称为分配规则和支付规则。二价拍卖需要完成以下三步：

1. 收集所有智能体的出价 $\boldsymbol{b}=(b_1,\cdots,b_n)$。我们将向量 $\boldsymbol{b}$ 称为出价向量或出价组合。
2. [**分配规则**]选择一个可行的分配 $\boldsymbol{x}(\boldsymbol{b})\in X\subseteq\mathbb{R}^n$，这个分配是出价向量的函数。
3. [**支付规则**]选择一个支付 $\boldsymbol{p}(\boldsymbol{b})\in\mathbb{R}^n$，它也是出价向量的函数。

在这个流程中，因为在第一步的时候，机制要求智能体直接地显露其私人估值，所以二价拍卖这样的机制被称为直接显示机制(direct-revelation mechanism)。也有非直接机制，例如迭代升价拍卖就是其中之一(参见练习 2.7)。

如果收益函数是拟线性的(quasilinear)，那么给定智能体的出价向量 $\boldsymbol{b}$，在一个分配函数和支付函数分别为 $\boldsymbol{x}$ 和 $\boldsymbol{p}$ 的机制下，智能体 i 的收益函数计算如下：

$$u_i(\boldsymbol{b}) = v_i \cdot x_i(\boldsymbol{b}) - p_i(\boldsymbol{b})$$

其中，支付规则应该满足，对于每个智能体 i 和所有可能的出价向量 $\boldsymbol{b}$，都有

$$p_i(\boldsymbol{b}) \in [0, b_i \cdot x_i(\boldsymbol{b})] \tag{3.1}$$

之所以有 $p_i(\boldsymbol{b}) \geqslant 0$，是为了保证卖家不倒找钱给买家；之所以有 $p_i(\boldsymbol{b}) \leqslant b_i \cdot x_i(\boldsymbol{b})$，是为了保证如实汇报自己真实估值的智能体的收益非负(你是否能理解为什么?)。[⊖]

3.3 迈尔森引理的内容

下面两个重要的定义阐述了分配规则应具有哪些良好的特性。

定义 3.5(可实施的分配规则) 对于一个单参数环境，对于一个分配规则 $\boldsymbol{x}$，如果存在一个支付规则 $\boldsymbol{p}$ 使得直接显示机制($\boldsymbol{x}$, $\boldsymbol{p}$)是 DSIC 的，那么，就称这个分配规则 $\boldsymbol{x}$ 是可实施的。

也就是说，那些能够被扩展成 DSIC 机制的分配规则才是可实施的。同理，DSIC 机制在分配规则空间上的投影就是可实施的分配规则的集合。如果我们的目标是设计 DSIC 的机制，那么必须限定在可实施的分配规则范围内，即可实施的分配规则决定了“机制设计的空间”。根据以上定义，在第 2 章最后所探讨的关键字搜索拍卖就可以被归约为：最大化社会福利的分配规则(即将第 i 个广告位分给出价第 i 高的竞拍者)，这样的分配规则是否是可实施的?

例如，考虑一个单物品拍卖的场景(例 3.1)，将物品分给最高出价者的分配方式是否是可实施的? 当然是。因为我们已经找到了一种支付规则，即赢家支付第二高价格。这样的最高价出价者胜出，结合支付第二高价格的机制，是满足 DSIC 的。那如果是将物品分配给出价第二高的竞拍者呢? 答案并不明朗，因为还没看到过这样的分配结合哪种支付规则才能使机制满足 DSIC。但是，也不能轻易证明对于这样的分配规则并不存在相对应的支付规则。

定义 3.6(单调分配规则) 如果对于每个智能体 i 和所有其他智能体的出价向量 $\boldsymbol{b}_{-i}$，对智能体 i 的分配函数 $x_i(z, \boldsymbol{b}_{-i})$ 是 i 的出价 z 的单调非减函数，那么就称一个分配规则 $\boldsymbol{x}$ 是单调的。

也就是说，在一个单调分配规则下，更高的出价会为你赢得更多的物品。

例如，在单物品拍卖中，如果分配规则是最高出价者得，那么当赢家提高报价时，他仍然会是赢家。相比之下，将物品分配给第二高出价者的分配方式并不是一个单调的分配规则。因为在这样的分配下，如果赢家过高报价，他反而有可能会失去

[⊖] 在一些应用中，这两个限制有可能会被放松，这样的放松在特定情境下是合理的。参见练习 2.5 和问题 7.1。

物品。

在关键字搜索拍卖中(例3.3)，如果将第i个广告位分配给出价第i高的竞拍者，这样的分配规则是单调的。这是因为，当一个竞拍者抬高报价时，他的排位只可能升高，并因此获得更好的广告位、更高的点击率。

现在我们开始阐述迈尔森引理的三个部分。每一部分都很有趣，而且在后面的应用中都很有用。

定理3.7(迈尔森引理)　在一个单参数环境下：

(a) 一个分配规则$\mathbf{x}$是可实施的，当且仅当它是单调的。

(b) 如果$\mathbf{x}$是单调的，那么存在唯一的支付规则，使得直接显示机制$(\mathbf{x}, \mathbf{p})$是DSIC的，且使得对于所有报价$b_i=0$均有$p_i(\mathbf{b})=0$。

(c) (b)中的支付规则有明确的表达式。[⊖]

迈尔森引理是本书中大部分机制设计理论的基石。其中(a)部分告诉我们，定义3.5和3.6中所定义的两类分配规则实际上是等价的。这两个定义的等价有着非凡的意义：定义3.5描绘了机制设计的目标，但是我们仅仅知道这个抽象的目标，并不知道该怎样将它实施；定义3.6所述的内容更便于我们的实际操作，因为通常情况下，检查一个分配规则是否单调并不是很难的事。现在这两者等价了，如何设计可行的分配规则就变得非常清晰。(b)部分告诉我们，如果一个分配规则是可实施的，那么如何设计支付规则就已经清楚了：只有唯一的设计方式。更进一步，(c)部分告诉我们，支付规则有着明确的解析式。在3.5节的关键字搜索拍卖设计以及第5、6章的收益最大化拍卖设计中，(c)部分的结论均发挥了重要的作用。

*3.4　迈尔森引理的证明

在一个单参数环境下，假设有一个单调或非单调的分配规则$\mathbf{x}$和一个支付规则$\mathbf{p}$，机制$(\mathbf{x}, \mathbf{p})$是DSIC的。那么问题是：支付规则$\mathbf{p}$应该是什么形式的？我们的方法是使用DSIC的严格约束条件来找到唯一的$\mathbf{p}$。下面我们一气呵成将迈尔森引理的三个部分一起证明。

回忆DSIC的条件是：对于任意智能体i、任意可能的估值v_i、任意其他智能体的出价组合$\mathbf{b}_{-i}$，当i真实报价的时候，其收益能够最大化。针对任意一个固定的i和$\mathbf{b}_{-i}$，i的报价为z，为了简化书写，将$x_i(z, \mathbf{b}_{-i})$记为$x(z)$，将$p_i(z, \mathbf{b}_{-i})$记为$p(z)$。图3.1展示了两种分配规则的图。这些曲线实际上是以z为变量的x函数的图像。

⊖ 更多细节参见公式(3.5)和(3.6)。更翔实的例子参见3.5节。

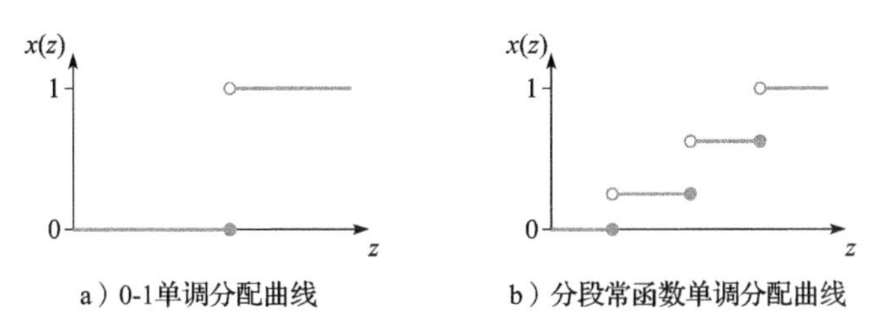

a）0-1单调分配曲线　　b）分段常函数单调分配曲线

图 3.1　分配曲线的例子

我们通过一种简单但聪明的交换技巧来引入 DSIC 约束。假设机制（$\boldsymbol{x}$，$\boldsymbol{p}$）是 DSIC 的，且有任意的两个变量 $0\leqslant y<z$。一种可能的情况是，智能体 i 的私人估值是 z，提交的报价是 y，即低于估值报价。在这种情况下，DSIC 要求以下公式成立：

$$\underbrace{z\cdot x(z)-p(z)}_{\text{报价为}z\text{时的收益}}\geqslant\underbrace{z\cdot x(y)-p(y)}_{\text{报价为}y\text{时的收益}}\tag{3.2}$$

同样，另一种可能的情况是，智能体 i 的私人估值是 y，提交的报价是 z，即高于估值报价。在这种情况下，DSIC 要求以下公式成立：

$$\underbrace{y\cdot x(y)-p(y)}_{\text{报价为}y\text{时的收益}}\geqslant\underbrace{y\cdot x(z)-p(z)}_{\text{报价为}z\text{时的收益}}\tag{3.3}$$

迈尔森引理实际上是在给定分配规则（函数 $\boldsymbol{x}$）的情况下来求解支付规则（函数 $\boldsymbol{p}$）的问题。将公式（3.2）和（3.3）移项、合并同类项之后，两式联立可得如下这种“支付差值”的夹逼形式：

$$z\cdot[x(y)-x(z)]\leqslant p(y)-p(z)\leqslant y\cdot[x(y)-x(z)]\tag{3.4}$$

这个不等式要求左项小于右项。从这个不等式已经能够看出，如果支付规则可实施，就意味着这个支付规则是单调的（练习 3.1）。所以，在之后的证明中，我们假设 $\boldsymbol{x}$ 是单调的。

下面考虑 x 是分段常函数（如图 3.1 所示）。在这个图中，x 的函数图像除了在几个间断点有跳跃外，其他地方都是平坦的常数。在公式（3.4）中，固定变量 z，令变量 y 从上至下无穷逼近 z。这样，如果函数 x 的值在 z 处没有变化，则不等式的左项和右项都为 0；如果 x 在 z 处有跳跃 h，则不等式的左项和右项值均为 $z\cdot h$。这说明 p 的约束是：对于所有的 z，

$$p\text{ 在 }z\text{ 处的变化}=z\cdot[x\text{ 在 }z\text{ 处的变化}]$$

将此约束与初始条件 $p(0)=0$ 结合，就能得到如下的支付函数：对于所有的智能体 i、其他智能体的报价向量 $\boldsymbol{b}_{-i}$，以及 i 的报价 b_i，有

$$p_i(b_i,\boldsymbol{b}_{-i})=\sum_{j=1}^{\ell}z_j\cdot[x_i(\cdot,\boldsymbol{b}_{-i})\text{ 在 }z_j\text{ 处的变化}]\tag{3.5}$$

其中，z_1，…，z_ℓ 是分配函数在 $[0，b_i]$ 区间内的断点。

如果 x 是单调的但不是分段常函数，也可以得到与以上相似的结论。例如，如果

x可微[⊖]，那么将公式(3.4)除以 $y-z$，当 y 从上到下无穷接近 z 时，约束条件就变为

$$p'(z)=z\cdot x'(z)$$

将此约束与初始条件 $p(0)=0$ 结合，就能得到如下的支付函数：对于所有的智能体 i、其余智能体的报价向量$\boldsymbol{b}_{-i}$以及 i 的报价b_i，有

$$p_i(b_i,\boldsymbol{b}_{-i})=\int_0^{b_i} z\cdot\frac{\mathrm{d}}{\mathrm{d}z}x_i(z,\boldsymbol{b}_{-i})\mathrm{d}z \tag{3.6}$$

特别需要重申的是，上述支付函数就是在给定分配函数 $\boldsymbol{x}$ 后能实现 DSIC 机制的唯一支付规则。因此，对于每一个分配规则 $\boldsymbol{x}$，最多仅有一个支付规则 $\boldsymbol{p}$ 使得机制是 DSIC 的(即定理 3.7(b)部分所述)。但是我们的证明还没有完成，因为我们仍然需要检查给定一个单调的分配规则 $\boldsymbol{x}$ 后，上面这样的支付规则是否能达到目的。

我们通过图 3.2 来证明，如果 $\boldsymbol{x}$ 是单调的分段常数函数，且支付规则符合公式(3.5)的形式，那么机制($\boldsymbol{x}$，$\boldsymbol{p}$)是 DSIC 的。相同的证明也适用于更加一般化的单调但非分段常函数的分配规则，公式(3.6)给出了这样的分配规则下的支付规则。完成了这部分的图示讨论，迈尔森引理的证明就完成了。

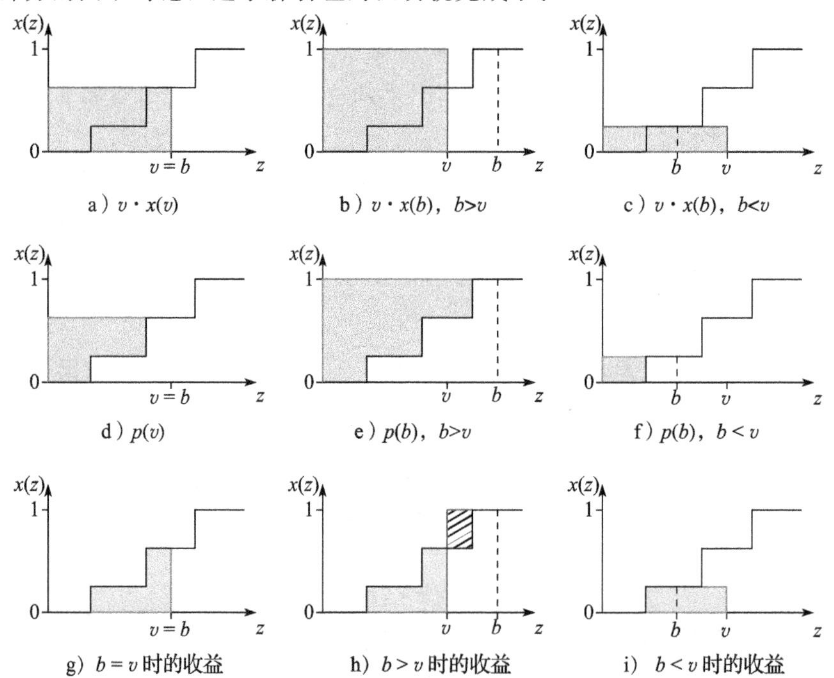

图 3.2 使用图示的方式证明：公式(3.5)中的支付规则和单调的分段常函数分配规则给出了一个 DSIC 的机制。上图中的三列从左到右分别为真实报价、高于估值报价、低于估值报价。从上到下每一行分别表示社会福利 $v\cdot x(b)$、支付规则 $p(b)$和收益 $v\cdot x(b)-p(b)$。在图 h 中，灰色阴影区表示正的收益，斜线区表示负的收益

⊖ 根据一些额外的微积分理论，就可以将证明扩展到一般化的单调函数上。

图 3.2a～i 所描绘的分别是当智能体真实报价、虚高报价、虚低报价时所获得的收益。在这三种情况下，分配函数曲线 $x(z)$和智能体的私人估值 v 都是一样的。当智能体的报价为 b 时，其收益计算为 $v \cdot x(b)-p(b)$。图 3.2a、b、c 中灰色矩形的面积就是 $v \cdot x(b)$的值。根据公式(3.5)，图 3.2d、e、f 中灰色矩形的面积就是智能体的支付 $p(b)$的值。最后一行的图 3.2g、h、i 中的灰色部分面积就是以上两项的差值。我们可以看到，当智能体按照真实估值报价时，其收益就是$[0, v]$区间内分配函数曲线以下区域的面积(图 3.2g)。当智能体虚高报价时，其收益是相同的区域再减去$[v, b]$区间内分配函数曲线以上区域的面积(图 3.2h)。当智能体虚低报价时，其收益应该是$[0, v]$区间内分配函数曲线以下区域的某个子集的面积(图 3.2i)。因为在真实报价时相应区域的面积最大，所以这样的机制是 DSIC 的。证毕。

3.5 支付公式的运用

迈尔森引理给出的明确的支付规则(定理 3.7(c))很容易理解，我们可以将这个结论应用到很多场景下。先考虑例 3.1 中提到的场景：在一个单物品拍卖中，分配规则是将物品分配给最高出价者。针对一个特定的出价者 i 以及其他出价者的报价向量 $\boldsymbol{b}_{-i}$，分配函数$x_i(z, \boldsymbol{b}_{-i})$的值在横轴到达点 $B=\max_{j \neq i} b_j$之前都是 0，在这之后都是 1。在这样一个单调的分段常函数的分配规则下，根据 3.4 节中公式(3.5)，可以得到如下迈尔森的支付函数：

$$p_i(b_i, \boldsymbol{b}_{-i}) = \sum_{j=1}^{\ell} z_j \cdot [x_i(\cdot, \boldsymbol{b}_{-i}) \text{ 在} z_j \text{ 处的变化}]$$

其中，z_1，…，z_ℓ是分配函数$x_i(\cdot, \boldsymbol{b}_{-i})$在$[0, b_i]$区间内的断点。在单物品拍卖中，最高出价者得这个分配规则的值要么是 $0(b_i<B$ 时)，要么是 $1(b_i>B$ 时)。这个函数 $x_i(\cdot, \boldsymbol{b}_{-i})$仅有一个断点(即在横轴为 B，纵轴变化为 1 处的断点)。所以，支付函数的值是$p_i(b_i, \boldsymbol{b}_{-i})=B$。以上分析可见，从迈尔森引理的角度来看，二价拍卖的支付规则是它的一种应用实例。

下面我们思考在关键字搜索拍卖(例 3.3)中，一共有 k 个广告位，点击率分别是 $\alpha_1 \geqslant \alpha_2 \geqslant \cdots \geqslant \alpha_k$。令 $\boldsymbol{x}(\boldsymbol{b})$表示分配规则，对于所有的 $i=1, 2, \cdots, k$，将质量第 i 好的广告位分配给出价第 i 高的竞拍者。这个分配规则是单调的，而且，如果竞拍者的出价都是真实估值，它也能使得社会福利最大化(练习 2.8)。在这个 $\boldsymbol{x}$ 的基础上，迈尔森的支付公式可以给出唯一的支付规则 $\boldsymbol{p}$，使机制$(\boldsymbol{x}, \boldsymbol{p})$是 DSIC 的。如果所有竞拍者的报价向量为 $\boldsymbol{b}$，对所有报价从高到低排序有$b_1 \geqslant b_2 \geqslant \cdots \geqslant b_n$。考虑最高报价者，如果其他竞拍者的报价固定，在其报价从 0 升高到b_1 的过程中，其分配函数 $x_1(z, \boldsymbol{b}_{-1})$的值从 0 升高到$\alpha_1$。当其报价从第 $j+1$ 高变成第 j 高(记为b_{j+1})时，其分配函数的增量为$\alpha_j-\alpha_{j+1}$。根据以上原理，由迈尔森引理得知第 i 高的报价者的支付函数计算如下(其中 $\alpha_{k+1}=0$)：

$$p_i(\boldsymbol{b}) = \sum_{j=i}^{k} b_{j+1}(\alpha_j - \alpha_{j+1}) \tag{3.7}$$

我们上面所讨论的关键字搜索拍卖的模型中，假设竞拍者关心的不是自己的链接显示在哪里，而是关心是否被点击。这种情况下，可以根据每次点击来计算支付。竞拍者 i 在第 i 个广告位上的单位点击量支付的计算很简单，就是对公式(3.7)进行 $1/\alpha_i$ 的缩小。

$$p_i(\boldsymbol{b}) = \sum_{j=i}^{k} b_{j+1}\frac{\alpha_j - \alpha_{j+1}}{\alpha_i} \tag{3.8}$$

据此可见，每当一个竞拍者的链接被点击，实际上他需要支付的数额是比他低的其他报价的一个凸组合。

由于历史原因，搜索引擎所使用的关键字搜索拍卖是基于“广义二价”(GSP)拍卖的，这是一种比上述 DSIC 的拍卖更简单的机制。GSP 的分配规则同样是将第 i 好的广告位分配给出价第 i 高的竞拍者，但是它对这位竞拍者收取的价格是第$(i+1)$高的报价的数额。对于相同的报价集合，GSP 的单位点击支付额度要比公式(3.8)中的值高。迈尔森引理告诉我们，公式(3.8)中的支付形式是唯一能保证 DSIC 的形式。所以，GSP 拍卖并不是 DSIC 的。但是它仍然有一些良好的性质，而且在某种意义上，它和 DSIC 的拍卖机制是等效的。问题 3.1 将具体讨论这个问题。

总结

- 在一个单参数环境中，每个智能体都有对单位物品的私人估值。一个可行集定义了有多少物品可以被分配给智能体。其实例包括单物品拍卖、关键字搜索拍卖和公共项目决策。
- 直接显示机制的分配规则是所有智能体报价的函数，它决定了哪些智能体得到哪些物品。支付规则也是所有智能体报价的函数，它决定了哪些智能体支付多少。
- 对于一个分配规则，如果存在一个支付规则使得整个机制是 DSIC 的，那么这个分配规则就是可实施的。
- 对于一个分配规则，在其他智能体报价固定的情况下，如果一个智能体更高的报价只会使其获得更多的物品，那么这个分配规则就是单调的。
- 迈尔森引理说明，一个分配规则是可行的，当且仅当它是单调的，并且相应的支付规则存在且唯一(假设报价为 0 时支付亦为 0)。
- 公式(3.5)和(3.6)给出了在单调的分配规则下能够实现 DSIC 机制的支付规则的明确算式。

- 在理想的关键字搜索拍卖问题中，迈尔森的支付公式对单位点击量支付额的计算非常优美。

说明

迈尔森引理参见 Myerson(1981)。公式(3.8)中的关键字搜索拍卖的支付公式参见 Aggarwal 等(2006)。Edelman 等(2007)和 Varian(2007)分别涉及了问题 3.1 中所述的内容。Goldberg 等(2006)介绍的“profit extractor”以及 Moulin 和 Shenker (2001)讨论的成本共摊机制都与问题 3.2 有关联。问题 3.3 是 Moulin 和 Shenker (2001)论文所讨论内容的一个特例。

练习

练习 3.1 使用公式(3.4)中的形式来证明：如果一个分配规则不是单调的，那么它就不是可实施的。

练习 3.2 在 3.4 节的迈尔森引理的证明中，使用的是图形化的方法，将单调的分段常函数分配规则与公式(3.5)所给出的支付规则进行整合，从而得出了机制是 DSIC 的结论。基于图形化的方式思考：如果分段常函数分配规则 $\mathbf{x}$ 不是单调的，以上证明是如何失效的？

练习 3.3 使用代数的方法证明：单调的分段常函数的分配规则结合公式(3.5)所给出的支付规则形成一个 DSIC 的机制。

练习 3.4 考虑以下对于关键字搜索拍卖的扩展。对于每个竞拍者 i，除了私人估值 v_i，都有一个公开的质量β_i。一般来说，每一个广告位 j 都对应一个点击率α_j，并且$\alpha_1 \geqslant \alpha_2 \geqslant \cdots \geqslant \alpha_k$。假设如果竞拍者 i 被分配到广告位 j，则一次点击的概率为$\beta_i \alpha_j$。这样的话，竞拍者 i 对于广告位 j 的估值就是$v_i \beta_i \alpha_j$。针对此情境，实现一个最大化社会福利的分配规则。证明这个分配规则是单调的。结合这个分配规则，给出一个具有明确函数形式的单位点击的支付规则，从而实现一个 DSIC 的机制。

问题

问题 3.1 回忆 2.6 节中的关键字搜索拍卖问题：一共 k 个广告位，其中第 j 个广告位的点击率是α_j(j 越大α_j越小)。如果将竞拍者 i 分配到广告位 j，则其收益是$\alpha_j(v_i - p_j)$，其中v_i是 i 对单位点击量的估值，p_j是 i 对第 j 个广告位上单位点击量的支付。广义二价拍卖(GSP)的定义如下：

广义二价(GSP)拍卖

1. 按照报价将竞拍者从高到低排序$b_1 \geqslant b_2 \geqslant \cdots \geqslant b_n$。
2. 对任意的$i=1, 2, \cdots, k$，将第i个竞拍者分到第i个广告位。
3. 对任意的$i=1, 2, \cdots, k$，其支付是每次点击发生都支付b_{i+1}。

以下几个子问题表明，广义二价拍卖中，有一个均衡是和相应的DSIC的关键字搜索拍卖中的“说真话”的均衡等价的。

(a) 证明对于所有的$k \geqslant 2$及所有可能的序列$\alpha_1 \geqslant \alpha_2 \geqslant \cdots \geqslant \alpha_k > 0$，GSP拍卖并不是DSIC的。

(b) (H)固定所有广告位的CTR和竞拍者对单位点击量的估值。通过增加虚拟的点击量为0的广告位，或者增加虚拟的单位点击量估值为0的竞拍者，我们可以使$k=n$。GSP中，如果在一个竞价组合$\boldsymbol{b}$中，没有任何一个竞价者可以通过单方面改变报价来提升自己的收益，那么$\boldsymbol{b}$就是GSP的一个均衡。验证在我们的假设$b_1 \geqslant b_2 \geqslant \cdots \geqslant b_n$之下，以上均衡的条件可以转化为下面的不等式系统：对于每一个i和排位更靠前的广告位$j<i$，

$$\alpha_i(v_i - b_{i+1}) \geqslant \alpha_j(v_i - b_j)$$

并且对于每一个排位更靠后的广告位，

$$\alpha_i(v_i - b_{i+1}) \geqslant \alpha_j(v_i - b_{j+1})$$

(c) 如果对于每个竞拍者i和广告位$j \neq i$，都有

$$\alpha_i(v_i - b_{i+1}) \geqslant \alpha_j(v_i - b_{j+1}) \tag{3.9}$$

则满足顺序$b_1 \geqslant b_2 \geqslant \cdots \geqslant b_n$的竞价组合$b$就是*无嫉妒的*。证明每一个无嫉妒的竞价组合都是一个均衡。[⊖]

(d) (H)如果公式(3.9)对于每一对相邻的广告位成立，即对于任意一对i和$j \in \{i-1, i+1\}$成立，则竞价组合就被称为*局部无嫉妒的*。根据定义，一个无嫉妒的竞价组合也是局部无嫉妒的。证明：对于每一组严格递减的CTR，每一个局部无嫉妒的竞价组合都是无嫉妒的。

(e) (H)证明：对于每一个单位点击量的估值组合和严格递减的CTR，GSP拍卖中都存在一个均衡，在这个均衡下，竞拍者向广告位的分配以及所有的单位点击量的支付，都等于所对应的DSIC关键字搜索拍卖中的所有竞拍者如实报价时的结果。

⊖ 为什么被称为“无嫉妒”呢？这是因为，如果我们将当前第j个广告位的单位点击量价格写为$p_j = b_{j+1}$，则这些不等式的意思就是：每一个竞拍者都更青睐自己当前所得的广告位及支付，因为如果他被分配到另一个广告位并支付那个广告位当前的价格，他的收益不会升高。

(f) 证明(e)中的均衡是无嫉妒竞价组合中卖家收益最小的。

问题 3.2 这个问题考虑的是 k 单位物品拍卖(例 3.2)，在此拍卖中，卖家有一个确定的收益目标 R。考虑如下算法，给定输入 $\boldsymbol{b}$，确定赢家及其支付。

收益目标拍卖

初始化排名前 k 的竞拍者为集合 S

while 存在一个竞拍者 $i \in S$，$b_i < R/|S|$ **do**

  从集合 S 中移除任意一个这样的竞拍者

为集合 S 中的每一位竞拍者(如果有)以价格 $R/|S|$ 分配一个物品

(a) 为收益目标拍卖的分配规则给出一个清晰描述，并证明其单调性。

(b) (H)根据迈尔森引理证明收益目标拍卖是一个 DSIC 机制。

(c) 证明如果 DSIC 且福利最大化的 k 单位物品拍卖(练习 2.3)的卖家收益至少是 R，收益目标拍卖将获得收益 R。

(d) 证明存在一个估值组合，使得收益目标拍卖的卖家收益为 R，但是使得 DSIC 且福利最大化的拍卖的卖家收益小于 R。

问题 3.3 这个问题再次讨论问题 2.2 提到的拍卖中的共谋问题。

(a) 证明问题 3.2 中的收益目标拍卖是*防群组策略的*，即不存在由部分竞拍者共谋的策略性报价，使得在共谋的群组中一人的效用严格增加的情况下，群组中其他人的效用都不严格减少。

(b) DSIC 且福利最大化的 k 单位物品拍卖是防群组策略的吗?

第 4 章

Twenty Lectures on Algorithmic Game Theory

算法机制设计

本章将在更复杂的单参数环境下探究 DSIC、福利最大化和计算高效的机制是什么样的。这些足够一般化的环境使得福利最大化成为 $\mathcal{NP}$ 困难问题，所以，我们只考虑近似的最大化社会福利的分配规则。要设计这样的规则有很多方法，但并非所有的方法都可以产出单调的分配规则。本章还会讨论显示原理，它规范化地诠释了我们为何将目标限定在直接显示机制上。

4.1 背包拍卖

4.1.1 问题定义

背包拍卖是另外一个单参数环境下的拍卖实例(见 3.1 节)。

例 4.1(背包拍卖) 在背包拍卖中，每一个竞拍者 i 都有一个公开的规模[⊖] w_i 和一个私有的估值。卖家有容量 W。可行集合 X 是一个 0-1 向量(x_1，…，x_n)，且 $\sum_{i=1}^{n} w_i x_i \leqslant W$ 。($x_i=1$ 仍然意味着竞拍者 i 是拍卖中的一个赢家。)

每当需要分配一个总量受限的资源时，你面对的就是一个背包问题。例如，竞拍者的规模可以表示一个公司的广告时长；估值是在足球世界杯中场休息时播放这个公司的广告，该公司所愿意支付的价格；卖家的容量就是可播放广告的总时长。其他可以用背包拍卖来建模的情景包括：竞拍者想要将数据存放在共享的服务器，数据流通过共享的信道传输，或者用共享的超级计算机进行计算等。如果在一个背包拍卖中，对于所有的 i 都有$w_i=1$，并且 $W=k$，这就是一个 k 单位物品拍卖(例 3.2)。

现在我们使用两步走的模式(2.6.4 节)来为背包拍卖设计一个理想的机制。首先，假设收到的报价都是真实的，并给出分配规则。然后设计一个支付规则，从而将这个分配规则扩展为一个 DSIC 的机制。

⊖ 原文用词为“size”，在传统背包问题中也被称为“大小”，本书中使用“规模”这一更泛化的词。——译者注

4.1.2　福利最大化的 DSIC 背包拍卖

一个理想化的拍卖模型应该能最大化社会福利，所以针对第一阶段的答案很清晰，分配规则应该是

$$\boldsymbol{x}(\boldsymbol{b}) = \underset{X}{\operatorname{argmax}} \sum_{i=1}^{n} b_i x_i \tag{4.1}$$

也就是说，该分配规则就是背包问题的一个解[⊖]。在这个背包问题中，物品的价值就是上报的竞价(b_1，…，b_n)，物品的大小就是竞拍者公开的规模(w_1，…，w_n)。根据定义，当竞拍者如实报价时，该分配规则可以将社会福利最大化。根据定义 3.6 可知，这个分配规则也是单调的。具体见练习 4.1。

4.1.3　关键报价

迈尔森引理(定理 3.7 的(a)和(b)部分)保证了存在一个支付规则 $\boldsymbol{p}$，使得机制($\boldsymbol{x}$，$\boldsymbol{p}$)是 DSIC 的。这个支付规则很容易理解。针对一个固定的竞拍者 i，以及其他竞拍者的报价组合$\boldsymbol{b}_{-i}$，因为分配规则是单调的且每个竞拍者的分配都是 0 或 1，所以直到一个断点 z 之前，分配曲线$x_i(\cdot, \boldsymbol{b}_{-i})$将一直是 0。在 z 处分配曲线跃迁到 1(图 4.1)。我们回忆分配函数的公式(3.5)为

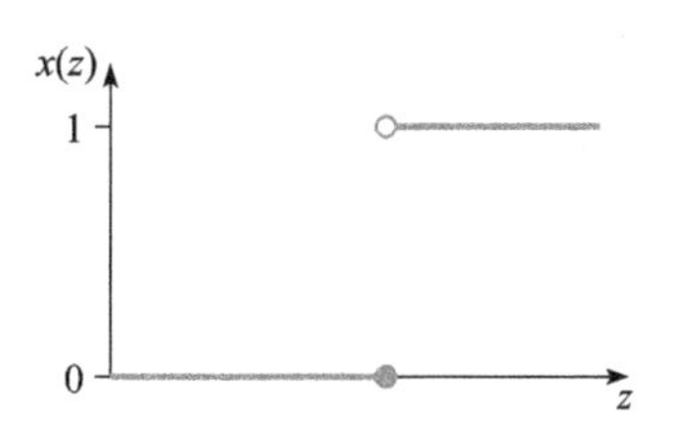

图 4.1　一个单调的 0-1 分配规则

$$p_i(b_i, \boldsymbol{b}_{-i}) = \sum_{j=1}^{\ell} z_j \cdot [x_i(\cdot, \boldsymbol{b}_{-i}) \text{ 在 } z_j \text{ 处的变化}]$$

其中，z_1，…，z_l是分配函数$x_i(\cdot, \boldsymbol{b}_{-i})$在$[0, b_i]$区间内的断点。所以，如果 i 的报价低于 z，则他得不到物品并且支付 0。如果他的报价高于 z，他将支付 $z\cdot(1-0)=z$。也就是说，当 i 赢得拍卖时，他支付的是一个*关键报价*，即他能够赢得物品的最小报价(假设其他竞拍者的报价$\boldsymbol{b}_{-i}$固定)。这和我们所熟悉的单物品二价拍卖中的支付规则是类似的。

4.1.4　福利最大化的计算困难性

那么，4.1.2 节中提出的机制是否是理想化的呢？理想化意味着：

(1) 是 DSIC 的。

(2) 假设报价都是真实的，能够最大化社会福利。

⊖ 背包问题的一个实例是由 $2n+1$ 个正数来进行定义的：物品的价值v_1，…，v_n，物品的大小w_1，…，w_n，以及背包容量 W。问题的目标是计算出物品的一个子集，使得物品的总大小不超过 W 的前提下，其总价值最高。

(3) 可以在输入量的多项式时间内(实际上是线性时间)实施。输入量是指描述所有相关参数(包括报价、规模、容量)所需要的比特位的数量。[一]

答案是否定的。原因是背包问题是 $\mathcal{NP}$ 困难问题。这意味着，除非 $\mathcal{P}=\mathcal{NP}$[二]，否则公式(4.1)中的分配规则不能在多项式时间内被实现。所以，以上性质中(2)和(3)是不兼容的。

既然并不存在理想化的背包拍卖，那么我们不得不进行妥协，即在三个目标中至少放松一个。但是该放松哪一个呢？首先，注意如果放松 DSIC 这一条件，并不会有任何作用，因为是(2)和(3)产生的冲突。

一个明智的选择是放松第三个限制，但是本书不会花太多时间去讲解这种方法。放松第三个限制尤其适合于背包拍卖，因为我们可以利用动态规划在伪多项式时间内算出分配规则(4.1)[三]。在机制设计里，如果你处理的情境很小或者体系结构清晰，并且有充足的时间和强大的计算能力，当然可以这样来实现社会福利的最优化。这样得到的分配规则结果是单调的，并且可以扩展到 DSIC 机制(见练习 4.1)。[四]

在本章后续部分，我们将会探讨如何在第二个目标上进行妥协，即使用近似最优的福利最大化换取计算的高效性，并同时保证 DSIC。

4.2 算法机制设计

算法机制设计是算法博弈论中最早的，也是最完善的一个分支。本节将展示这个领域里一个代表性的结果。

算法机制设计的主导模式是：放松理想化拍卖的第二个要求(即社会福利最大化)，放松的程度越小越好，同时受到第一个(DSIC)和第三个(多项式时间)要求的约束。对于单参数环境，迈尔森引理(定理 3.7)可以将这个任务约简为设计一个多项式时间的单调分配规则，并要求该分配使社会福利尽可能趋近最大化。

4.2.1 最好的情况：免费的 DSIC

算法机制设计能在过去 15 年获得巨大进展的一个原因就是，它与近似算法这一成熟的学科有着紧密的联系。近似算法的主要目标是，为 $\mathcal{NP}$ 困难的优化问题设计多

[一] 更确切地讲，机制关于输入量 s 的运行时间应该最多是 cs^d，其中 c 和 d 是常数，且与 s 无关。

[二] $\mathcal{P}$ 和 $\mathcal{NP}$ 问题分别表示在多项式时间内可以求解的问题的集合，以及给定一个正确解，在多项时间内可以验证该解的问题的集合。$\mathcal{NP}$ 集合只会比 $\mathcal{P}$ 集合更大。$\mathcal{P}\neq\mathcal{NP}$ 尚未被证明，但却是一个被普遍接受的猜想。

[三] 也就是说，如果报价或者规模只需要用很少量的比特就可以表示，那么该问题就可以被很快求解。可以参考本科的算法教材。

[四] 要记得支付也是需要计算的。一般来说，支付的计算需要求解 n 个福利最大化的问题(针对每个智能体求解一个问题)。见练习 4.3。

项式时间的算法，以求尽可能接近最优。除了算法要满足单调性这一限制，算法机制设计的目的和近似算法完全相似。由于机制设计中关于动机的限制条件被干净利落地整合进分配规则的附加条件中，所以，算法机制设计实际上是通过“奇妙的计算模型”而归约到了算法设计问题。

多项式时间的 DSIC 机制的设计空间只会比多项式近似算法的设计空间更小。最好的情况就是，除了多项时间这一要求导致的福利损失之外，DSIC(或者单调性)的限制条件并不会带来更多的福利的损失。我们知道，社会福利最大化这一目标自然而然产生了单调的分配规则，那是否近似社会福利最大化也是这样的呢?

4.2.2 再谈背包拍卖

为了更加规范化地讨论我们提出的问题，现在回到背包拍卖上来。对于背包问题，有一些启发式算法能保证有很好的最坏情况表现。例如，考虑下面这样的分配规则：给定报价集合 $\boldsymbol{b}$，通过一个简单的贪心算法来决定一个赢家集合 S，这个集合的总规模是 $\sum_{i\in S} w_i$，且最高是 W。因为将 $w_i > W$ 的那些竞拍者 i 移除并不会造成影响，所以我们假设对于所有的 i 都有 $w_i \leqslant W$。

背包问题的贪心算法

1. 将竞拍者按照以下公式的顺序从高到低排序：
$$\frac{b_1}{w_1} \geqslant \frac{b_2}{w_2} \geqslant \cdots \geqslant \frac{b_n}{w_n}$$ [一]
2. 按照这个顺序依次选取赢家，直到背包剩余容量容纳不下新的竞拍者的规模，算法停止。[二]
3. 要么返回上一步中的解，要么直接返回最高报价者。判断方法是，对比这两者的社会福利值，哪个更大就返回哪个。[三]

这个贪心算法是背包问题的一个 1/2 近似算法，也就是说，对于任意一个背包问题，这个算法所返回的解的值至少是最优解的一半。我们有如下的定理。

定理 4.2(背包拍卖的近似保证) 如果竞价都是真实的，那么使用贪心算法进行

[一] 直观上来讲，高的报价和小的规模会使得竞拍者更有竞争力。这种启发式的排序方法是对这两个属性进行了权衡，即考虑“对单位规模的估值”。

[二] 或者，继续按照排序的顺序，将不等式中后续其他能被容下的竞拍者再加进背包。这种改进的启发式排序方法只会比原始的启发式方法更好。

[三] 这一步的动机是，如果有一个值非常高但规模也很大的竞拍者，第二步产生的解可能是高度次优的。作为替代，这个步骤也可以按非递减的竞拍顺序对竞拍人进行排序，并贪心地将多个竞拍者打包，而不是只考虑报价最高的竞拍者。这种方法会有更好的表现。

分配下的社会福利至少是最大社会福利的50%。

简要证明：假设有真实的报价v_1，…，v_n，已知的各个竞拍者的规模w_1，…，w_n，以及总容量W。假设我们可以对某一个竞拍者只选取他的一部分规模，估值也按百分比分摊。例如，如果一个估值为10的竞拍者被选取了70%的容量，那么他对于社会福利的贡献就是7。下面是这种“部分背包”[一]的一个贪心算法：按照上面步骤1中的方法对竞拍者排序，选取赢家直至总容量被填满(最后一个赢家按需要的比例选取)。通过简单的交换论点[二]的方法可以证明，这个算法可以将部分背包拍卖问题的社会福利最大化。

假设在部分背包拍卖的最优解中，排名前k的竞拍者被完全选取，排名$k+1$的竞拍者被选取了一部分。另外，以上普通背包拍卖算法的(1)、(2)步所实现的解实际上就是前k个竞拍者的估值之和。而第(3)步中如果返回的是最高报价者，则他的估值是一定大于等于排名第$k+1$的竞拍者的估值的一部分的。算法的第(3)步可能返回两种解，而每种都至少是“部分背包”问题的最优解的一半。 ■

上面这种贪心分配算法也是单调的(练习4.5)，使用迈尔森引理(定理3.7)，我们可以将其扩充为一个DSIC的机制。这个机制在多项式时间内能运行完毕。并且，如果报价是真实的，其社会福利至少是最大值的50%。[三]

看到这样的结果，你可能会觉得非常乐观，会认为每一个合理的分配规则都是单调的。目前为止，我们只讨论过一个非单调的分配规则，即在单物品拍卖中“第二高竞价者赢”(3.3节)，而我们却并未对其有所在意。但是，要注意的是：

注意
自然的分配规则并不都是单调的。

例如，针对背包问题，对于所有的$\varepsilon>0$，都存在一种$(1-\varepsilon)$近似算法，该算法的运行时间是输入参数和$1/\varepsilon$的多项式时间级的，这样的算法即是一个完全多项式时间近似方案(FPTAS)(见问题4.2)。如果要直接实施这个算法，其所带来的分配规则并不是单调的，虽然可以对该算法进行调整，在不损害近似保证的前提下来恢复分配的单调性(见问题4.2)。这就是算法机制设计的特点：对于一个$\mathcal{NP}$困难的优化问题，首先检查是否可以依靠最先进的近似算法直接实现DSIC机制。如果不行，就将这个

[一] 有些关于算法的教材将其称为“分数背包”，英文为fractional knapsack problem。——译者注

[二] 交换论点的英文为exchange argument，也译为交换参数或交换步骤。请参见关于算法的其他教材。——译者注

[三] 如果还有额外的假设，贪心分配算法的表现还会更好。例如，如果对于所有竞拍者i都有$w_i\leqslant\alpha W$，且$\alpha\in\left(0,\frac{1}{2}\right]$，那么即便不使用算法的第(3)步，近似解的保证都可以提升到$1-\alpha$。

问题进行调整，或者设计一种新的近似算法，并尽量保证这种新的算法仍然满足近似率要求。

4.3 显示原理

4.3.1 再谈 DSIC

到目前为止，我们探讨的机制设计理论只涉及了 DSIC 机制。我们不断地强调追求 DSIC 性质的原因。首先，对于参与者而言，在 DSIC 机制中很容易得出该做什么：只需要选取占优策略并如实披露自己的私人信息即可。其次，机制设计者可以预测机制的结果是怎样的，需要的假设仅仅是参与者都会执行占优策略，而这一行为假设并不算强。但是，一价拍卖等非 DSIC 的机制在实际中仍然是很重要的。

那么，非 DSIC 的机制是否能完成 DSIC 机制不能做的事情呢？为了解答这个问题，我们需要梳理构成 DSIC 的两个条件。

DSIC 的条件

(1) 对于每一个估值组合，机制都有一个**占优策略均衡**，即所有参与者都选择占优策略时所进入的博弈局势。

(2) 在占优策略均衡中，每个参与者都向机制如实汇报自己的私人信息。

有些机制满足(1)但不满足(2)。例如，在一个单物品拍卖中，报价组合为 $\boldsymbol{b}$，但是卖家使用 $2\boldsymbol{b}$ 这个向量来做一次维克里拍卖。在这种情况下，竞拍者的占优策略就是汇报自己真实估值的一半。

4.3.2 直接显示的证明

显示原理说的是，如果条件(1)已满足，那条件(2)就可以满足。

定理 4.3(DSIC 机制的显示原理) *如果机制 M 中每个参与者都有一个占优策略，那一定存在和这个机制相等价的 DSIC 的直接显示机制 M'。*

这里“等价”的意思是，对于任意一个估值组合，直接显示机制M'的结果(即拍卖中的赢家和其需要支付的价格)都和机制 M 下智能体选择占优策略时的结果相同。

证明：见图 4.2。假设对于每一个竞拍者 i，其私人信息是v_i，他在给定机制 M 中的占优策略是函数$s_i(v_i)$。现在我们构建一个机制 M'。假设参与者委托 M'选出自己的占优策略。则机制 M' 将从各个智能体接收输入b_1，…，b_n。它会产生输出 $s_1(b_1)$，…，$s_n(b_n)$，并提交给机制 M。机制 M'完全复制与机制 M 相同的输出。

机制 M'是 DSIC 的：参与者 i 的真实私人信息是v_i，那么他如果汇报一个非v_i

的信息，将会使得机制 M' 产生其他策略而不是占优策略 $s_i(v_i)$，而这个非占优的策略输入进 M 后，会使参与者 i 的收益降低。 ■

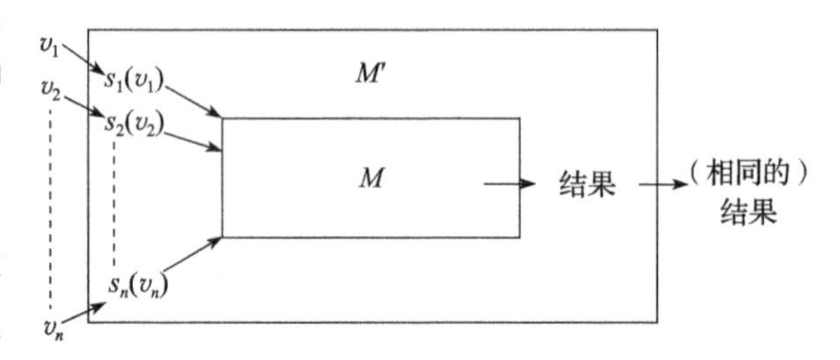

图 4.2　显示原理的证明。给定一个机制 M 和其下的占优策略，构建一个直接显示机制 M'

定理 4.3 的关键在于，至少在原理上，如果你想要设计一个含有占优策略的机制，那么你也可以设计另外一个机制，在这个另外的机制中，直接显示(在拍卖中，即如实汇报自己的估值)是一个占优策略。*"如实汇报信息"本身并不是难点*；DSIC 机制设计的困难在于，想要的博弈局势应该是一个占优策略均衡。

4.3.3　在占优策略均衡之外

我们是否可以将 4.3.1 节中的条件(1)放松，从而得到更好的机制呢？这个想法带来的首要问题就是，当智能体没有占优策略时，我们需要对其行为做更强的假设，以便预测智能体将要做什么，以及机制的结果将会是什么。例如，我们可以基于参与者私人信息之上的公共先验知识，来考虑贝叶斯-纳什均衡(问题 5.3)，或者完全信息下的纳什均衡(与问题 3.1 类似)。如果我们能够做这样的假设，是否可以得到比 DSIC 机制更好的机制呢？

答案是"有时是可以的"。由于这个原因，也由于非 DSIC 机制在实际中很常见，设计非 DSIC 的机制是很重要的一个任务。问题 5.3 简单提及了这个理论。一个粗糙的经验法则是，对于那些足够简单的问题，比如我们到目前所学过的那些问题，非 DSIC 机制能做的那些事，DSIC 机制同样能做。然而，在更加复杂的问题中，将 DSIC 的限制放松常常能让机制设计者获得更好的性能保障。而可以证明的是，这样的性能是 DSIC 机制所不能做到的。在这样的环境设定下，DSIC 机制和非 DSIC 机制是无法比较的。DSIC 机制实现了强动机保障，而非 DSIC 机制则有更好的性能表现。这两者哪一个更重要？这取决于具体的应用环境。

总结

- 背包拍卖是对受限、共享的资源进行分配问题的建模。竞拍者有私人估值和公开的规模。在一个可行的拍卖结果中，所有赢家的规模之和应该不超过资源的总容量。
- 背包拍卖中的最大化社会福利的计算是一个 $\mathcal{NP}$ 困难问题。所以，如果 $\mathcal{P}\neq\mathcal{NP}$，就不存在理想化的背包拍卖。

- 算法机制设计的目标是将理想化拍卖中的第二个要求（社会福利最大化）尽可能少的放松，同时满足第一个（DSIC）和第三个（多项式时间）的要求。在最好的情况下，存在一个多项式时间的 DSIC 机制。这个机制对于近似社会福利的保证对应于最先进的多项式时间近似算法。
- 针对福利最大化问题，最先进的近似算法也许能产生出单调的分配规则，也许不能。
- 显示原理告诉我们，对于每一个含有占优策略均衡的机制，都存在一个与它等价的、直接显示是占优策略均衡的机制。
- 在许多复杂的机制设计问题中，非 DSIC 机制可以实现 DSIC 机制所实现不了的性能。

说明

算法机制设计的起源参见 Nisan 和 Ronen(2001)、Lehmann 等(2002)；近期的综述见 Nisan(2015)。Archer 和 Tardos(2001)调查了单参数环境。Mu Alem 和 Nisan (2008)提出了背包拍卖。Gibbard(1973)规范化地提出了显示原理。Garey 和 Jahnson (1979)给出了关于 $\mathcal{NP}$ 完全性的很好的解释。

问题 4.1 和 Chekuri 和 Gamzu(2009)相关。经典的关于背包问题的 FPTAS 来自于 Ibarra 和 Kim(1975)。更多细节及前沿的多项式时间近似算法参考 Vazirani(2001) 和 Williamson 和 Shmoys(2010)。问题 4.2 来自于 Briest 等(2005)。问题 4.3 来自于 Lehmann 等(2002)。

练习

练习 4.1 考虑任意一个单参数环境，以及可行的分配集合 X。证明福利最大化的分配规则

$$\boldsymbol{x}(\boldsymbol{b}) = \underset{(x_1,\cdots,x_n)\in X}{\operatorname{argmax}} \sum_{i=1}^{n} b_i x_i \tag{4.2}$$

是单调的（定义 3.6）。

[假设如果出现平局，该平局可以通过确定性且兼容的方法打破，例如使用字典排序等。]

练习 4.2 继续上一个练习题。将 X 限定为 0-1 向量，即每一个竞拍者要么赢得物品要么失去物品。假设对于每一个竞拍者 i，都存在一个博弈局势，在此局势下竞拍者 i 没有赢得物品。迈尔森支付公式(3.5)规定，一个赢家将支付他的“关键报价”，即他能够赢得物品的最小报价。

证明，如果在分配规则(4.2)下 S^* 是赢家集合并且 $i\in S^*$，那么 i 的关键

报价等于以下两项的差：(1)不包含 i 的可行分配集合的最大社会福利。(2)S^* 中除去 i 后的剩余社会福利 $\sum_{j\in S^*\setminus\{i\}} v_j$ 。

[在这种情况下，每一个赢家的支付都是他的"外部性"，即他的出现对于其他竞拍者带来的损失。]

练习 4.3 继续上一道练习题。将 X 限定为 0-1 向量，且是单参数环境。假设你有一个子程序，即给定报价组合 $\boldsymbol{b}$，计算福利最大化的分配规则(4.2)的结果。

(a) 解释如何通过调用以上子程序 $n+1$ 次实现福利最大化的 DSIC 机制，其中 n 是参与者数量。

(b) 求证：如果在某些单参数环境下，福利最大化问题(给定 $\boldsymbol{b}$ 作为输入，计算规则(4.2))可以在多项式时间内被解决，则在这样的环境下，存在如定理 2.4 所述的理想化的机制。

练习 4.4 求证：定理 4.2 的证明中的贪心算法总能得到部分背包问题的一个最优解。

练习 4.5 求证：在 4.2.2 节中出现的三步的贪心背包拍卖算法是单调的。

练习 4.6 考虑一个背包拍卖的变种：有两个背包，最大容量分别是W_1和W_2。假设竞拍者被划分成两部分S_1和S_2，且对于 $j=1$，2 有 $\sum_{i\in S_j} w_i \leqslant W_j$ 。假设分配规则是这样的：先用 4.2.2 节中的分配规则填充第一个背包，然后再将同样的分配规则实施在剩余的竞拍者上，填充第二个背包。这样的分配规则是否是单调的？如果是，给出证明，如果不是，给出明确的反例。

练习 4.7 (H)显示原理告诉我们 DSIC 的直接显示机制可以模拟其他任何基于占优策略均衡的机制。试着从现实应用的角度对显示原理进行批评。提出一个具体的情境，在此情境下，相较 DSIC 机制，你会更倾向使用非直接显示机制，并解释你的推理缘由。

问题

问题 4.1 考虑背包拍卖的一个变种。在这个拍卖里，每一个竞拍者 i 的估值v_i和规模w_i都是私有信息。现在机制接受的信息是竞价组合 $\boldsymbol{b}$ 和所有竞拍者报告的容量组合 $\boldsymbol{a}$。分配规则 $\boldsymbol{x}(\boldsymbol{b},\boldsymbol{a})$是一个竞价组合和规模组合的函数，它决定了分配给每一个竞拍者的容量大小。分配规则的可行性要求，对每一对 $\boldsymbol{b}$ 和 $\boldsymbol{a}$ 都有 $\sum_{i=1}^{n} x_i(\boldsymbol{b},\boldsymbol{a}) \leqslant W$ ，其中 W 是共享资源的最大容量。定义竞拍者 i 的效用为：如果他获得了物品(即$x_i(\boldsymbol{b},\boldsymbol{a})\geqslant w_i$)，记为$v_i-p_i(\boldsymbol{b},\boldsymbol{a})$，否则其效用记为$-p_i(\boldsymbol{b},\boldsymbol{a})$。这样的拍卖并不是一个单参数环境。

考虑如下的机制。给定 $\boldsymbol{b}$ 和报告的 $\boldsymbol{a}$，机制使用 $\boldsymbol{a}$ 的值运行 4.2.2 节中的

贪婪背包拍卖，获得赢家集合和售价 $\boldsymbol{p}$。机制给每一个赢家分配的容量等于他所汇报的容量大小a_i，收取的价格为p_i；输家不获得资源，支付为 0。这个机制是否是 DSIC 的？证明或给出反例。

问题 4.2 在 4.2.2 节中我们为背包拍卖给出了一个分配规则，该规则是单调的，保证有最大社会福利的 50%的福利，并且运行在多项式时间内。你能设计一个比这更好的机制吗？

我们首先描述一个经典的完全多项式时间近似算法(FPTAS)。问题的输入是估值v_1，…，v_n，规模w_1，…，w_n，以及最大容量 W。给定用户指定的参数 $\varepsilon>0$，我们考虑如下的算法$\mathcal{A}_\varepsilon$；m 是一个参数，我们将在后文对其进行讨论。

将每一个v_i求近似，使其值距离 m 的倍数最近，记为v_i'。

将各个v_i'除以 m，得到$\widetilde{v}_1$，…，$\widetilde{v}_n$，使用伪多项式时间算法计算最优解。

[你可以假设存在这样一个运行时间是 n 和$\max_{i=1}^{n}\widetilde{v}_i$的多项式级的算法。]

(a) 证明：如果我们设置参数 m 为$\varepsilon(\max_{i=1}^{n} v_i)/n$，然后运行算法$\mathcal{A}_\varepsilon$，那么该算法的运行时间是 n 和 $1/\varepsilon$ 的多项式级的(与各个v_i无关)。

(b) (H)证明：如果我们设置参数 m 为$\varepsilon(\max_{i=1}^{n} v_i)/n$，然后运行算法$\mathcal{A}_\varepsilon$，那么该算法将会输出一个解，且这个解至少是最优解的 $1-\varepsilon$ 倍。

(c) 证明：如果我们设置参数为与每一个v_i都无关的常数，然后运行算法$\mathcal{A}_\varepsilon$，那么该算法将产生单调的分配规则。

(d) 证明：如果我们按照(a)和(b)来设置参数，然后运行算法$\mathcal{A}_\varepsilon$，那么算法不一定产生单调的分配规则。

(e) (H)为背包拍卖给出一个 DSIC 的机制，使该机制在用户指定的参数 ε 和真实的竞价下，其输出的社会福利至少是最大社会福利的 $1-\varepsilon$ 倍，并且其运行时间是 n 和 $1/\varepsilon$ 的多项式级的。

问题 4.3 考虑有 M 个不同的物品。一共有 n 个竞拍者，每一个竞拍者 i 对物品都有一个公开的需求集$T_i\subseteq M$，以及对得到这些所需物品的私人估值v_i。如果竞拍者以总价 p 获得一个集合S_i的物品，那他的效用计算为v_ix_i-p，其中，当$S_i\supseteq T_i$时$x_i=1$，否则$x_i=0$。这是一个单参数环境。由于每一个物品都只能被分配给一个竞拍者，一个竞拍者子集 W 中所有人都同时可以获得他所需的物品集，当且仅当对于每两个不同的 i，$j\in W$，都有$T_i\cap T_j=\varnothing$。

(a) (H)证明：给定所有v_i和所有T_i，计算社会福利最大化的问题是 $\mathcal{NP}$ 困难的。

(b) 给定竞价组合 $\boldsymbol{b}$，有一个解决社会福利最大化的贪心算法。

```
初始化 W=∅和 X=M
对竞拍者进行排序，从而使得b_1≥b_2≥…≥b_n
for i=1，2，3，…，n do
    if T_i⊆X then
        将T_i从 X 中移除，并将 i 添加到 W
输出赢家集合 W
```

这个算法是否给出了一个单调的分配规则？给出证明或反例。

(c) (H)证明：如果每一个竞拍者 i 都如实报价，并且T_i的势最多是 d，则(b)中的分配规则所导致的结果的社会福利至少是最大社会福利的 $1/d$。

| **第5章**
Twenty Lectures on Algorithmic Game Theory |

收益最大化拍卖

第2～4章关注的是以下机制：它能够精确或近似最大化社会福利。在这类机制中，收益仅仅是一种“副产品”，目的是激励智能体真实上报他们的私人信息。本章研究的是那些尽量提高收益的机制，这类机制的特点是能够使期望收益最大化，其中期望是基于智能体的估值分布计算得到的。

5.1节解释了为什么最大化收益要比最大化福利困难，同时引入了贝叶斯情境。5.2节是本章的核心，揭示了收益最大化机制其实就是“虚拟福利”最大化机制。5.3节展示了以上理论是如何增加雅虎关键字搜索拍卖的收益的。5.4节证明了一个在5.2节用到的技术性引理。

5.1 收益最大化的挑战

5.1.1 我们被社会福利最大化“宠坏”了

我们有很多理由把最大化社会福利当作机制设计的研究目标。第一个理由是，这个目标和许多现实世界场景息息相关。比如，在政府拍卖(例如频谱拍卖，详见第8章)中，首要目标就是要最大化社会福利。在这类拍卖中，收益的确也是一个考虑因素，但通常不是首要因素。除此之外，在竞争性市场中，从经验上来讲，卖家也应该关注如何最大化社会福利，否则那些关注最大化社会福利的竞争者卖家就会“偷走”原本属于你的客户。

以最大化社会福利开始研究机制设计的第二个理由与教学相关：社会福利很特殊。特殊之处在于：任何单参数环境都存在一个满足DSIC的机制，使得在智能体都真实竞价的情况下，对于任意私人估值组合都可以得到一个社会福利最大化的结果(参考练习4.1)[⊖]。这样的机制对社会福利的优化效果就如同私有信息被事先知道了一样(满足DSIC不需任何代价)。而这种令人惊叹的强大性能保证(也被称为“事后保证”)是其他目标函数所不能实现的。

⊖ 这个性质甚至在更广泛的范围上都成立，见第7章。

5.1.2 单竞拍者和单物品

接下来的小例子是用来启发思路的。假设只拍卖一个物品，同时只有一个私人估值为 v 的竞拍者。当只有一个竞拍者时，满足 DSIC 的直接拍卖机制的空间很小：就只有一个精确的牌价，即“要么买要么走”[一]。当牌价 $r\geqslant 0$ 时，拍卖的收益要么是 r（当 $v\geqslant r$ 时），要么是 0（当 $v<r$ 时）。

在这种设定下，最大化社会福利很简单：设置 $r=0$ 使得这次拍卖免费将物品分配给竞拍者。注意，这个最优牌价*独立*于竞拍者的私人估值 v。

那假如现在要最大化卖家收益[二]，又该怎样设置 r 呢？如果我们能够通过“心灵感应”知道竞拍者的私人估值 v，那么我们就应该设置 $r=v$。但 v 是竞拍者的私人信息，我们无从得知，那又该怎么办呢？目前我们还不清楚如何解决这个问题。

最重要的问题是：最大化收益的拍卖形式随着私人估值的变化而变化。举个例子，假设只有一个物品和一个竞拍者，如果私人估值 v 等于 20 或稍大一点，那么设置牌价为 20 效果很好，但是如果 v 小于 20，设置牌价 20 效果就会很差（这时候牌价稍小于 20 效果就会好得多）。这样看来最大化社会福利的机制确实很特殊，因为同样情况下存在一个与输入无关的满足 DSIC 的最优机制。

5.1.3 贝叶斯分析

如果要比较两类不同拍卖的收益，我们就需要一个能在输入不同的情况下比较交易情况的模型。经典的方法就是使用*平均情况分析*或者*贝叶斯分析*模型。考虑由以下两部分组成的模型：

- 单参数环境（见 3.1 节）。假设对于每个 i 和可行解 $(x_1, \cdots, x_n)\in X$，都存在一个常数 M 使得 $x_i\leqslant M$。
- 相互独立的概率分布 $F_1, \cdots, F_n$，其概率密度函数 $f_1, \cdots, f_n$ 连续且始终为正。我们假设参与者 i 的私人估值 v_i 服从概率分布 F_i[三]。另外我们还假设对于一个 $v_{\max}<\infty$，每个分布函数 F_i 的支撑集都属于 $[0, v_{\max}]$。[四]

还有一个关键假设是：机制设计者事先知道概率分布函数 $F_1, \cdots, F_n$。[五]当然智能体的私人估值 $v_1, \cdots, v_n$ 依然是私有信息，机制设计者事先并不知道。另外由于我

[一] 这里提到的都是满足 DSIC 的确定性拍卖。当然也有基于牌价的随机性拍卖，但是这个例子背后的原理对于随机性拍卖也是适用的。

[二] 卖家收益的英文为 revenue，后文中我们将其简称为“收益”。——译者注

[三] 概率分布函数 $F_i(z)$ 表示：服从分布 F_i 的随机变量取值不超过 z 的概率。

[四] 只要每个分布函数 F_i 的期望都是有限值，本章得到的结论就都成立。

[五] 实际应用时，这些分布都是从数据中得到的，比如历史上进行过的拍卖竞价数据。

们只关注满足 DSIC 的拍卖，在这样的拍卖中智能体是拥有占优策略的，所以他们并不需要知道概率分布函数F_1，…，F_n。[㊀]

在贝叶斯情境中，如何定义“收益最优”机制一目了然：在所有满足 DSIC 的机制中，期望收益最高的机制就是“收益最优”机制(假设智能体都真实竞价)。其中，期望是基于给定的分布$F_1 \times F_2 \times \cdots \times F_n$的。

5.1.4 再谈单竞拍者和单物品

有了贝叶斯模型，单竞拍者单物品拍卖就很容易分析了。当牌价为 r 时拍卖的期望收益就是

$$\underbrace{r}_{\text{交易成功的收益}} \cdot \underbrace{(1-F(r))}_{\text{交易成功的概率}}$$

给定分布函数 F 时，要解得最优牌价 r 通常是很容易的。我们称最优牌价为分布函数 F 的*垄断价格*。因为满足 DSIC 的机制就是提供一个牌价(以及牌价之上的随机化)，所以提供一个大小为垄断价格的牌价就是收益最大化机制[㊁]。举个例子，如果 F 是[0，1]上的均匀分布，即在[0，1]上 $F(x)=x$，那么可以得到垄断价格为 1/2，得到的期望收益为 1/4。

5.1.5 多竞拍者

当有两个竞拍者时，事情就变得复杂起来了，这时候 DSIC 拍卖机制设计的空间就比单竞拍者时的设计空间(只有一个牌价)复杂得多了。例如，考虑含有两个竞拍者的单物品拍卖，他们的估值相互独立且服从[0，1]上的均匀分布。我们当然可以进行一场二价拍卖(见 2.4 节)；此时期望收益就是竞价较低竞拍者的期望估值，也即 1/3(见练习 5.1(a))。

我们还可以为二价拍卖增设一个*保留价格*，就像 eBay 拍卖的公开竞价一样。在一个保留价格为 r 的二价拍卖中，除非所有的竞价都低于保留价格 r——(这种情况下没有人能得到物品)，否则根据分配规则，竞价最高的竞拍者得到物品。相应地，根据支付规则，赢家(如果有的话)要么支付次高的竞价，要么支付保留价格 r，哪个高就支付哪个。从收益的角度来看，增设一个保留价格 r 有好有坏：当所有竞价都低于保留价格 r 时，你会损失收益，但只要有一个竞价高于保留价格 r，那么增设保留价格就会增加收益。比如，当两个竞拍者的估值分布相互独立且服从[0，1]上的均匀分布时，增设一个 1/2 的保留价格就可以将这个二价拍卖的收益从 1/3 提高到 5/12(见

㊀ 在没有占优策略的机制中，例如单物品一价拍卖，标准的方法是考虑“贝叶斯-纳什均衡”；详见问题 5.3。贝叶斯-纳什均衡分析方法中会假设有一个“公共的先验知识”，即所有的智能体都知道分布函数F_1，…，F_n。

㊁ 根据显示原理，我们可以聚焦于 DSIC 机制。在 DSIC 机制对应的牌价上进行最优化，这个最优牌价就是所有机制设计空间(包括 DSIC 和非 DSIC 机制)中的最优机制。——译者注

练习5.1(b))。那么能不能获得更高的收益呢？比如换一个不同的保留价格，或者换一个完全不同的拍卖形式？

5.2　最优DSIC机制的性质

本章的主要目标是：在任意单参数环境和概率分布F_1，…，F_n下，给出最优DSIC机制(期望收益最大化机制)的明确形式。

5.2.1　准备工作

我们可以利用上章提到的显示原理(定理4.3)来简化问题。因为所有DSIC的机制都等价于DSIC的直接机制($\boldsymbol{x}$，$\boldsymbol{p}$)——故和DSIC的直接机制期望收益相同，所以我们可以把注意力集中到直接机制上来。因此，我们默认智能体都真实竞价(即$\boldsymbol{b}=\boldsymbol{v}$)。

根据定义，满足DSIC机制($\boldsymbol{x}$，$\boldsymbol{p}$)的期望收益是

$$\boldsymbol{E}_{\boldsymbol{v}\sim\boldsymbol{F}}\left[\sum_{i=1}^{n}p_i(\boldsymbol{v})\right] \tag{5.1}$$

其中期望基于智能体的估值分布$\boldsymbol{F}=F_1\times\cdots\times F_n$。我们不清楚如何在满足DSIC机制的设计空间上直接最大化表达式(5.1)。所以接下来，我们将研究机制期望收益的第二种形式。这个形式只和分配规则有关，而与支付规则无关，因此期望收益的最大化就容易得多了。

5.2.2　虚拟估值

期望收益的第二种形式使用了虚拟估值这个重要概念。对于估值v_i服从概率分布F_i的智能体来说，他的虚拟估值定义为：

$$\varphi_i(v_i)=v_i-\frac{1-F_i(v_i)}{f_i(v_i)} \tag{5.2}$$

智能体的虚拟估值和他自己的私人估值及分布有关，但和其他智能体的私人估值及分布无关。例如，F_i是[0，1]上的均匀分布，当$z\in[0,1]$时，$F_i(z)=z$，$f_i(z)=1$，$\varphi_i(z)=z-(1-z)/1=2z-1$。在数值上，虚拟估值最多和其对应的估值相等，另外虚拟估值可以是负数。练习5.2中有更多的例子。

虚拟估值在期望收益最大化拍卖的设计过程中起到了重要的作用。但虚拟估值到底意味着什么呢？下面是解释这个表达式的一种方法：

$$\varphi_i(v_i)=\underbrace{v_i}_{\text{你想收多少钱}}-\underbrace{\frac{1-F_i(v_i)}{f_i(v_i)}}_{\text{智能体赚取的信息租金}}$$

将v_i看作可以从智能体i那里获得的最大收益，将第二项看作因提前不知道v_i而无法避免的收益损失，即信息租金。$\varphi_i(v_i)$的第二种解释是“收益曲线”在v_i处的斜率，

其中，收益曲线是指从智能体处获得的期望收益关于交易成功概率的函数曲线，此时智能体的估值分布服从F_i。问题 5.1 会对这种解释进行阐述。

5.2.3　期望收益等于期望虚拟福利

下面的引理是收益最优拍卖所有性质中的“主力”。我们会在 5.4 节给出证明，其实就只是一些计算而已。

引理 5.1　*在任意单参数环境下，若估值分布为F_1，…，F_n，在所有满足 DSIC 的机制$(\boldsymbol{x}, \boldsymbol{p})$中，对于任意智能体 i 和其他智能体的估值组合$\boldsymbol{v}_{-i}$，都有*

$$\boldsymbol{E}_{v_i \sim F_i}[p_i(\boldsymbol{v})] = \boldsymbol{E}_{v_i \sim F_i}[\varphi_i(v_i) \cdot x_i(\boldsymbol{v})] \tag{5.3}$$

也就是说，来自一个智能体的期望支付等于其期望虚拟估值。这个性质只在考虑期望的情况下成立，单独来看是不成立的。[⊖]

利用上面的引理 5.1，我们可以得到以下重要结论。

定理 5.2(期望收益等于期望虚拟福利)　*在任意单参数环境下，若估值分布为F_1，…，F_n，对于所有满足 DSIC 的机制$(\boldsymbol{x}, \boldsymbol{p})$都有*

$$\underbrace{\boldsymbol{E}_{\boldsymbol{v} \sim \boldsymbol{F}}\left[\sum_{i=1}^{n} p_i(\boldsymbol{v})\right]}_{\text{期望收益}} = \underbrace{\boldsymbol{E}_{\boldsymbol{v} \sim \boldsymbol{F}}\left[\sum_{i=1}^{n} \varphi_i(v_i) \cdot x_i(\boldsymbol{v})\right]}_{\text{期望虚拟福利}} \tag{5.4}$$

证明：对等式(5.3)两边取$\boldsymbol{v}_{-i} \sim \boldsymbol{F}_{-i}$的期望，我们得到

$$\boldsymbol{E}_{\boldsymbol{v} \sim \boldsymbol{F}}[p_i(\boldsymbol{v})] = \boldsymbol{E}_{\boldsymbol{v} \sim \boldsymbol{F}}[\varphi_i(v_i) \cdot x_i(\boldsymbol{v})]$$

应用期望的线性性质(两次)得到

$$\begin{aligned}
\boldsymbol{E}_{\boldsymbol{v} \sim \boldsymbol{F}}\left[\sum_{i=1}^{n} p_i(\boldsymbol{v})\right] &= \sum_{i=1}^{n} \boldsymbol{E}_{\boldsymbol{v} \sim \boldsymbol{F}}[p_i(\boldsymbol{v})] \\
&= \sum_{i=1}^{n} \boldsymbol{E}_{\boldsymbol{v} \sim \boldsymbol{F}}[\varphi_i(v_i) \cdot x_i(\boldsymbol{v})] \\
&= \boldsymbol{E}_{\boldsymbol{v} \sim \boldsymbol{F}}\left[\sum_{i=1}^{n} \varphi_i(v_i) \cdot x_i(\boldsymbol{v})\right]
\end{aligned}$$

证毕。■

表达式(5.4)的第二项就是机制期望收益的第二种形式，令人高兴的是，这个形式很简洁。如果我们将$\varphi_i(v_i)$替换成v_i，那么我们就遇到了“老朋友”：机制的期望福利。正因为这样，我们将 $\sum_{i=1}^{n} \varphi_i(v_i) \cdot x_i(\boldsymbol{v})$ 称作机制关于估值组合 $\boldsymbol{v}$ 的*虚拟福利*。定理 5.2 表明：在满足 DSIC 的机制空间上对期望收益进行最大化，可以归约为在同一个空间上将期望虚拟福利进行最大化。

[⊖] 例如，虚拟估值可以为负但是支付总是非负。

5.2.4　最大化期望虚拟福利

表达式(5.4)真的是简单到令人惊讶。它表明：即便我们关心的只是收益，我们仍然只需要聚焦在分配的优化问题上。这个替代形式有更强的可操作性，接下来我们就寻找能够将这个替代形式最大化的机制。

那么，我们应该如何选择分配规则 $\boldsymbol{x}$ 来最大化期望虚拟福利

$$\boldsymbol{E}_{\boldsymbol{v}\sim\boldsymbol{F}}\left[\sum_{i=1}^{n}\varphi_i(v_i)x_i(\boldsymbol{v})\right] \tag{5.5}$$

在这个问题中，对于每个估值组合 $\boldsymbol{v}$，我们都可以自由地选择 $\boldsymbol{x}(\boldsymbol{v})$，而且对于概率分布 $\boldsymbol{F}$ 和虚拟估值 $\varphi_i(v_i)$ 也没有任何限制。因此一个显而易见的方法就是*逐点最大化*：当分配规则可行时，单独对每个 $\boldsymbol{v}$ 都选择一个 $\boldsymbol{x}(\boldsymbol{v})$ 以最大化虚拟福利 $\sum_{i=1}^{n}\varphi_i(v_i)\cdot x_i(\boldsymbol{v})$。我们将这种分配规则称为*虚拟福利最大化分配规则*。这其实和福利最大化分配规则(4.1)和(4.2)一样，只不过智能体的估值变成了虚拟估值(5.2)。

例如，在单物品拍卖中，对于每个 $\boldsymbol{v}$，可行性限制条件为 $\sum_{i=1}^{n}x_i(\boldsymbol{v})\leqslant 1$，虚拟福利最大化分配规则就是将物品分配给虚拟估值最高的竞拍者。当然也不完全是这样：注意到虚拟估值可能为负(例如，$\varphi_i(v_i)=2v_i-1$，v_i服从[0，1]上的均匀分布)，这时如果每个竞拍者的虚拟估值都为负，那么想要最大化虚拟福利，就不应该分配物品给任何人。[⊖]

在所有单调或非单调的分配规则中，虚拟福利最大化分配能够实现期望虚拟福利最大化。关键问题是：*虚拟福利最大化规则是单调的吗？*如果是的话，那么根据迈尔森引理(定理3.7)，它就是满足DSIC的机制，再利用定理5.2，这个机制的期望收益就是所有机制中最大的。

5.2.5　正则分布

虚拟福利最大化分配规则的单调性依赖于估值分布。下面的定义给出了该单调性的一个充分条件。

定义5.3(正则分布)　*如果估值分布 F 所对应的虚拟估值函数 $v-\dfrac{1-F(v)}{f(v)}$ 是关于 v 非减的，则称该估值分布是正则的。*

如果所有智能体的估值都服从正则分布，那么虚拟福利最大化分配规则就是单调的(见练习5.5。另外，若其中出现多个赢家，随机选择一个打破僵局)。

例如，[0，1]上的均匀分布是正则的，因为它对应的虚拟估值函数是 $2v-1$。很

⊖　注意到在5.1节的单竞拍者例子中，最大化期望收益并不总是意味着一定要卖出物品。

多其他常见的分布也是正则的(练习 5.3)。非正则的分布包括许多多峰分布和长尾分布。

当估值分布是正则分布时，利用迈尔森引理(定理 3.7)我们就可以将(单调的)虚拟福利最大化分配规则扩展成一个 DSIC 的机制。以下就是一个最大化期望收益的 DSIC 机制。[1]

虚拟福利最大化机制

假设：每个智能体的估值分布都是正则的(定义 5.3)。

1. 根据表达式(5.2)将智能体 i 的(真实上报的)估值v_i转换成对应的虚拟估值$\varphi_i(v_i)$。
2. 选择能够最大化虚拟福利 $\sum_{i=1}^{n}\varphi_i(v_i)x_i$ 的可行分配规则$(x_1, \cdots, x_n)$。[2]
3. 根据迈尔森支付公式(式(3.5)和式(3.6))决定支付。[3]

我们将这个机制称为在给定单参数环境和估值分布下的虚拟福利最大化机制。

定理 5.4(虚拟福利最大化机制是最优的) 在任意单参数环境和正则分布$F_1, \cdots, F_n$下，虚拟福利最大化机制就是一个能将期望收益最大化的 DSIC 机制。

定理 5.4 意味着，收益最大化机制和福利最大化机制几乎一模一样，区别仅仅在于前者使用虚拟估值替代了估值。从这个意义上说，收益最大化可以归约为福利最大化。

备注 5.5(贝叶斯激励相容机制) 概括 3.4 节和本节的推导过程，可以得出一个定理 5.4 的增强版本：这个定理所指定的机制不仅在所有的 DSIC 机制中能实现期望收益的最大化，更一般化的，它在所有"贝叶斯激励相容"(BIC)机制中能实现期望收益的最大化。当估值分布为$F_1, \cdots, F_n$时，满足 BIC 的机制是真实报价能够形成贝叶斯-纳什均衡的机制(定义见问题 5.3)。在所有可能的估值分布$F_1, \cdots, F_n$上，DSIC 机制都是满足 BIC 的。因为在所有 BIC 机制中最大化期望收益的机制实际上就是 DSIC 的，所以 DSIC 是"免费"的。显示原理(定理 4.3)也能应用到满足 BIC 的机制上(问题 5.4)，这意味着，在定理 5.4 的假设下，任何机制(比如一价拍卖)在贝叶斯-纳什均衡下的期望收益都不可能比 DSIC 的最优机制高。

5.2.6 最优单物品拍卖

定理 5.4 告诉我们如何设计期望收益最大化机制，而且这个机制还是比较明确且

---

[1] 再附加额外的条件本章的结果就可以应用到非正则的估值分布上。详见说明。

[2] 存在多个候选者打破僵局最简单的方法就是：在原来可行结果上已经确定的全排列上再进行一次字典排序。

[3] 如果每个x_i只能是 0 或 1，支付规则就很简单：在保持其他智能体竞价不变的情况下，每个赢家支付确保他一直能赢的最低竞价。

易实现的最优机制。但是，这些机制并不容易解释。那么它们能化简成我们所熟悉的机制吗？

让我们回到单物品拍卖。假设竞拍者是独立同分布的，即他们有相同的估值分布 F，当然也有相同的虚拟估值函数 φ。再假设 F 是严格正则的，即 φ 是严格递增函数。那么虚拟福利最大化机制就是将物品分配给虚拟估值最高且非负的竞拍者，如果这样的竞拍者存在的话。因为所有竞拍者的虚拟估值函数都相同，所以虚拟估值最高的竞拍者就是估值最高的竞拍者。这样的分配规则和保留价格为 $\varphi^{-1}(0)$ 的二价拍卖的分配规则相同。根据定理 3.7(b)，支付规则也应保持一致。因此，对于任意数量的独立同分布的竞拍者，他们的估值服从同一个严格正则的分布时，eBay 拍卖就是一个最优拍卖形式！回到 5.1 节结尾处所描述的情境中，如果所有估值都服从[0，1]上的均匀分布，那么保留价格为 $1/2=\varphi^{-1}(0)$ 的二价拍卖就是最优的。考虑到 DSIC 拍卖很大的设计空间，我们不免惊讶于如此简单且实用的拍卖形式竟然就是理论上最优的。

5.3 案例分析：关键字搜索拍卖中的保留价格

说了这么多，最优机制设计的理论在实际应用时到底是怎样的呢？本节讨论 2008 年的一次实验，这个实验探寻的是最优拍卖理论能否为雅虎关键字搜索增加收益。

回想 2.6 节中我们关于关键字搜索拍卖的模型。哪一个拍卖能够最大化期望收益呢？如果我们假设竞拍者的单位点击估值独立同分布于正则分布 F，虚拟估值函数为 φ，那么最优拍卖只需要考虑那些竞价至少为保留价格 $\varphi^{-1}(0)$ 的竞拍者，并将这些竞拍者按照竞价从高到低排列即可。见练习 5.8。

雅虎在 2008 年之前都是怎么做的呢？首先，他们使用相当低的保留价格，一开始是 0.01 美元，接着是 0.05 美元，最后是 0.10 美元。更加天真的是，他们对所有的关键词使用相同的保留价格 0.10 美元，即使某些关键词明显需要比其他关键词有更高的保留价格(比如“离婚律师”相对于“披萨”)。如果雅虎分别将每个关键词的保留价格变成理论上最优拍卖的保留价格，收益又会怎样呢？

在实验的第一步，用一个正态对数估值分布对过去约 500 000 个不同关键词的竞价数据进行拟合[⊖]。实验的量化结果不依赖于这一步的具体细节。

实验的第二步，假设估值服从给定的分布，计算每个关键词的理论最优保留价格。和预想的一样，不同关键词的最优保留价格大相径庭，许多关键词的理论最优保

⊖ 因为雅虎和其他搜索引擎一样，使用的是基于 GSP 的非 DSIC 拍卖，这样的拍卖并不能保证竞价是真实的。在这个实验中，估值是利用竞价进行逆向工程而得到的。该逆向工程所做的假设是：竞拍者在这个非 DSIC 拍卖下所用的均衡策略，与他在收益最大化的 DSIC 拍卖下所用的占优策略，两者所导致的结果相等价(练习 5.8)。

留价格是 0.30 美元或者 0.40 美元。雅虎先前在这些关键词上所使用的统一保留价格，与最优拍卖理论所建议的最优保留价格相比而言太低了。

实验最终就是为了测试理论最优保留价格的效果。雅虎的领导层想要更加保守一点，将新的保留价格定为旧保留价格和理论最优保留价格的平均值㊀。这个改变的确起作用了：拍卖的收益上升了好几个百分点(注意基数很大)，新的保留价格在那些估值高却竞争性不强的关键字上尤其有效。雅虎总裁认为，使用更合适的保留价格是 2008 年第三季度财报在搜索方面能取得更高收益的最重要原因。

*5.4 引理 5.1 的证明

本节给出引理 5.1 的一个证明，即证明若$v_i \sim F_i$，则从智能体 i 处获得的期望收益等于他获得的期望虚拟福利。现在开始证明，首先回想迈尔森的支付公式(3.6)：

$$p_i(v_i, \boldsymbol{v}_{-i}) = \int_0^{v_i} z \cdot x_i'(z, \boldsymbol{v}_{-i}) \mathrm{d}z$$

表示在分配规则为 $\boldsymbol{x}$，估值组合为 $\boldsymbol{v}$ 时的满足 DSIC 的机制中智能体 i 的支付。假定分配函数$x_i(z, \boldsymbol{v}_{-i})$可微，我们就可以推导出这个等式。由高等微积分可知，这个支付公式在更加一般的单调函数$x_i(z, \boldsymbol{v}_{-i})$上也成立，比如分段常函数，这就提供了关于导数$x_i'(z, \boldsymbol{v}_{-i})$和对应积分的合理解释。对于任意有界单调函数，下面所有的证明步骤都是完全严格的，且不存在明显的困难，证明步骤中会用到分部积分之类的计算方法。有兴趣的读者可以关注一下细节。㊁

公式(3.6)表明支付完全由分配规则决定。因此，至少在原则上，我们可以认为拍卖的期望收益完全由分配规则确定，不需要显式地考虑支付规则。那么变形得到的收益公式是否比原始公式更容易最大化呢？不实际做一下是很难知道答案的，所以现在开始动手。

第一步： 选定一个智能体 i。根据迈尔森的支付公式，给定其他智能体估值组合 $\boldsymbol{v}_{-i}$，我们可以写出 i 的期望支付(假设$v_i \sim F_i$)公式：

$$\begin{aligned}
\boldsymbol{E}_{v_i \sim F_i}[p_i(\boldsymbol{v})] &= \int_0^{v_{\max}} p_i(\boldsymbol{v}) f_i(v_i) \mathrm{d}v_i \\
&= \int_0^{v_{\max}} \left[\int_0^{v_i} z \cdot x_i'(z, \boldsymbol{v}_{-i}) \mathrm{d}z\right] f_i(v_i) \mathrm{d}v_i
\end{aligned}$$

第一个等式利用了智能体估值之间的独立性，即给定的估值组合 $\boldsymbol{v}_{-i}$和v_i服从的分布F_i之间没有关系。

㊀ 从理论和经验上来讲，这个倾向保守的修改为收益增加也做出了很大贡献。当保留价格接近理论最优值时，收益的边际回报通常是递减的，直观的原理是，期望收益在最优点处关于保留价格的导数是 0。

㊁ 例如，除了在数目可数的一些点上之外，其他时候每个单调的有界函数都是可积且可微的。

这一步原则上我们知道是可能的——将期望支付重写成分配规则的形式。为了让这个等式更有用，我们需要一些简化。

第二步： 如果你有一个双重积分(或者双重求和)不知如何求解，可以尝试一下交换积分顺序。交换下式的积分顺序：

$$\int_0^{v_{\max}}\left[\int_0^{v_i} z\cdot x_i'(z,\boldsymbol{v}_{-i})\mathrm{d}z\right]f_i(v_i)\mathrm{d}v_i$$

得

$$\int_0^{v_{\max}}\left[\int_z^{v_{\max}} f_i(v_i)\mathrm{d}v_i\right]z\cdot x_i'(z,\boldsymbol{v}_{-i})\mathrm{d}z$$

上式可以简化成

$$\int_0^{v_{\max}}(1-F_i(z))\cdot z\cdot x_i'(z,\boldsymbol{v}_{-i})\mathrm{d}z$$

这表明我们在逐渐接近目标。

第三步： 要想将一个积分转换成一个更容易解释的形式，分部积分也是值得尝试的方法，尤其是在积分函数里明显有一个导数的时候。这样我们就可以得到进一步地简化：

$$\begin{aligned}&\int_0^{v_{\max}}\underbrace{(1-F_i(z))\cdot z}_{g(z)}\cdot\underbrace{x_i'(z,\boldsymbol{v}_{-i})\mathrm{d}z}_{h'(z)}\\&=\underbrace{(1-F_i(z))\cdot z\cdot x_i(z,\boldsymbol{v}_{-i})\Big|_0^{v_{\max}}}_{=0-0}\\&\quad-\int_0^{v_{\max}}x_i(z,\boldsymbol{v}_{-i})\cdot(1-F_i(z)-zf_i(z))\mathrm{d}z\\&=\int_0^{v_{\max}}\underbrace{\left(z-\frac{1-F_i(z)}{f_i(z)}\right)}_{=\varphi_i(z)}x_i(z,\boldsymbol{v}_{-i})f_i(z)\mathrm{d}z\end{aligned}\tag{5.6}$$

第四步： 现在我们可以将式(5.6)看成期望估值的形式了，其中 z 服从概率分布 F_i。回想式(5.2)关于虚拟估值的定义，它的期望表达式是$\boldsymbol{E}_{v_i\sim F_i}[\varphi_i(v_i)\cdot x_i(\boldsymbol{v})]$。综合一下，我们有

$$\boldsymbol{E}_{v_i\sim F_i}[p_i(\boldsymbol{v})]=\boldsymbol{E}_{v_i\sim F_i}[\varphi_i(v_i)\cdot x_i(\boldsymbol{v})]$$

即我们所需要的式子。

总结

- 与福利最大化机制不同，收益最大化机制会随着(私人)估值的变化而变化。
- 用平均情况或贝叶斯方法比较不同机制时，每个智能体的估值都独立地服从某个概率分布，且机制设计者知道这些概率分布。最优机制就是在这些分布下期望收益最高的机制。

- 使用式(5.2)中的虚拟估值这个重要概念，DSIC 机制的期望收益就可以完全由分配规则来表示。
- 如果一个估值分布所对应的虚拟估值函数是非减的，那么就称该估值分布为正则的。很多常见的分布都是正则的。
- 在正则估值分布下，最优机制就是一个虚拟福利最大化算子，此算子针对任意估值组合，输出一个最大化虚拟福利的结果。
- 单物品拍卖中，如果竞拍者估值独立同分布于某一个正则分布，那么最优拍卖就是一个带保留价格的二价拍卖。
- 2008 年，雅虎借助最优机制设计理论将关键字搜索收益增加了好几个百分点。

说明

本章的模型和主要结果都来源于 Myerson(1981)，可以应用到非正则分布下的机制和满足贝叶斯激励相容的机制也出自这里(备注 5.5)。Myerson(1981)还强调了智能体估值分布相互独立这个假设的重要性，Crémer 和 McLean(1985)进一步展开了这个问题的讨论。非正则分布下，虚拟福利最大化分配规则不是单调的，而要解决最大化期望虚拟福利问题，单调的分配规则又是必要的。这个矛盾可以通过以下方法解决：对虚拟估值函数进行“加工”，从而使分配规则满足单调性的同时，保持机制的虚拟福利不变。这些扩展内容可以参考 Hartline(2016)的处理方法。

Ostrovsky 和 Schwarz(2009)描述了雅虎的实验，实验内容是研究如何设置关键字搜索拍卖的保留价格(5.3 节)。问题 5.1 中虚拟估值的收益曲线的解释来源于 Bulow 和 Roberts(1989)。问题 5.2 来源于 Azar 等人(2013)。问题 5.3 和“收益等价原理”息息相关，由 Vickrey(1961)提出；关于收益等价的完美阐述可以参考 Krishna (2010)。

练习

练习 5.1 考虑单物品拍卖，其中两个竞拍者的估值独立地服从[0，1]上的均匀分布。

(a) 证明二价拍卖(无保留价格)得到的期望收益是 1/3。

(b) 证明二价拍卖(保留价格为 1/2)得到的期望收益是 5/12。

练习 5.2 计算基于下列估值分布的虚拟估值函数。

(a) $[0, a]$上的均匀分布，其中 $a>0$。

(b) 参数为 $\lambda>0$ 的指数分布(只考虑$[0, \infty)$部分)。

(c) 给定分布为 $F(v)=1-\frac{1}{(v+1)^c}$，只考虑$[0,\ \infty)$部分，其中常数 $c>0$。

练习 5.3 练习 5.2 中的哪些分布是正则分布(定义 5.3)?

练习 5.4 若估值分布的风险率$\frac{f_i(v_i)}{1-F_i(v_i)}$关于$v_i$非递减，则称估值分布满足风险率单调(Monotone Hazard Rate，MHR)。[⊖]

(a) 证明满足 MHR 条件的分布都是正则的。

(b) 练习 5.2 中的哪些分布满足 MHR 条件?

练习 5.5 证明对于单参数环境和正则估值分布F_1，…，F_n，虚拟福利最大化分配规则是单调的(定义 3.6)。给定可行输出的一个固定的全排列，以字典序的方式打破平局。

练习 5.6 (H)对于练习 5.2(c)的估值分布，如果参数 $c=1$，则拍卖的期望收益未必等于期望虚拟福利。你应该怎样解释这个结论和定理 5.2 的矛盾?

练习 5.7 考虑 k 物品拍卖(例 3.2)，其中竞拍者的估值独立同分布于正则分布 F。描述一个最优拍卖，并回答保留价格依赖于下列哪一项：k，n，F?

练习 5.8 针对关键字搜索拍卖(例 3.3)重复之前的练习。

练习 5.9 考虑单参数环境和正则分布F_1，…，F_n，对于$\alpha\in[0,\ 1]$，如果一个 DSIC 机制总是选择虚拟福利至少是最大值的 α 倍的可行分配，我们就称这样的机制为 α-近似虚拟福利最大算子。证明 α-近似虚拟福利最大算子的期望收益至少是最优机制的 α 倍。

练习 5.10 在 5.3 节关键字搜索拍卖中，提高保留价格对于估值高(单次点击估值明显高于旧的保留价格 0.10 美元)但竞拍者很少(少于等于 6 个)的关键字极其有效。给出至少两个你认为具有这样性质的关键字并解释原因。

问题

问题 5.1 本问题将推导出对于虚拟估值 $\varphi(v)=v-\frac{1-F(v)}{f(v)}$和正则性条件的有趣描述。考虑$[0,\ v_{\max}]$上严格单调递增的分布函数 F，其概率密度函数 f 为正，其中$v_{\max}<+\infty$。

对于估值分布服从 F 的单竞拍者，当交易成功概率为 $q\in[0,\ 1]$时，定义 $V(q)=F^{-1}(1-q)$为(唯一)牌价。定义 $R(q)=q\cdot V(q)$为从竞拍者处获得的期望收益。函数 $R(q)$是 F 的收益曲线函数，注意 $R(0)=R(1)=0$。

[⊖] 关于 MHR 条件的直观解释，可以考虑一个一直亮着的电灯泡什么时候坏的例子。当一个电灯泡还没坏时，它现在立马坏的概率是随着已工作时长的增加而增加的。

(a) [0，1]上的均匀分布下的收益曲线函数是什么？

(b) 证明收益曲线在 q 点的斜率(即$R'(q)$)是 $\varphi(V(q))$，其中 φ 是概率分布为 F 时的虚拟估值函数。

(c) 证明当且仅当收益曲线是凹的时候，概率分布是正则的。

问题 5.2 (H)考虑单竞拍者，其估值分布服从正则分布 F，且该分布满足问题 5.1 中的假设。设 p 为 F 的中位数，即 $F(p)=1/2$。证明牌价为 p 时，至少可以获得最优牌价时 50%的期望收益，此时概率分布为 F。

问题 5.3 本问题将引入贝叶斯-纳什均衡的概念，并比较一价和二价单物品拍卖的期望收益。

一价拍卖没有占优策略，所以我们需要一个新的概念来对其进行推理。假设竞拍者的估值独立同分布于一个公共已知的概率分布 F。一价拍卖中，竞拍者 i 的策略就是一个事先制定好的竞价，也就是规划函数$b_i(\cdot)$，它将竞拍者的估值v_i映射到出价$b_i(v_i)$。意思是说："当我的估值是v_i时，我会出价$b_i(v_i)$"。我们假设竞拍者的竞价策略是公共知识，而估值(及其导致的报价)仍是私人的。我们称符合以下条件的策略组合$b_1(\cdot)$，…，$b_n(\cdot)$为一个贝叶斯-纳什均衡：在给定自身信息的情况下，每个竞拍者总是最优地竞价。也就是说，对每个竞拍者 i 及其估值v_i，报价$b_i(v_i)$都能够最大化 i 的期望效用，这个期望基于其他竞拍者竞价的分布，其中其他竞拍者的竞价由 F 和$\mathbf{b}_{-i}$决定。

(a) 假设 F 是[0，1]上的均匀分布。验证对于每个 i 和v_i，设置$b_i(v_i)=v_i(n-1)/n$ 是一个贝叶斯-纳什均衡。

(b) 证明：在一价拍卖中，上述贝叶斯-纳什均衡下卖家的期望收益等于二价拍卖中的真实报价结果下卖家的期望收益。

(c) (H)将(b)的结论推广到所有在[0，1]上严格单调增的连续分布函数 F。

问题 5.4 本问题以一价拍卖为例，解释如何将显示原理(定理 4.3)推广到贝叶斯激励相容机制(备注 5.5)中。

(a) 假设在估值分布为F_1，…，F_n的一价拍卖中，竞价b_1，…，b_n为一个贝叶斯-纳什均衡，即与问题 5.3 类似。证明存在一个单物品拍卖M'使得真实竞价是一个贝叶斯-纳什均衡；并且，对于每个估值组合 $\mathbf{v}$，M'下真实竞价得到的结果，和一价拍卖中的均衡结果相同。

(b) 一价拍卖是"先验独立"的，因为它的描述和竞拍者的估值分布无关(见 6.4 节)，那么(a)中的拍卖M'是否也是"先验独立"的？

第 6 章

Twenty Lectures on Algorithmic Game Theory

简单的近似最优拍卖

上一章介绍了贝叶斯单参数环境下的期望收益最大化拍卖。当智能体的估值不再服从同一分布时，最优机制就会变得相对复杂，需要更多关于估值分布的信息，形式上也不会像实际场景中所使用的拍卖那样简单。本章所探究的是近似最优机制，它比理论上的最优机制更简单、更实用，也更鲁棒。

6.1 节解释了简单近似最优拍卖。6.2 节介绍了一个来自最优停止理论的有趣结论："预知不等式"。6.3 节使用这个结论设计了一个简单且可证明的近似最优单物品拍卖。6.4 节引入了先验独立机制，即这个机制的描述不需要参考任何估值分布的信息。6.4 节还证明了 Bulow-Klemperer 定理，它解释了为什么竞争比信息更有用。

6.1 最优拍卖可能很复杂

定理 5.4 表明，在单参数环境下，即智能体的估值相互独立且服从正则分布的情况下，在所有满足 DSIC 的机制中，虚拟福利最大化机制能够最大化期望收益。对于每个估值组合 $\boldsymbol{v}$，虚拟福利最大化机制要求

$$\boldsymbol{x}(\boldsymbol{v}) = \underset{X}{\operatorname{argmax}} \sum_{i=1}^{n} \varphi_i(v_i) x_i(\boldsymbol{v})$$

其中

$$\varphi_i(v_i) = v_i - \frac{1 - F_i(v_i)}{f_i(v_i)}$$

即为概率分布F_i下 i 的虚拟估值。[⊖]

5.2.6 节内容表明，如果竞拍者独立同分布于一个正则分布，最优单物品拍卖就会非常简单：就是一个简单的二价拍卖，附带保留价格$\varphi^{-1}(0)$。这就是拍卖理论中一个真正的"杀手级应用"，它为拍卖设计给出了干净利落且实用的指导。

但如果问题再复杂一点就不会这么明朗了。比如，仍然考虑单物品拍卖，但是竞拍者的估值独立分布于不同的正则分布。那么最优拍卖就会变得有点怪，某些性质就不再像任何实际使用的拍卖形式(练习 6.1)。例如，除竞价最高的竞拍者之外的其他

⊖ 因为我们仅考虑满足 DSIC 的机制，所以在本章节中都假设真实竞价(即 $\boldsymbol{b}=\boldsymbol{v}$)。

人也可能赢得拍卖；如果不参考虚拟估值，就不可能将赢家的支付解释清楚。在确切的估值分布F_1，…，F_n下，如果你一定要苛求完美的最大期望收益的话，那这些麻烦就难以避免。

那么是否存在更加简单且实用的单物品拍卖形式，从而使得拍卖至少是近似最优的呢？[㊀]

6.2 预知不等式

考虑以下有 n 个阶段的游戏。在阶段 i，你可以获得一个非负的奖励π_i，该奖励服从于分布G_i。你提前知道分布G_1，…，G_n，并且这些分布相互独立。你还知道只有在阶段 i，π_i才可以兑现。在得知π_i后，你要么选择接受奖励然后结束游戏，要么选择放弃奖励然后进入下一阶段。决策的困难在于对两个风险的权衡：一个风险是由于过早地接受一个合理的奖励却导致在将来失去一个更大的奖励，另一个风险是拖得太久，以至于到了最后阶段不得不接受一个很差的奖励。

神奇的“预知不等式”给出了一个简单的策略，该策略几乎能够像先知一样取得很好的奖励。

定理 6.1(预知不等式) *对于每个元素都服从独立分布的序列G_1，…，G_n，存在一个策略能够保证期望收益至少是$\frac{1}{2}\boldsymbol{E}_{\pi\sim G}[\max_i \pi_i]$。另外，存在一个这样的阈值策略，当且仅当$\pi_i$至少达到阈值$t$时才接受奖励$i$。*

证明：令z^+表示 $\max\{z, 0\}$。考虑阈值为 t 的阈值策略。直接比较这个策略和一个先知策略的期望收益很困难。所以，我们转而推导这两个策略收益的上下界，这就容易得多了。

令 $q(t)$表示阈值策略不接受任何奖励的概率[㊁]。当 t 增加时，风险 $q(t)$会增加，但是奖励的期望值也在提高。

t-阈值策略会获得多少收益呢？这个策略有 $q(t)$的概率收益为 0，有 $1-q(t)$的概率收益至少为 t。现在让我们想办法提高一下第二种情况的收益下界。如果只有一个奖励 i 满足$\pi_i \geq t$，那么我们就可以不止得到基础收益 t，还能得到$\pi_i - t$ 的“额外奖励”。如果至少两个奖励超过了阈值，假设是 i 和 j，就变得复杂了：“额外奖励”要么是$\pi_i - t$，要么是$\pi_j - t$，判断依据为哪个奖励更靠前就是哪个。我们偷懒一点，当有两个或更多奖励超过阈值时，只把 t 当作阈值策略的收益。

㊀ 本章有很多术语像“简单”“实用”和“鲁棒”都没有定义。这和我们在算法机制设计中遇到的情况不同。在算法机制设计中，我们使用近似来避免由完全最优带来的各种各样的困难(第 4 章)；在那里，我们认为“实用”就是“能在多项式时间内实现”。

㊁ 请注意，放弃最后阶段的奖励显然是次优的！

我们可以将$\boldsymbol{E}_{\pi\sim G}$[$t$-阈值策略的收益]的下界写为：

$$(1-q(t))t+\sum_{i=1}^{n}\boldsymbol{E}_{\pi}[\pi_i-t\mid\pi_i\geqslant t,\pi_j<t\,\forall j\neq i]\Pr[\pi_i\geqslant t]\Pr[\pi_j<t\,\forall j\neq i]$$

$$=(1-q(t))t+\sum_{i=1}^{n}\underbrace{\boldsymbol{E}_{\pi}[\pi_i-t\mid\pi_i\geqslant t]\Pr[\pi_i\geqslant t]}_{=\boldsymbol{E}[(\pi_i-t)^+]}\underbrace{\Pr[\pi_j<t\,\forall j\neq i]}_{\geqslant q(t)}$$

$$\geqslant(1-q(t))t+q(t)\sum_{i=1}^{n}\boldsymbol{E}_{\pi}[(\pi_i-t)^+]\tag{6.1}$$

在(6.1)式中我们利用G_i的独立性分解两个概率，同时利用独立性，对于每个$j\neq i$还可以去掉$\pi_j<t$这一限制条件。此外我们还利用了$q(t)=\Pr[\pi_j<t\,\forall j]\leqslant\Pr[\pi_j<t\,\forall j\neq i]$，最终得到式(6.1)。

现在我们求先知策略的期望回报$\boldsymbol{E}_{\pi}[\max\limits_{i}\pi_i]$的上界，它要容易和式(6.1)进行比较。$\boldsymbol{E}_{\pi}[\max\limits_{i}\pi_i]$的表达式和阈值$t$无关，所以加一个减一个$t$得到：

$$\begin{aligned}\boldsymbol{E}_{\pi}\left[\max_{i=1}^{n}\pi_i\right]&=\boldsymbol{E}_{\pi}\left[t+\max_{i=1}^{n}(\pi_i-t)\right]\\&\leqslant t+\boldsymbol{E}_{\pi}\left[\max_{i=1}^{n}(\pi_i-t)^+\right]\\&\leqslant t+\sum_{i=1}^{n}\boldsymbol{E}_{\pi}[(\pi_i-t)^+]\end{aligned}\tag{6.2}$$

比较式(6.1)和式(6.2)，我们可以设置t使得$q(t)=1/2$，即以50%的概率接受奖励，证毕。[⊖] ■

备注6.2(僵局下的保证)　6.1节的证明暗含着一个更强的命题，这个命题在下一节中会很有用处。当两个或两个以上的奖励超过阈值t时，t-阈值策略的收益下界(6.1)仅仅计算了t个单位的收益。注意，只有一个超过阈值的奖励，对式(6.1)的第二项——“额外奖励”产生了贡献。所以，当有多个奖励超过阈值时，即使它选择的奖励是最小的那个，这个策略依然能够保证$\frac{1}{2}\boldsymbol{E}_{\pi}[\max\limits_{i}\pi_i]$的收益。

6.3　简单的单物品拍卖

现在我们回到最初的单物品拍卖，有n个竞拍者，他们的估值服从不同的正则分布F_1，…，F_n。我们利用预知不等式(定理6.1)来设计一个比较简单的近似最优拍卖。

核心思路是将第i个奖励定义为竞拍者i虚拟估值的正部$\varphi_i(v_i)^+$。那么G_i就是由F_i得到的相应分布；因为F_i是相互独立的，所以G_i也是相互独立的。为了看到这个拍卖和

⊖　如果由于各个G_i中的点都搅在一起，致使不存在这样的t，那么只需对这个证明进行小的扩展就可以得到相同的结果(练习6.2)。

预知不等式的初步联系，我们可以利用定理 5.2 的式子来表示最优拍卖的期望收益：

$$\boldsymbol{E}_{\boldsymbol{v}\sim\boldsymbol{F}}\left[\sum_{i=1}^{n}\varphi_i(v_i)x_i(\boldsymbol{v})\right]=\boldsymbol{E}_{\boldsymbol{v}\sim\boldsymbol{F}}\left[\max_{i=1}^{n}\varphi_i(v_i)^+\right]$$

期望收益和奖励为$\varphi_1(v_1)^+$，…，$\varphi_n(v_n)^+$的最优停止游戏中先知得到的奖励一样。

现在考虑满足以下形式的分配规则。

虚拟阈值分配规则

1. 选择 t，使得 $\Pr[\max_i \varphi_i(v_i)^+\geqslant t]=\frac{1}{2}$。[⊖]
2. 如果有竞拍者 i 的$\varphi_i(v_i)^+\geqslant t$，就将物品分配给 i，当存在多个这样的竞拍者时，随机分配给任意一个以打破僵局。

和备注 6.2 强调的一样，预知不等式意味着上述分配规则具有以下的性质保证：

引理 6.3(虚拟阈值分配规则是近似最优的) 若 x 是一个虚拟阈值分配规则，则

$$\boldsymbol{E}_{\boldsymbol{v}}\left[\sum_{i=1}^{n}\varphi_i(v_i)^+\ x_i(\boldsymbol{v})\right]\geqslant\frac{1}{2}\boldsymbol{E}_{\boldsymbol{v}}\left[\max_{i=1}^{n}\varphi_i(v_i)^+\right] \tag{6.3}$$

因为虚拟阈值分配规则不会将物品分配给虚拟估值为负的竞拍者，所以式(6.3)左边也等于 $\boldsymbol{E}_{\boldsymbol{v}}\left[\sum_i\varphi_i(v_i)\ x_i(\boldsymbol{v})\right]$。

以下就是一个具体的虚拟阈值分配规则。

带“竞拍者定向”保留价的二价拍卖

1. 给每个竞拍者设置特定的保留价$r_i=\varphi_i^{-1}(t)$，其中 t 和虚拟阈值分配规则中的 t 定义相同。
2. 如果存在一个竞价最高的竞拍者，且他的竞价超过保留价，就将物品分配这个竞拍者。

这个拍卖首先利用每个竞拍者特定的保留价过滤掉一些竞拍者，然后将物品分配给剩余竞拍者中竞价最高的竞拍者。当估值分布是正则分布时，这个分配规则是单调的(练习 6.3)。使用迈尔森引理，这个分配规则可以扩展成一个 DSIC 拍卖。赢家的支付就是他的保留价和除他之外竞价超过各自保留价的最高竞价中的较大者。由定理 5.2 和引理 6.3 可知，在所有 DSIC 拍卖中，这个拍卖能够将期望收益近似最大化。

定理 6.4(简单拍卖和最优拍卖) 对于所有的 $n\geqslant1$ 和正则分布F_1，…，F_n，有

⊖ 如果不存在这样的 t，请参考练习 6.2。

合适的保留价的二价拍卖的期望收益至少是最优拍卖的50%。

对于许多分布，50%的保证是可以提高的，但在最坏的情况下，50%的保证依然成立，即使只有两个竞拍者(详见问题6.1)。

拥有竞拍者定向保留价的二价拍卖在两个方面比最优拍卖更简单。第一，虚拟估值函数只是用来设置保留价。第二，竞价最高的竞拍者要赢得物品，只需要竞价超过他自己的保留价。

一个更简单的拍卖是：对所有竞拍者使用一个公共的或者“隐藏”的保留价。例如，eBay的公开竞拍就是有隐藏保留价的[㊀]。关于具有隐藏保留价格的单物品拍卖的近似保证详见说明。

6.4 先验独立机制

本节将探讨一个与第5章不同的理论模式。第5章假设机制设计者知道估值分布F_1，…，F_n。在某些实际场景中存在大量的数据，且竞拍者的偏好不会快速变化，在这样的情况下，这是一个合理的假设。但是，如果机制设计者不知道或者不确定估值分布的话会怎样？这个问题在那些没有很多数据的稀疏市场[㊁]是经常出现的，包括那些很少使用但潜在估值很高的关键字搜索拍卖(如练习5.10)。

如果移除关于估值分布的先验知识，我们可能会回到5.1.2节的困境中，即运用贝叶斯方法导致的单竞拍者单物品困境。不同之处在于，我们仍然假设竞拍者的估值是服从概率分布的；只是机制设计者不知道这些概率分布。换句话说，我们在机制的分析过程中继续使用估值分布，但在机制的设计过程中不使用估值分布。我们的目标就是设计一个良好的先验独立机制，即机制的表达式中不包含估值分布的信息。先验独立机制的例子包括单物品二价拍卖和更一般的福利最大化DSIC机制(如练习4.1)。反例包括垄断价格，它是潜在估值分布的函数，更一般的虚拟福利最大化机制也是一个反例。

接下来，介绍一个由拍卖理论推导出的优美结论：最优单物品拍卖的期望收益至多和多一个竞拍者的二价拍卖一样(无保留价)。

定理6.5(Bulow-Klemperer定理)　*假设F是正则分布，n是正整数。令$\boldsymbol{p}$表示有$n+1$个竞拍者的二价拍卖的支付规则，$\boldsymbol{p}^*$表示有n个竞拍者的最优拍卖(分布为F)的支付规则[㊂]。则*

$$\boldsymbol{E}_{\boldsymbol{v}\sim F^{n+1}}\left[\sum_{i=1}^{n+1} p_i(\boldsymbol{v})\right] \geqslant \boldsymbol{E}_{\boldsymbol{v}\sim F^{n}}\left[\sum_{i=1}^{n} p_i^*(\boldsymbol{v})\right] \tag{6.4}$$

㊀ 一些现实应用的拍卖的确使用竞拍者定向保留价。例如，在一些关键字搜索拍卖中，“高品质的”广告商(由搜索公司评估)的保留价比“低品质的”广告商要低。

㊁ 稀疏市场的英文为thin market，也译为薄市场或不活跃市场。——译者注

㊂ 后一个拍卖是保留价为$\varphi^{-1}(0)$的二价拍卖，其中φ是F的虚拟估值函数(见5.2.6节)。

通常关于 Bulow-Klemperer 定理的解释是：更多的竞争比选择合适的拍卖形式更重要，这也是有很多实际例子支撑的。所以在信息来源上投资，使拍卖能拥有更多参与者，比提高对参与者偏好的了解程度更好。(当然，能同时做到肯定要同时做到!)

Bulow-Klemperer 定理让人感觉到：对于单物品拍卖情形，在所有竞拍者的估值独立同分布于一个正则分布时，(先验独立的)二价拍卖与无数种不同的最优机制都可以匹敌。而练习 6.4 表明了这个定理的另一个结论：对于这样的单物品情境，有 $n \geqslant 2$ 个竞拍者时，二价拍卖的期望收益至少是最优拍卖的 $\frac{n-1}{n}$ 倍。问题 6.4 列出了 Bulow-Klemperer 定理的更多扩展和变种。

定理 6.5 的证明：直接比较(6.4)式的两边比较麻烦，为了更好地分析，我们定义一个虚拟的拍卖 $\mathcal{A}$ 以方便比较。含有$(n+1)$个竞拍者的单物品 DSIC 拍卖过程如下：

虚拟拍卖 $\mathcal{A}$

1. 选取前 n 个竞拍者 1，2，…，n，模拟一个最优拍卖 F。
2. 如果在第一步中物品没有分配出去，那么就免费将物品分配给第 $n+1$ 个竞拍者。

我们定义 $\mathcal{A}$ 是为了得到两个重要的性质。第一个是，$\mathcal{A}$ 的期望收益等于有 n 个竞拍者的最优拍卖的期望收益，即(6.4)的右部。第二个是，$\mathcal{A}$ 总是能够将物品分配出去。

通过论证二价拍卖(有 $n+1$ 个竞拍者)的期望收益至少是 $\mathcal{A}$ 的期望收益，我们就可以完成证明。为此我们展示一个更强的命题，即当竞拍者的估值独立同分布于一个正则分布时，在所有可以将物品分配出去的 DSIC 拍卖中，二价拍卖的期望收益是最大的。

我们可以使用 5.2 节得到的工具来分析二价拍卖是否是最优的。由于期望收益和期望虚拟福利的等价性(定理 5.2)，所以最大化后者就足够了。在总可以将物品分配出去的前提下，最大化期望福利的分配规则总是会将物品分配给虚拟估值最高的竞拍者，即使他的虚拟估值为负。

注意，二价拍卖总是会将物品分配给估值最高的竞拍者。又因为竞拍者的估值独立同分布于正则分布，所以所有竞拍者的虚拟估值函数 φ 都是相同的。因此估值最高的竞拍者的虚拟估值也是最大的。总结一下，在总是将物品分配出去的前提下，二价拍卖的期望收益总是最大的，证毕。 ■

总结

- 当竞拍者的估值服从不同的分布时，最优单物品拍卖很复杂，需要关于估值分布的细节信息，而这和实际使用的拍卖形式不同。

- 预知不等式表明，给定一系列的奖励，且奖励服从已知的独立分布时，存在一个阈值策略，使得期望收益至少是最大奖励期望值的50%。
- 预知不等式意味着，通过选择合适的竞拍者定向保留价，可以使二价拍卖的期望收益至少是可能最大值的50%。
- 先验独立机制是那些表达式中不含有任何估值分布信息的机制。最大化福利机制是先验独立的；而最大化虚拟福利机制不是先验独立的。
- Bulow-Klemperer 定理表明，最优单物品拍卖的期望收益至多和多一个竞拍者的二价拍卖一样。

说明

预知不等式(定理6.1)源于 Samuel-Cahn(1984)。定理6.4来自于 Chawla 等(2007)。有隐藏保留价的二价拍卖的近似率保证由 Hartline 和 Roughgarden(2009)首先研究，最近 Alaei 等(2015)的成果表明，这样的拍卖总是可以有最优拍卖至少 $1/e\approx 37\%$的期望收益。问题6.2在 Hartline 和 Roughgarden(2009)中也出现了。问题6.3的结果源自 Chawla 等(2010)。

Bulow-Klemperer 定理(定理6.5)和问题6.4a中的应用来自于 Bulow 和 Klemperer(1996)。我们的证明来自 Kirkegaard(2006)。Roughgarden 和 Sundararajan(2007)关注了近似保证(练习6.4)。设计优良先验独立机制的一般方法是由 Dhangwatnotai 等(2015)描述清楚的，问题6.4b是他们“单样品”机制的特例。正如 Goldberg 等(2006)所提出的那样，先验独立机制设计可以看作是放松“无先验”条件的一般机制设计。

同第5章提出的经典最优拍卖理论不同的是，简单近似最优机制和先验独立机制是最近10年才出现的，且主要是在计算机科学领域。详见 Hartline(2016)关于最近研究进展的调查。

练习

练习6.1 考虑有 n 个竞拍者的单物品拍卖，竞拍者的估值独立分布于正则分布 F_1，…，F_n。

(a) 以竞拍者虚拟估值函数的形式，给出最优拍卖赢家的支付公式。

(b) (H)举例说明，最优拍卖中竞价最高的竞拍者未必会赢，即使他的虚拟估值为正。

(c) 给出一个直观的解释：为什么(b)中的性质对增加拍卖的期望收益有益？

练习6.2 (H)将预知不等式(定理6.1)扩展到不存在阈值 t 满足 $q(t)=1/2$ 的情形，

其中 $q(t)$为没有奖励超过阈值的概率。

练习 6.3 证明当估值分布为正则分布F_1，…，F_n时，有竞拍者定向保留价(6.3 节)的二价拍卖的分配规则是单调的。

练习 6.4 (H)考虑有 n 个竞拍者的单物品拍卖，竞拍者的估值独立同分布于一个正则分布 F。证明二价拍卖(无保留价)的期望收益至少是最优拍卖的$(n-1)/n$ 倍。

问题

问题 6.1 这个问题研究了对预知不等式(定理 6.1)的改进，以及它对于简单近似最优拍卖(定理 6.4)的重要作用。

(a) (H)说明在预知不等式中 1/2 很难再提高：对于任意一个常数 $c>1/2$，都存在分布G_1，…，G_n使得每种策略(无论是否是阈值策略)的期望收益小于 $c \cdot \boldsymbol{E}_{\pi\sim \boldsymbol{G}}[\max_i \pi_i]$。

(b) 证明定理 6.4 在 50%被换成任何更大的数的情况下都不再成立。

(c) 预知不等式中的 1/2 能否在一些特例中被提高：比如估值独立同分布于$G_1=G_2=\cdots=G_n$?

问题 6.2 这个问题来自一个关于简单近似最优拍卖的通用的结论。考虑单参数环境中，每个可行的结果都是一个 0-1 向量，它指定了赢得物品的智能体(比照练习 4.2)。假设可行集合是向下封闭的，即如果 S 是赢得物品的智能体的可行集，$T\subseteq S$，那么 T 也是赢得物品的智能体的可行集。最后，假设每一个智能体 i 的估值分布F_i都满足风险率单调(练习 5.4)，即$\frac{f_i(v_i)}{1-F_i(v_i)}$关于$v_i$是非减函数。

用 $\mathcal{M}^*$ 表示最大化期望收益的 DSIC 机制。我们的“主角”是下面这个 DSIC 机制 $\mathcal{M}$。

具有垄断保留价的福利最大化机制

1. 设r_i是分布F_i下的垄断价格(即属于$\operatorname{argmax}_{r\geqslant 0}\{r\cdot(1-F_i(r))\}$)。
2. 令 S 表示满足$v_i\geqslant r_i$的智能体集合。
3. 选择赢家集合 $W\subseteq S$ 以最大化社会福利：

$$W=\operatorname*{argmax}_{T\subseteq S;T\text{可行}}\sum_{i\in T}v_i$$

4. 根据迈尔森支付公式(3.5)定义支付。

(a) 令φ_i表示F_i下的虚拟估值函数。利用风险率单调条件证明：对于任意$v_i \geqslant r_i$，都有$r_i + \varphi_i(v_i) \geqslant v_i$。

(b) (H)证明 $\mathcal{M}$ 的期望社会福利至少和 $\mathcal{M}^*$ 一样。

(c) (H)证明 $\mathcal{M}$ 的期望收益至少是其期望社会福利的一半。

(d) 总结出 $\mathcal{M}$ 的期望收益至少是最优机制 $\mathcal{M}^*$ 的一半。

问题 6.3 考虑单个顾客只购买 n 个不同物品中至多一个的情况。假设顾客对这 n 个物品的私人估值v_1，…，v_n服从已知的独立正则分布F_1，…，F_n。需要设计的机制空间是牌价的集合，一个物品一个牌价。当牌价是p_1，…，p_n时，若对于每个物品 j，都有$p_j > v_j$，顾客就不选择任何物品。否则的话，他就选择能够最大化$v_j - p_j$的那个物品，并支付p_j给卖家。若出现多个这样的物品，就从中任意选择一个打破僵局。

(a) 解释为什么这个设定不符合单参数环境。

(b) (H)证明：对于每个F_1，…，F_n，通过牌价得到的最大期望收益至多和有 n 个竞拍者的最优单物品拍卖的最大期望收益相同，其中 n 个竞拍者的估值服从相互独立的分布F_1，…，F_n。

(c) (H)证明：对于每个F_1，…，F_n，存在这样的牌价，它能获得的期望收益至少是(b)中所述上界的一半。

问题 6.4 这个问题考虑了 Bulow-Klemperer 定理(定理 6.5)的一些变种。考虑一个 n 竞拍者 k 物品的拍卖(例子 3.2)，其中 $n \geqslant k \geqslant 1$，且竞拍者的估值独立同分布于正则分布 F。

(a) 证明分布为 F 的最优拍卖的期望收益(练习 5.7)至多和额外多 k 个竞拍者的最大化福利的 DSCI 拍卖一样(练习 2.3)。

(b) (H)假设 $n \geqslant k+1$。证明下面的随机拍卖满足 DSIC，而且它的期望收益至少是最优拍卖的$\frac{n-1}{2n}$倍。[⊖]

一个先验独立拍卖

1. 按照均匀分布随机地选择一个竞拍者 j。
2. 令 S 表示除 j 之外竞价前 k 高的竞拍者集合，ℓ 表示接下来竞价最高的竞拍者。(如果 $n=k=1$，则定义v_ℓ为 0)
3. 以 $\max\{v_j, v_\ell\}$ 的价格将物品分配给 S 中每一个$v_i \geqslant v_\ell$的竞拍者 i。

⊖ 当满足以下条件时，我们称随机拍卖是满足 DSIC 的：如果对于每个智能体 i 和系统收到的其他智能体上报的估值$\mathbf{v}_{-i}$，真实地上报自己的估值能够最大化 i 的期望效用，期望是基于机制自身的随机操作计算得到的。

多参数机制设计

第2～6章只考虑了单参数环境下的机制设计问题，即智能体的唯一私人参数是他对某个单位数量事物的估值。针对多参数的问题，即每个智能体都有多个私人参数时，机制设计就困难多了。不过，Vickrey-Clarke-Grove(VCG)机制提供了一个具有良好泛化能力的结论：原则上，在任意多参数环境下，最大化福利的DSIC机制是可以实现的。

7.1节正式定义一般化的机制设计环境。7.2节引入VCG机制并且证明它是DSIC的。7.3节讨论实际运行VCG机制时遇到的挑战。

7.1 一般化的机制设计环境

一般化的多参数机制设计环境由以下部分组成：

- n个策略型的参与者，或者叫作智能体；
- 一个结果的有限集Ω；
- 每个智能体i对每个结果$\omega\in\Omega$都有一个非负的私人估值$v_i(\omega)$。

结果集合Ω是抽象的，而且可能会很大。一个结果$\omega\in\Omega$的社会福利可以定义为$\sum_{i=1}^{n} v_i(\omega)$。

例7.1(再谈单物品拍卖) 在单物品拍卖中，Ω只含有$n+1$个元素，每个元素对应一个可能赢得物品的赢家(如果存在的话)。在单物品拍卖的标准单参数模型中，我们假设竞拍者对他没有赢得物品的n个结果的估值都为0，这样每个竞拍者就只剩下一个未知的参数。而在更加一般化的多参数环境中，竞拍者可以对每个可能的拍卖结果都有不同的估值。例如，在对一个热门创业公司的竞购战中，如果一个竞拍者输了，他可能更希望来自于其他市场的公司收购这家创业公司，而不是被自己的直接竞争者收购。

例7.2(组合拍卖) 在组合拍卖中，有多个物品出售，每个物品不可再切分。竞拍者对不同物品子集(叫作捆绑组合)的偏好可能很复杂。假定有n个竞拍者、m个物品的集合M，结果集合Ω中的元素对应n维向量$(S_1, \cdots, S_n)$，其中$S_i\subseteq M$表示分

配给竞拍者 i 的捆绑组合，且任何物品都不能分配两次。那么一共有 $(n+1)^m$ 种不同的结果。每个竞拍者 i 对他可能得到的每种捆绑组合 $S \subseteq M$ 都有一个估值 $v_i(S)$。因此，每个竞拍者都有 2^m 个私人参数。

组合拍卖在实际运用中很重要。世界上很多政府举行的频谱拍卖已经产生了数千亿美元的收益。在这种拍卖中，竞拍者一般都是诸如 Verizon 或者 AT&T 的电信公司，拍卖物品则是在某个地区内一定频段上进行广播的许可证。组合拍卖在其他场景中也会被使用，比如在机场分配起降时段等。

7.2 VCG 机制

接下来介绍的结论是机制设计理论的支柱之一，也是这个领域最具影响力的积极成果之一：在任意多参数环境下，都存在一个福利最大化的 DSIC 机制。

定理 7.3(多参数最大化福利机制) 在任意的一般化的机制设计环境中，都存在一个福利最大化的 DSIC 机制。

回忆定理 2.4，我们以二价拍卖为背景列出了理想机制的三个性质。定理 7.3 同样满足前两个性质(DSIC 和社会福利最大化)，但不满足第三个性质(计算高效)。从 4.1.4 节我们已经知道，即使是在单参数环境下，也不存在总是同时满足第二和第三个性质的机制(除非 $\mathcal{P}=\mathcal{NP}$)。因此我们会发现定理 7.3 所确定的机制在许多重要的实际应用中，效果很不理想。

在正式证明定理 7.3 之前，我们先讨论一下它背后的主要思想。首先，设计一个(直接显示)DSIC 机制是比较麻烦的，因为需要将分配规则和支付规则仔细地进行结合[⊖]。在单参数环境下，我们使用两阶段式的方法设计分配规则和支付规则，效果很好，所以现在使用同样的方法来设计它们。

第一步，假设智能体真实上报他们的私人估值，然后确定应该选择哪个分配结果。由于定理 7.3 要求最大化福利，所以唯一的方法就是：用竞价代替估值，然后选择那个能最大化福利的结果。也就是说，给定竞价 $\boldsymbol{b}_1, \cdots, \boldsymbol{b}_n$，其中 $\boldsymbol{b}_i$ 为 Ω 上产生的一个向量，我们定义分配规则 $\boldsymbol{x}$ 为：

$$\boldsymbol{x}(\boldsymbol{b}) = \underset{\omega \in \Omega}{\operatorname{argmax}} \sum_{i=1}^{n} b_i(\boldsymbol{\omega}) \tag{7.1}$$

第二步，在这样的分配规则下，再定义一个支付规则，两者组合成为一个 DSIC 机制。上一次面对这个问题是在单参数环境下(3.3 节)，在那里我们找出并证明了迈尔森引理(定理 3.7)，这是一个在单参数环境下通用的解法。但当环境不再是单参数

[⊖] 显示原理的描述和证明(定理 4.3)可以直接扩展到一般化的机制设计环境中，所以我们可以不失一般性地将注意力集中到直接显示机制上来。

时，迈尔森引理就不成立了。如果每个智能体都提交多维的报告，我们甚至对如何定义分配的单调性都不清楚(比照定义 3.6)[⊖]。类似地，对于 0-1 单参数问题，满足 DSIC 的支付规则都存在一个“关键竞价”性质(4.1.3 节)，但多参数环境下分配规则没有一个明显与之类似的性质。

现在的关键是，在一个福利最大化的 DSIC 机制中，我们如何找出智能体 i 支付规则的刻画。实际上，我们可以用 i 引起的外部性来刻画 i 的支付，即 i 的出现对其他 $n-1$ 个智能体造成的损失(练习 4.2)。例如，在单物品拍卖中，赢得物品的竞拍者对其他竞拍者造成的福利损失等于第二高的竞价(假定竞拍者都真实竞价)，而这恰好就是二价拍卖的支付规则。“智能体支付他的外部性”在一般化机制设计环境中依然有很好的定义，其对应到支付规则就是

$$p_i(\boldsymbol{b}) = \underbrace{\left(\max_{\omega \in \Omega} \sum_{j \neq i} b_j(\boldsymbol{\omega})\right)}_{i\text{不参与}} - \underbrace{\sum_{j \neq i} b_j(\boldsymbol{\omega}^*)}_{i\text{参与}} \tag{7.2}$$

其中 $\boldsymbol{\omega}^* = \boldsymbol{x}(\boldsymbol{b})$是式(7.1)选出的结果。直观上，这样的支付规则迫使智能体将由他引起的外部性内部化，从而使得其动机与决策者的动机相一致。需要注意的是，支付 $p_i(\boldsymbol{b})$至少为 0(练习 7.1)。

定义 7.4(VCG 机制)　分配规则和支付规则分别如式(7.1)和式(7.2)的机制($\boldsymbol{x}$, $\boldsymbol{p}$)叫作 Vickrey-Clarke-Grove 或 VCG 机制。

下面给出 VCG 机制支付规则的另一种解释，重写式(7.2)为：

$$p_i(\boldsymbol{b}) = \underbrace{b_i(\boldsymbol{\omega}^*)}_{\text{竞价}} - \underbrace{\left[\sum_{j=1}^{n} b_j(\boldsymbol{\omega}^*) - \max_{\omega \in \Omega} \sum_{j \neq i} b_j(\boldsymbol{\omega})\right]}_{\text{退款}} \tag{7.3}$$

据此我们可以将智能体 i 的支付视为他的竞价减去一部分“退款”，这部分退款等于因为 i 的存在而产生的福利增量。例如，二价拍卖中，竞价最高的竞拍者的支付为他的竞价 b_1 减去退款 b_1-b_2(b_2 是次高竞价)，这也等于该竞拍者为系统带来的福利增量。注意，假定竞价非负的情况下，式(7.3)中的退款也是非负的(练习 7.1)。这也意味着 $p_i(\boldsymbol{b}) \leqslant \boldsymbol{b}_i(\boldsymbol{\omega}^*)$，因此如实报价总是能够保证效用非负。

定理 7.3 的证明：选定任意一般化的机制设计环境，令($\boldsymbol{x}$, $\boldsymbol{p}$)表示相应的 VCG 机制。根据定义，只要所有竞价都是真实的，这个机制就能最大化社会福利。为了验证 DSIC 条件(定义 2.3)，我们只需要证明对于每个智能体 i 和每一组其他智能体的竞价 $\boldsymbol{b}_{-i}$，智能体 i 都能够通过设置 $\boldsymbol{b}_i = \boldsymbol{v}_i$ 来最大化他的拟线性效用 $v_i(\boldsymbol{x}(\boldsymbol{b})) - p_i(\boldsymbol{b})$。

⊖ 可实施的多参数分配规则的充要条件是“环单调性”；详见说明。这个结果很优美，它可以类比于如下事实：一个边权为实数的图当且仅当它不包含负圈时，才存在一个定义明确的最短路径。环单调性比单参数环境下的单调性难用得多。由于要验证一个分配规则是否满足环单调性很困难，所以很少用环单调性来判断分配规则是否可实施，也很少在实际场景中用它来推导满足 DSIC 的支付规则。

固定 i 和 $\boldsymbol{b}_{-i}$，当选中的 $\boldsymbol{x}(\boldsymbol{b})$ 是 ω^* 时，我们可以利用(7.2)式将 i 的效用写成

$$v_i(\boldsymbol{\omega}^*)-p_i(\boldsymbol{b})=\underbrace{\left[v_i(\boldsymbol{\omega}^*)+\sum_{j\neq i}b_j(\boldsymbol{\omega}^*)\right]}_{\text{(A)}}-\underbrace{\left[\max_{\omega\in\Omega}\sum_{j\neq i}b_j(\boldsymbol{\omega})\right]}_{\text{(B)}}$$

B 项是一个常数，和 i 的竞价 $\boldsymbol{b}_i$ 无关。因此，最大化 i 的效用问题就退化为最大化 A 项的问题。假设智能体 i 可以直接选择结果 $\boldsymbol{\omega}^*$，而不需间接地通过竞价 $\boldsymbol{b}_i$ 来影响最终的结果，那么智能体 i 当然会选择一个能最大化 A 项的结果。现在，如果智能体 i 设置 $\boldsymbol{b}_i=\boldsymbol{v}_i$，那么机制要最大化的式(7.1)就和智能体要最大化的 A 项一致了。因此，真实竞价可以“诱导”机制去选择能最大化智能体 i 的效用的结果，而任何其他报价都不能比这做得更好。 ■

7.3 实际的考量

定理 7.3 表明，在一般化的多参数环境中，福利最大化的 DSIC 机制总是可能实现的。但是，在大多数多参数环境中，运行 VCG 机制存在一些障碍。[⊖]

运行 VCG 机制的第一个挑战叫作*偏好获取*，即从智能体处获得竞价 $\boldsymbol{b}_1$，…，$\boldsymbol{b}_n$。例如，在有 m 个物品的组合拍卖中(例 7.2)，每个竞拍者都有 2^m 个私人参数，当 $m=10$ 时，私人参数是 1000 量级，当 $m=20$ 时就是百万量级。没有任何一个竞拍者愿意记住这么多数字。类似的问题出现在所有直接显示机制中，而不仅仅是 VCG 机制，因为它们都具有巨大的结果空间。

第二个挑战和算法机制设计中的一个挑战类似(见第 4 章)。即便第一个挑战不是问题，即使偏好获取能很容易被解决，福利最大化在时间复杂度上也可能是计算困难的。这个问题其实在(单参数环境)背包拍卖(4.1.4 节)中就已经出现了，在更复杂的设定下，即使是近似福利最大化，在时间复杂度上都可能难以实现。

第三个挑战是，即使实际应用中不存在前两个挑战，VCG 机制的收益和激励也可能表现不好(尽管它是满足 DSIC 的)。例如，考虑两个物品和两个竞拍者的组合拍卖，物品为 A 和 B。第一个竞拍者只想同时赢得 A 和 B，即 $v_1(AB)=1$，其他情况都为 0。第二个竞拍者只想赢得物品 A，即 $v_2(AB)=v_2(A)=1$，其他情况都为 0。在这个例子中，VCG 机制的收益就是 1。现在假设增加第三个竞拍者，只想赢得物品 B，即 $v_3(AB)=v_3(B)=1$。现在最大福利就变为了 2，但是 VCG 机制的收益却减少到了 0(练习 7.2)！在实际应用中，由于收益可能为 0 的性质，VCG 机制在竞争较强的环境中很容易出现毁约的情况。另外，这个例子中收益呈现出非单调的性质，这会导致更多激励问题，比如机制面对合谋和假名竞价时会很脆弱(练习 7.3 和 7.4)。

⊖ VCG 机制仍然可以作为其他更实用方法的有效基准参考(比照第 6 章)。

下一章将讨论如何在现实的组合拍卖中应对这些挑战。

总结

- 在一般化机制设计环境中，智能体对每种可能的结果都有一个私人估值。组合拍卖是此类环境中一个在理论和应用上都很重要的案例。
- 在 VCG 机制中，分配规则根据智能体的竞价来选择社会福利最大化的结果，支付规则为每个智能体都支付其外部性，即由于他的存在而对其他智能体造成的福利损失。
- 每个 VCG 机制都是满足 DSIC 的。
- VCG 机制在实际运用中存在一些问题，包括难以获取大量私人参数、福利最大化结果计算困难，以及较差的收益和激励。

说明

VCG 机制的定义来自于 Clarke(1997)，它将 Vickrey(1961)中提出的单物品次价拍卖进行了一般化。Groves(1973)给出了更加一般化的机制，其中每个智能体的支付规则都增加了一个独立于竞价的“关键项” $h_i(\boldsymbol{b}_{-i})$(详见问题 7.1)。在多参数环境中，分配规则的可实施性的等价条件及其“环单调性”来自于 Rochet(1987)；Vohra(2011)给出了上述理论的清楚阐述及应用。Rothkopf 等(1990)及 Ausubel 和 Milgrom(2006)详细说明了实际执行 VCG 机制时面临的许多挑战。问题 7.1 来自 Holmstorm(1977)。问题 7.3 来自 Dobzinski 等(2010)；同样类型的更多结果可以参见 Blumrosen 和 Nisan(2007)。

练习

练习 7.1 证明 VCG 机制中智能体 i 的支付 $p_i(\boldsymbol{b})$至少是 0，至多是 $b_i(\boldsymbol{\omega}^*)$，其中 $\boldsymbol{\omega}^*$ 为机制选择的最终结果。

练习 7.2 考虑有三个竞拍者两个物品 A 和 B 的组合拍卖(例 7.2)。第一个竞拍者只对同时赢得两个物品有估值 1(即 $v_1(AB)=1$)，其他情况均为 0。第二个竞拍者只对赢得物品 A 有估值 1(即 $v_2(AB)=v_2(A)=1$)，其他情况均为 0。第三个竞拍者只对赢得物品 B 有估值 1，其他情况均为 0。

(a) 分别计算只有前两个竞拍者时和三个竞拍者全在时 VCG 机制的结果。另外，你能归纳总结出什么？

(b) 增加一个竞拍者会减少单物品二价拍卖的收益吗？

练习 7.3 给出一个组合拍卖和一组竞拍者估值，使得 VCG 机制有以下性质：当所有竞拍者都真实竞价时，有两个竞拍者得不到任何物品，但是他们可以通过同时虚报竞价，获得正的效用(假设其他竞拍者还是真实竞价)。思考为什么这个例子不违反定理 7.3?

练习 7.4 考虑一个组合拍卖，其中竞拍者可以用不同的名字提交多个竞价，而机制设计者并不知道这个情况。竞拍者的分配和支付是他所有假名下对应的分配和支付之和。

(a) 给出一个组合拍卖和一组竞拍者估值，使得：在 VCG 机制中，存在一个竞拍者可以通过提交多个竞价获得比作为一个单独智能体真实竞价更高的效用。(假定其他竞拍者都真实竞价)

(b) 在单物品二价拍卖中这种情况可能发生吗?

练习 7.5 (H)如果组合拍卖中竞拍者 i 对每个物品都有一个参数 v_{i1}，…，v_{im}，并且对于每个物品的捆绑组合 S，$v_i(S)=\max_{j\in S} v_{ij}$ (且 $v_i(\varnothing)=0$)，就称这样的竞拍者拥有*单位需求估值*。一个有单位需求估值的竞拍者只想要一个物品，比如某个特定晚上的一个酒店房间，只要捆绑组合中有他最想要的物品即可。

给出一个该场景下 VCG 机制的具体实现，要求机制的运行时间是竞拍者数量和物品数量的多项式级。

问题

问题 7.1 考虑一般化的机制设计环境，其结果集为 Ω，智能体数目为 n。在本问题中，我们用 DSIC 这个术语作为定义 2.3 里的第一个条件(真实竞价是占优策略)，同时不考虑个体理性条件(真实竞价的竞拍者效用不会为负)。

(a) 假定我们通过给每个智能体的支付增加一个*关键项* $h_i(\boldsymbol{b}_{-i})$ 来调整 VCG 机制的支付规则(式(7.2))，其中 $h_i(\cdot)$ 是其他智能体竞价的任意函数。关键项可正可负，并且可以导致支付从机制流向智能体。证明：无论选择什么类型的关键项，形成的机制都是 DSIC 的。

(b) (H)假定智能体的估值被限定在集合 $\mathcal{V}\subseteq\mathbb{R}^{\Omega}$ 中。如果对于所有可能的竞价 $b_1(\cdot)$，…，$b_n(\cdot)\in\mathcal{V}$，相应的 VCG 支付(包括 h_i)之和都为 0，我们就称关键项 $\{h_i(\cdot)\}_{i=1}^{n}$ 使 VCG 机制*预算平衡*。

证明当且仅当最大社会福利可以表示成独立于竞价的函数之和，即当且仅当对于每个 $b_1(\cdot)$，…，$b_n(\cdot)\in\mathcal{V}$ 都有

$$\max_{\omega\in\Omega}\sum_{i=1}^{n} b_i(\omega) = \sum_{i=1}^{n} g_i(\boldsymbol{b}_{-i}) \tag{7.4}$$

时，才存在使得 VCG 机制预算平衡的关键项。其中 g_i 是不依赖于 b_i

的函数。

(c) 直接证明或利用(b)证明：不存在一个关键项能够使单物品二价拍卖预算平衡。归纳总结出：不存在 DSIC 的单物品拍卖，能够最大化社会福利并同时满足预算平衡。

问题 7.2 考虑一般化的机制设计环境，结果集合为 Ω，智能体数目为 n。假定函数 $f:\Omega\to\mathbb{R}$，形式上为

$$f(\omega)=c(\omega)+\sum_{i=1}^{n}w_i v_i(\omega)$$

其中 c 是对所有智能体公共已知的函数，每个智能体 i 都有一个非负且公共已知的权重 w_i。我们称这样的函数为*仿射最大化算子*。

证明：对于每个仿射最大化函数 f 和结果子集 $\Omega'\subseteq\Omega$，都存在一个 DSIC 机制，其在 Ω' 上能最大化 f。

问题 7.3 考虑一个组合拍卖(例 7.2)，物品集合 M 有 m 个物品，其中每个竞拍者 i 的估值函数 $v_i:2^M\to\mathbb{R}^+$ 都满足：(i) $v_i(\varnothing)=0$；(ii) 对于任意 $S\subseteq T\subseteq M$，都有 $v_i(S)\leqslant v_i(T)$；(iii) 对于所有的捆绑组合 S，$T\subseteq M$，都有 $v_i(S\cup T)\leqslant v_i(S)+v_i(T)$。则称这样的函数是*次可加的*。

(a) 对于一个次可加的估值组合 $\boldsymbol{v}$，如果存在一个最大化社会福利的分配规则，使得至少 50% 的社会福利是由那些至少被分配了 $\sqrt{m}$ 件物品的竞拍者贡献的，那么我们就称 $\boldsymbol{v}$ 是*失衡的*。证明：如果 $\boldsymbol{v}$ 是失衡的，那么存在将所有物品全部分配给同一个竞拍者的分配规则，其产生的社会福利至少是最大可能值的 $\frac{1}{2\sqrt{m}}$ 倍。

(b) (H)证明如果 $\boldsymbol{v}$ 不是失衡的，那么存在如下分配规则：每个竞拍者至多被分配一个物品，且产生的社会福利至少是最优解的 $\frac{1}{2\sqrt{m}}$ 倍。

(c) (H)给出一个有以下性质的机制：(1)对于某些捆绑组合的集合 $\mathcal{S}$，其中 $|\mathcal{S}|$ 关于 m 是多项式级的，每个竞拍者都提交一个竞价 $b_i(S)(S\in\mathcal{S})$；(2)对于任意竞拍者 i 和 i 之外的其他报价，$b_i(S)=v_i(S)$ 对于任意 $S\in\mathcal{S}$ 都是占优策略；(3)假设竞拍者真实竞价，机制结果的社会福利至少是最优解的 $\frac{1}{2\sqrt{m}}$ 倍；(4)机制的运行时间是竞拍者数量 n 和物品数量 m 的多项式级。

频谱拍卖

本章以案例分析的形式介绍在无线频谱配置中运用的组合拍卖，这是一类重要且具有挑战性的多参数机制设计问题。相比于关键字搜索拍卖(见2.6节和5.3节)中遇到的成千上万个小量级的拍卖，频谱拍卖则关心具有数十亿潜在收益的单次拍卖。

8.1节解释非直接机制的实际意义；8.2节讨论举行多次单物品拍卖来出售多个物品的好处；8.3节介绍无线频谱拍卖中的核心拍卖，同时升价拍卖；8.4节考量由组合竞价带来的利与弊；8.5节简述目前最前沿的频谱拍卖——2016年FCC激励拍卖机制。

8.1 非直接机制

在一个组合拍卖中(见例7.2)，有n个竞拍者、m个物品，竞拍者i的估值函数具体表明了i对每一个可能获得的拍品子集S的价值$v_i(S)$。原则上，VCG机制就是一个满足DSIC和福利最大化的组合拍卖机制(定理7.3)。如果竞拍者的估值函数足够简单的话(见练习7.5)，VCG机制就是一个可用的机制；否则的话机制就不可用(见7.3节)。比如，当每个竞拍者需要向VCG机制或者其他直接机制上报的参数的数量是m的指数级时，机制是不可用的。

在直接组合拍卖中，竞拍者需要把所有估值信息上报给拍卖机制，这有时是不合理的，因此催生了非直接机制。非直接机制根据“有必要知晓”原则来获取有关竞拍者偏好的信息。典型的非直接机制是英式升价拍卖，见练习2.7。此拍卖常见于电影中而被我们熟知：一位拍卖商追踪当前的价格和当前的赢家，整个拍卖直到最后只剩下一个竞拍者结束[⊖]。在这种拍卖中，每个竞拍者都有一个占优策略：只要当前价格低于他的估值，则一直待在拍卖里(竞拍者可能赢得拍卖并获得一个正的收益)；

[⊖] 目前有几类该机制的变种。在电影和拍卖行(例如佳士得和苏富比拍卖行)里，通常使用一种称为“公开叫价”的拍卖。在这种拍卖里，竞拍者可以随意地退出和重新加入，也可以使用积极的“跳跃性报价”来抬高当前价格。在进行数学分析时，“日本式”拍卖变种通常更简洁一些：拍卖由某个公开的价格开始，这个价格被公开展示给所有人并以一个平稳的速率上升。每个竞拍者可以在某个价格上选择要么“加入”要么“退出”，并且竞拍者只要退出就不能重新加入。赢家为最后一个“加入”拍卖的竞拍者，其支付为倒数第二个竞拍者退出时的价格。

只要当前价格高于他的估值，则退出拍卖(在这之后赢了的话会获得一个负的收益)。如果所有竞拍者都使用这一策略，那么英式拍卖的最终结果和二价(密封)拍卖的结果是一样的。其实二价拍卖就是把显示原理(定理 4.3)应用于英式拍卖后得到的直接机制。

除了一些最简单的场景外，对绝大部分的组合拍卖问题来说，使用抽取适量竞拍者估值信息的非直接机制都是不可避免的[⊖]。这类机制使得我们必须要放弃 DSIC 和福利最大化性质；目前来看，我们只能这样处理。

8.2 分开拍卖多个物品

一个自然的非直接组合拍卖应该是什么样的？在这类拍卖中，我们应该不需要向每个竞拍者索取他对于每个物品子集的估值。最简单的尝试是把多个物品分开来卖，即对每个物品采用某种单物品拍卖来出售。这样的机制只需要每个竞拍者对每一个物品报一个竞价就可以，而且这也是可被论证的所需的最小信息量。在我们具体阐述这种单物品拍卖形式之前，我们需要考虑一个基本的问题：原则上，分开拍卖多个物品是否能达到高社会福利的资源配置？

组合拍卖中的物品存在两种截然不同的类型，一种是物品间互为*替代品*，另一种是物品间互为*互补品*。对于物品之间是替代品的情况，不论是在理论上或是在实践应用中都比是互补品的情况要简单。粗略地说，如果物品对竞拍者来说呈现出递减的效益，也就是说每获得一个物品都使得剩余的同类物品贬值，那么此类物品就属于替代品。例如，有两个物品 A 和 B，他们是替代品意味着 $v(AB)\leqslant v(A)+v(B)$。在频谱拍卖中，同一地区频宽相同的两个频谱许可证通常互为替代品。理论研究表明，当物品之间是(或者近似是)替代品时，把多个物品分开单独拍卖能取得良好的效果。首先，当物品之间是替代品，并且真实估值可知时，福利最大化是一个计算简单的问题。此外，VCG 机制中不良的激励和收益问题(见 7.3 节和练习 7.3、7.4)也不存在了，即一般化了单物品二价拍卖中的可靠性质。尽管如此，可替代的多物品仍然是一个“简单的”案例。当分开拍卖每个物品时，在一些场景下，事情很容易就会变糟。

如果物品之间存在协同效应的话，即获得一个物品使得剩余其他的物品更有价值，它们就互为互补品，也就是说 $v(AB)\geqslant v(A)+v(B)$。互补品在无线频谱拍卖中天然存在，因为一些竞拍者想要获得一些(地理上或者频率域上)邻近的频谱。当物

⊖ 非直接机制在单参数场景中，比如单物品拍卖中，也是很有用的。实证研究表明竞拍者更偏好于在英式拍卖而不是在密封二价拍卖中采用占优策略。在密封二价拍卖中，一些竞拍者会有莫名的过高出价行为。另外，升价拍卖泄露给卖家的信息更少。在密封二价拍卖中，卖家会得知最高竞价；而在英式拍卖中，卖家只能获悉最高竞价的下界，也即最终成交价格。

品之间为互补品时，即便我们忽略激励约束(问题 4.3)，福利最大化也是计算困难的。在这类例子里，我们不能指望找到类似分开拍卖物品且性能良好的简单拍卖机制。

通常，在频谱拍卖和大部分常见的组合拍卖中，待拍物品往往是替代品和互补品的混合体。如果物品大多是替代品，那么通过合适的设计，分开拍卖单个物品会有良好的表现；否则，我们需要设计更复杂的拍卖形式，来获得具有高社会福利的分配(见 8.4 节)。

8.3 案例分析：同时升价拍卖

8.3.1 两个新手常见错误

当拍卖多个物品时，有很多种方法都可以用来组织分离式单物品拍卖。本节讨论两种在具体实现中看起来可行的设计。

> **新手常见错误 1**
>
> 逐次进行单物品拍卖，每次拍卖一个物品。

为了说明为什么逐次举行拍卖是一个糟糕的想法，考虑一个非常简单的 k 物品拍卖(见例 3.2)。在这个拍卖中，物品都是相同的，并且每个竞拍者只需要一个。在此场景下，有一个简单的能够实现 DSIC 和福利最大化的拍卖机制(练习 2.3)。假设我们举行一系列的单物品拍卖，比如通过举行两次二价拍卖来出售两个相同的物品。想象着你是一个拥有非常高估值的竞拍者，即预期在参与的任何一场拍卖中都能取胜。那么你应该怎么做？首先，假设其他竞拍者都持续参与拍卖，并以他们的真实估值作为竞价(直到赢得一个物品后才退出拍卖)。如果你参与第一场拍卖，那么你将赢得拍卖并支付次高估值。如果你跳过第一场拍卖，拥有次高估值的竞拍者将赢得拍卖并退出，此时你会赢得第二场拍卖，但只需要支付在第一场拍卖中的第三高估值。因此，直截了当地报告自己真实的估值在连续多场二价拍卖中不是一个占优策略。聪明的竞价需要推理出后续拍卖中可能的成交价，此种竞价行为会导致拍卖结果的不可预测性，并有可能获得低社会福利的资源分配以及低的收益。

在 2000 年 3 月，瑞士利用一系列二价拍卖分配了三个频谱块。前两场拍卖出售了两个相同的 28MHz 的频谱块，最终分别以 1.21 亿和 1.34 亿瑞士法郎成交。这种价格上的差别对于拍卖两个相同的物品来说，已经算是比较大的了。意外的是在第三场对 56MHz 频谱块的拍卖中，成交价仅为 5500 万瑞士法郎！其中的一些竞标价肯

定远远偏离了最优出价，本场拍卖获得的低效率和低收益很难让人满意。[⊖]

上述的讨论和历史教训告诉我们，在拍卖多物品时，应该同时进行拍卖而不是序贯地进行拍卖。如此的话应该选择什么样的单物品拍卖方式呢？

新手常见错误 2
使用密封竞价式单物品拍卖。

1990 年，新西兰政府使用(密封)二价拍卖出售了本质上相同的应用于电视广播的一系列许可证。在这种拍卖中竞拍者依旧很难搞清楚该如何竞价。想象总共有 10 个许可证，而你想要其中一个。你应该怎样竞价？一个合乎情理的策略是，随机选择其中一个许可证，然后只为它竞价。另一个策略是，在多个许可证上进行不太积极的竞价，以期待能够以低价获得一个许可证；并且还要避免获得不想要的许可证。对于竞拍者而言，困难在于如何权衡获得过多与过少许可证之间的风险。

在同时密封竞价拍卖中明智地进行竞价是富有挑战性的，这也最终导致此种拍卖很容易就以低社会福利和低收益收尾。例如，假设有三个竞拍者和两个相同的物品，每个竞拍者只要其中一个。当使用同时密封二价拍卖时，如果每个竞拍者都只锁定一个竞价物品，那么其中一个物品很可能只有一个竞拍者竞价，此时它将会被免费地分配出去(或者以保留价成交)。

1990 年新西兰拍卖的收益只有 3600 万美元，是计划收益的 2.5 亿美元中很小的一部分。在某个许可证上，最高竞价是 100 000 美元，次高价(成交价)是 6 美元！在另外一个许可证上，最高竞价为 700 万美元，次高价为 5000 美元。更严重的是，所有赢家的竞标价都暴露在公众的视野之下！

8.3.2 同时升价拍卖的优点

在过去 20 多年里，*同时升价拍卖*(Simultaneous Ascending Auction，SAA)构成了大部分频谱拍卖的基础。从概念上来看，同时升价拍卖就像是多个单物品英式拍卖在同一个房间里并行举行，每个拍卖商拍卖一个物品。更确切地说，在每一轮里，并且在满足*活跃规则*(activity rule)的前提下，每一个竞拍者都能对他想要的物品子集进行出价。活跃规则强制所有竞拍者从最开始就参与到拍卖中来，以帮助揭示待拍物品的合适价格。这样的规则可以防止竞拍者进行“狙击”，“狙击”是指竞拍者在拍卖结束的最后一秒突然杀入并放置一个可以赢的竞价。活跃规则的细节可能非常复杂，它的要点是，要保证一个参与者所竞拍的物品的数目随着价格的不断升高而减少。尽

[⊖] 除了拍卖方式有问题外，在拍卖之前也存在潜在竞拍者之间进行策略性合并的问题，这导致了竞争局面比期望上要低。

管会怂恿发信号行为和报复性竞价，但通常在这些规则下，高的竞拍价和竞拍者对所有人而言都是可见的(8.3.4节)。拍卖将会在没有新报价的轮次结束。

同时升价拍卖比序贯或者密封竞价拍卖效果好的主要原因在于价值发现(price discovery)。随着竞拍者在拍卖中获取了更好的有关许可证成交价的信息，他在中途可以对自己的策略进行一些纠正：放弃掉那些比期望中竞争激烈的许可证；抢购一些意想不到的廉价品；重新制定目标许可证集合。这种方式很有代表性，它解决了同时密封竞价拍卖中的不协调问题。比如，假设有两个相同的物品和三个竞拍者。每一轮中，肯定存在某个竞拍者同时在两场拍卖中落败。当他重新竞价加入新一轮拍卖时，理所当然地他会在当前价格更低的那个物品上进行加价，这就大体上维持了待拍的两物品处于相同的价格。

采用同时升价拍卖的另外一个好处是，竞拍者只需要根据“有必要知晓”原则来确定对物品的估值。我们一直假设竞拍者在拍卖开始时就知道自己对物品的估值，但是实际上，为了确定一组物品的估值，可能会产生一些费用，比如调研和专业咨询费。与直接机制截然不同的是，在同时升价拍卖中，竞拍者可以只使用一部分组合物品的粗略估值和自己所关心物品的精确估值来进行竞价。

人们普遍认为，在大量的频谱拍卖中，同时升价拍卖都获得了较高的社会福利和收益。但是这种普遍的看法很难被严格证明，因为在拍卖结束后竞拍者的估值信息依旧未知，竞价不完全并且报价可能是非真实的。虽然如此，也存在一些合理的指标来评估一个拍卖机制的性能。首先，拍卖结束后应该只有少量或是没有转卖行为，并且转卖价格应该是和拍卖的成交价相近。这也就意味着，投机者在拍卖中的作用甚微。其次，相似的物品的成交价应该类似(参见瑞士和新西兰的拍卖)。第三，拍卖获得的收益应该达到或超过预期。第四，拍卖中应该显示出价值发现的迹象。例如，在拍卖过程中的价格和临时赢家应该和最终成交价及最终赢家高度相关。最后，竞拍者获得的物品集合应该是合理的，比如获得地理上或是频谱域上相邻的许可证组合。

8.3.3　需求缩减和披露问题

同时升价拍卖有两大问题。第一个问题是*需求缩减*(demand reduction)，即便在拍品是替代品的情况下这个问题也存在。需求缩减是指竞拍者发布一个比真实需求少的需求量，以求降低竞争，并以较低的价格获得一些物品。

为了说明这个问题，假设有两个相同的物品和两个竞拍者。竞拍者1对获得一个物品的估值为10，对获得两个物品的估值为20。竞拍者2对获得一个物品的估值为8，但他不想同时获得两个物品(也就是说他对获得两个物品的估值也是8)。把两个物品都给竞拍者1将会最大化社会福利，总福利为20。本例中采用VCG机制的话，收益为8。现在我们考虑在同时升价拍卖中会发生什么。竞拍者2会很乐意以低于8

的价格获得其中任意一个物品。因此，当两个物品的竞价都大于等于 8 的时候，竞拍者 2 会退出拍卖。如果竞拍者 1 固执地坚持赢得两个物品，那么最终他的收益会是 20－16＝4。但从另一个方面考虑，如果第一个竞拍者只选定一个物品作为竞拍目标，那么每一个竞拍者都会获得一个物品，并且以近乎 0 的价格成交。此时竞拍者 1 的收益接近 10。相比于 VCG 机制的结果，在此例中，需求缩减行为导致了很低的社会福利和收益。有充分的证据表明，在很多频谱拍卖中都存在需求缩减行为。

同时升价拍卖的第二个问题发生在物品是互补品的情况下(例如频谱拍卖中)。这个问题称为*披露问题*(exposure problem)。考虑两个竞拍者和两个不同的物品。竞拍者 1 只想要两个物品(即对此竞拍者而言他们是互补品)，并且他对获得两个物品的估值为 100(对任何其他结果的估值为 0)。第二个竞拍者愿意为其中一个且仅仅一个支付 75。VCG 机制会将两个物品都分配给竞拍者 1，产生的福利为 100，效用为 75。在同时升价拍卖中，竞拍者 2 在其中任何一个物品的价格达到 75 之前时都不会退出拍卖。竞拍者 1 处于必败的境地：为了获得两个物品，他需要支付 150，这超出了他对物品的估值。而赢得其中一个物品会使得情况变得更糟。另一方面，如果竞拍者 2 对获得任意一个物品的估值为 40，那么竞拍者 1 就应该全力竞价，同时他也能逃出竞拍者 2 带来的困境。问题在于竞拍者 1 并不清楚真实场景到底是哪一个。在同时升价拍卖中，披露问题使得需要互补品的竞拍者在竞价上变得很困难。此问题能通过如下两个方面导致经济上无效率的资源配置。首先，过于激进的竞拍者有可能获得不想要的物品。其次，过于踌躇的竞拍者可能错过对他来说估值最高的物品组合。

8.3.4 发送竞价信号

像同时升价拍卖这样的迭代式拍卖为策略性竞价提供了机会，而这样的行为在直接显示机制中并不存在。在早期以及一些相对来说竞争不太激烈的频谱拍卖中，竞拍者有时会使用竞价的后几位来有效地给其他竞拍者传递信息。例如，USWest 和 McLeod 曾经在位于罗切斯特市和明尼苏达州的第 378 号许可证上进行激烈的竞争，两队互不相让。显然，USWest 厌倦了价格战随即采用了报复性竞价策略：在 McLeod 处于领先地位的其他地理位置上的许可证上进行竞价，而 USWest 在之前几轮里对这些许可证并不感兴趣。McLeod 最终还是赢回了所有他想要的许可证，但由于 USWest 的报复性竞价 Mcleod 不得不支付更高的价格。为了使传递的信息表达得一清二楚，所有 USWest 的报复性竞价都是 1000 的倍数再加一个 378(想必是在警告 McLeod 赶紧撤出罗切斯特或其他市场)。然而像这种类型的信号可以通过强制所有竞价必须为某个合适数字的整数倍来消除，但通过设计规则来消除所有的策略性行为似乎是不可能的。

8.4 组合竞价

披露问题促使我们在基本的同时升价拍卖中引入组合竞价，也就是说竞拍者除了可以在单独的物品上进行竞价外，还可以在任意物品组合上进行竞价。组合竞价允许竞拍者在一组物品上进行积极的竞价而不用担心只获得这组物品的某个子集。同时也存在一些场景，在采用组合竞价时竞拍者缩减需求的动机得以被消除。

在频谱拍卖中(如果真的要使用组合竞价的话)如何具体实施组合竞价得到了广泛的讨论。保守的观点(直到最近还指导着实践)认为组合竞价增加了实用型拍卖的复杂度并且可能会导致不可预测的结果。仅在10年前左右，一些组合竞价形式才被正式纳入频谱拍卖设计中，并且全都在美国境外。

第一种设计方法是在同时升价拍卖结束后附加一个额外的回合，在这个回合里竞拍者在满足活跃规则下可以提交任何他想要的物品子集的竞价。这些组合竞价不仅相互之间在竞争，而且也与在同时升价拍卖阶段中单个物品的中标价进行竞争。最终的分配通过最大化社会福利来确定(假定所有竞价都是真实的)。这个方法的最大问题在于计算最终的价格很困难。由于低收益以及激励问题，VCG支付并没有被使用(见7.3节和练习7.2～7.4)。取而代之的是一个更加积极的支付规则，虽然不是DSIC的，但拥有一些其他良好的激励性质。

第二种方法是预先定义好一些可被允许进行组合竞价的物品集合，而不是让竞拍者自由地进行组合竞价。理想情况下，这些预定义的组合竞价集合应该尽量和竞拍者们想要的集合相符合，而且最好被充分的结构化以便于导出既合理又简单的分配规则和支付规则。作为一个最佳方案，针对这种方法的分层级包技术被提出来了。例如，一场拍卖里可以允许在单独许可证上的竞价，也允许在区域性许可证集合或州级许可证集合上的竞价。预定义组合竞价方法最大的问题在于，当预定义的组合竞价集合与竞拍者的目标集合相差甚远时，这种方法弊大于利。比如，一个竞拍者想要的物品集合为$\{A, B, C, D\}$，但是可用的竞价包只有$\{A, B, E, F\}$和$\{C, D, H, I\}$。此时他的竞价策略该是什么?

8.5 案例分析：2016年FCC激励拍卖

无线频谱并非伸手可得。在美国把频谱分给一个人一般意味着需要从另一个人手中收购。美国联邦通信委员会(The U. S. Federal Communications Commission，FCC)恰恰就是做这些事情的，他们首先使用逆向拍卖(参见练习2.5)从电视广播业买下一些频谱，然后通过一个前向拍卖把这些频谱转卖给那些能充分利用这些资源的公司。[1]

前向拍卖的形式和前些章节的设计(见8.3节和8.4节)类似，而逆向拍卖却是全新的。

为了使得可用的新频谱处于连续的范围，逆向采购拍卖结束后FCC会把剩余的广播信号进行重新打包。例如，FCC会从电视广播公司买下使用中的38～51 UHF频道，然后把剩余其他电视广播公司重新分配到低频道上。如此的话，在38～51频道区间就会产生一个84MHz的频谱块，此块在前向拍卖中被重新分配。

逆向拍卖的分配规则设计得很出色，整体上可以看成是一种贪心分配规则，其与4.2节描述的背包拍卖的分配规则相同。为了描述这个规则，我们采用如下模型。每个竞拍者i(一个电视广播公司)对广播许可证有一个私有的估值v_i。如果竞拍者i失败了(也就是说他的许可证权没有被购买)，那么他的收益是0。如果他以价格p赢了的话(以价格p被收购了)，那么他的收益为$p-v_i$。因此v_i可以认为是从竞拍者i手中购买许可证的最少出价[2]。用N表示所有竞拍者集合，对于一个赢家集合$W\subseteq N$，如果剩余的竞拍者$N\setminus W$能够被重新配置到目标频道区间(比如所有小于38的频道)[3]，那么我们就称一个赢家集合W是可行的。例如，如果$W=N$，那么所有竞拍者的频谱都被购买了，频谱全都空闲了，所以W必定是可行的。当$W=\emptyset$，没有频谱被回收利用，是一个不可行的结果。在地理位置上有重叠的两个电视基站不能被分配到相同或是相邻的频道上，并且确定一个赢家集合是否可行是一个中等大小的$\mathcal{NP}$困难问题(与图着色问题密切相关，见图8.1)。当前建立在可满足性(SAT)求解器上最先进的算法可以在几秒之内完成这类问题的可行性检验。

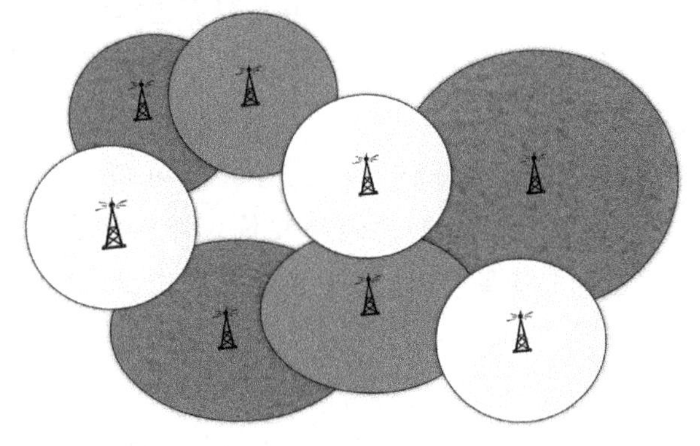

图8.1 有重叠区域的不同电视基站必须被分配到不同的频道上(灰色所示)。检查一个给定的基站子集是否能够无冲突地分配到给定数量的频道上是一个$\mathcal{NP}$困难问题

[1] 这次拍卖自2016年3月29号开始实施，并且本文撰写过程中拍卖正在进行。

[2] 这个单参数模型假设每一个电视站都被一个不同的策略性智能体所拥有。虽然这个假设在现实场景下不尽为真，但会使得对模型的分析变得很简单。

[3] 有趣的问题是如何设置这个目标区间。目标区间越大，逆向拍卖中购买每单元频谱的花费越高，导致前向拍卖中出售每单元频谱的收益越小。目前使用的方案是在满足一个净收益下界的情况下，把目标区间设置得尽可能大。

我们接下来给出在逆向拍卖中使用的*延迟分配规则*(deferred allocation rule)。[一]

延迟分配规则

初始化 $W=N$　　　　　　　　//初始化的可行解

while 存在竞拍者 $i \in W$ 使得 $W \setminus \{i\}$ 是可行时 **do**

　　从 W 中移除一个这样的 i　　//不购买 i

返回赢家集合 W

此分配规则从一个平凡可行集(所有竞拍者集合)开始，迭代地移除竞拍者直到获得一个最小的可行集。因为算法是从全集中移除竞拍者，所以这是一个“反向贪心算法”。相反，典型的(前向)贪心算法是从空集开始迭代地添加竞拍者(参见4.2.2节)。

在每一轮中，我们应该如何选择被移除的竞拍者呢？一个自然的想法是移除那个要价最高的竞拍者(即最不想卖的那个人)，或者移除要价与市场规模比值最大的那个竞拍者。当然我们可以通过设置一个*赋分函数*(scoring function)使得此类启发式过程变得一般化，这个函数为每一轮中的剩余竞拍者分别计算一个分数。在满足可行性条件下，算法可以通过在每一轮中移除分数最高的竞拍者来实现。[二]

一个简单的赋分函数是恒等函数。对应的分配算法为：对每个竞拍者依次进行判断(按要价从高到低)，只要移除这个竞拍者后可行性条件还满足，那么就直接移除他。例如，在雇佣承包商问题中，分配规则意味着只需选择要价最低的那位即可。

如果赋分函数与竞拍者的竞价成正比并且独立于其他剩余的竞拍者，那么对应的延迟分配算法是单调的。在本节逆向拍卖场景下，单调意味着要价越低，竞拍者越会中标(练习8.3)。由迈尔森引理(定理3.7)可知，如果支付给每位赢家一个关键价格，即此赢家能够被采购的最高要价，那么就会导出一个DSIC的拍卖[三]。使用恒等赋分函数的雇佣承包商问题中的拍卖形式和练习2.5中的拍卖是完全相同的。

引人注意的是，延迟分配规则产生的机制拥有很多良好的动机属性，这些动机属性比DSIC更重要，并且这些属性在前向贪心算法中并不存在(问题8.1)。

[一] 这个术语受启发于计算稳定匹配的“延迟接受”算法(见10.2节)。

[二] 2016年FCC激励拍卖中所使用的赋分函数由几个要素组成，包括在仿真数据中使用不同规则得到的社会福利，以及作用于竞拍者之间的政策上可行的价格歧视等限制条件。

[三] 为了便于竞拍者参与拍卖，FCC拍卖实际上不是以直接显示形式，而是以迭代的形式来实施的，并且使用了递减的、指定竞拍者的价格。在每一轮拍卖中，每个竞拍者只能决定在当前出价下是继续待在拍卖里，还是拿着许可证退出。拍卖初期FCC给每个人的出价都足够高，每个人都很高兴参加拍卖。比如，对纽约WCBS-TV的首次开价为9亿美元。

总结

- 直接显示机制除了在一些最简单的问题中，在其他所有的组合拍卖问题中都是不可能被实施的。
- 非直接机制通过“有必要知晓”原则来获取竞拍者的偏好信息。
- 把多个物品分开来卖在物品是替代品的情况下效果良好；但当物品是互补品时，分开卖会产生较低的社会福利。
- 在实践中，分开卖多个物品的首选方法是同时升价拍卖。
- 同时升价拍卖面临着需求缩减问题，即竞拍者通过减少所需的物品数目来压低最终的成交价。
- 当物品为互补品时，同时升价拍卖也会面临披露问题，即只需要某个物品集合的竞拍者面临着最终只会获得一个无用的物品子集的风险。
- 组合竞价可以缓解披露问题，但是实现起来很困难。
- 2016 年 FCC 激励拍卖是第一个引入逆向拍卖的机制，政府通过从电视广播公司购买许可证来重新回收利用频谱。
- 延迟分配规则是一大类拥有良好动机属性的逆向拍卖分配规则。

说明

Cramton(2006)和 Milgrom(2004)从历史和实践两方面详细介绍了无线频谱拍卖。了解更多有关组合拍卖的理论和具体实现参见 Cramton 等(2006)和 Klemperer(2004)。Rassenti 等(1982)介绍了组合拍卖的早期应用，即机场起落时间槽的分配。

Harstad(2000)论证了竞拍者更愿意在英式拍卖而不是密封二价拍卖中使用占优策略。Cramton 和 Schwartz(2000)详述了在早期频谱拍卖中的串谋和发信号行为。Ausubel 和 Milgrom(2002)提议使用一个代理回合来实现组合竞价，而 Goeree 和 Holt(2010)则主张使用预定义的分层级包来实现组合竞价。FCC 激励拍卖设计的详情见于网站公告里(Federal Communications Commission，2015)。Milgrom 和 Segal(2015a，b)讨论了设计逆向拍卖的高层观点，并定义了延迟分配规则。练习 8.3 和问题 8.1 和 8.2 出自 Milgrom 和 Segal(2015a)。用于实现可行性检验的算法参见 Fréchette 等(2016)。问题 8.3 出自 Shapley 和 Shubik(1971)。

练习

练习 8.1 (H)同时升价拍卖(8.3 节)的理想结果是使得物品集合 $M=\{1, 2, \cdots,$

m}达到瓦尔拉斯均衡(Walrasian equilibrium)。瓦尔拉斯均衡是指分给 n 个竞拍者的物品集合 S_1，…，$S_n \subseteq M$ 以及每个物品的成交价 p_1，…，p_m 满足以下条件。

瓦尔拉斯均衡

1. 给定价格向量 $\boldsymbol{p}$，每个竞拍者 i 获得他偏好的物品集合：

$$S_i \in \underset{S \subseteq M}{\operatorname{argmax}}\Big(v_i(S) - \sum_{j \in S} p_j\Big)$$

2. 供需平衡：每一个物品 j 最多只出现在一个集合 S_i 中，并且只有当价格 $p_j = 0$ 时才会卖不出去。

证明如果一个分配(S_1，…，S_n)和价格向量 $\boldsymbol{p}$ 构成瓦尔拉斯均衡，那么此分配最大化社会福利。(这也是“福利第一定理”的一种表现形式。)

练习 8.2 (H)证明即使在只有两个竞拍者和两个物品的组合拍卖里，瓦尔拉斯均衡也不一定存在。

练习 8.3 考虑在延迟分配规则中使用赋分函数移除竞拍者(8.5 节)。赋分函数为拍卖中剩余的竞拍者分别赋予一个分数，每一轮中，在所有不破坏可行性条件的可被移除的竞拍者集合中，分配规则移除得分最高的那个竞拍者。

考虑满足如下两个属性的赋分函数。首先，竞拍者 i 的分数与其余的竞拍者的竞价无关(分数可以与竞拍者 i、i 的竞价、已退出拍卖的竞拍者的竞价以及剩余的竞拍者有关)。其次，固定其他竞拍者的竞价，竞拍者 i 的分数与 i 的竞价成正比。证明使用此赋分函数的延迟分配算法是单调的：对每个竞拍者 i 和其他竞拍者的竞价组合 $\boldsymbol{b}_{-i}$，如果竞拍者 i 以竞价 b_i 获胜了，那么对于任意 $b_i' < b_i$，竞拍者以 b_i' 竞价也会获胜。

问题

问题 8.1 在一个直接显示机制中，如果对于任意竞拍者子集 C，任意不在集合 C 的竞拍者的竞价组合 $\boldsymbol{b}_{-C}$，以及 C 集合里的竞拍者的真实估值 $\boldsymbol{v}_C$，不存在竞价组合 $\boldsymbol{b}_C$ 使得 C 中的每个竞拍者都获得比真实报告估值 $\boldsymbol{v}_C$ 严格高的收益，那么我们就称此机制是弱防群体策略(weakly group-strategyproof)的。

(a) 在与练习 8.3 中的场景和假设相同的情况下，证明对应的 DSIC 机制是弱防群体策略的。

(b) 证明在问题 4.3 中定义的“前向贪心”DSIC 机制不是弱防群体策略的。

问题 8.2 在与练习 8.3 中的场景和假设相同的情况下，给出一个 DSIC 机制的价格递升的实施。此价格递升的实施不接受直接报价。它应该以轮次的形式进行，在每一轮中，机制会提供给剩余的竞拍者一个“要么接受，要么退出”的出价。证明如下直接的竞拍策略对每个竞拍者而言都是一个占优策略：当且仅当机制的出价超过竞拍者的私有估值时才选择进入下一轮。证明当竞拍者们采用直接的竞拍策略时，价格递升的实施得到的最终结果和采用直接显示 DSIC 机制得到的结果一样。为了简化分析，你可以假设所有的估值和赋分都是正整数并且不超过一个已知的数 $v_{\max}$。

问题 8.3 (H)证明当每个竞拍者都是单物品需求时(练习 7.5)，任何组合拍卖中都存在瓦尔拉斯均衡。

第 9 章

Twenty Lectures on Algorithmic Game Theory

含支付约束的机制设计

第 2 章介绍了拟线性效用模型，模型中的每个智能体旨在最大化给定局势中的估值(此值比他的支付要大)。除了最基本的条件外，比如支付是非负的、说真话的竞拍者保证不会有负的收益，我们对竞拍者的支付没有任何其他限制。在本章中，除了常规的激励和可行性约束外，我们首次考虑含有支付约束的机制设计问题。

9.1 节把拟线性收益模型扩展到含有预算约束的场景；9.2 节研究竞拍者有预算约束时的多物品拍卖，并提出一个优美但非 DSIC 的解决方案：同一价格拍卖；在 9.3 节，针对同样的问题，我们给出一个更复杂但却是 DSIC 的机制——锁定拍卖；9.4 节考虑不含任何支付的机制设计问题，同时引入了经典的房屋分配问题，并且研究了首位交易环算法的性质。

9.1 预算约束

在很多应用中，机制能收上来的钱是被限制了的。头号证据就是竞拍者有预算约束(budget constraint)，即约束了竞拍者所能支配的钱。在那些竞拍者需要购买大量物品的拍卖里，预算显得非常重要。比如，在关键字搜索拍卖中(2.6 节)，每个竞拍者需要上报每次点击报价以及每日的预算。这些报价和预算能很好地对参与拍卖的人群进行建模，特别是当拍卖的物品都是相同的时候。

把预算整合进效用模型里的最简单的方式如下：给定结果 ω，预算 B_i 以及支付 p_i，重新定义智能体 i 的效用为

$$\begin{matrix} v_i(\omega) - p_i & p_i \leqslant B_i \\ -\infty & p_i > B_i \end{matrix}$$

一个自然的泛化效用模型(本节中我们不讨论)是定义一个与超过预算的值成正比的代价函数。

为了满足预算约束，需要设计新的拍卖形式。例如，考虑简单的单物品拍卖，每个竞拍者都有一个已知为 1 的预算和一个私有估值。二价拍卖向赢家收取次高报价，这个价格有可能超过赢家的预算。更一般地，同时满足竞拍者的预算约束以及社会福利最大化的 DSIC 单物品拍卖(非负支付)是不存在的(问题 9.1)。

9.2 同一价格多单位拍卖

9.2.1 多单位拍卖

在多单位拍卖(multi-unit auction)中，有 m 个相同的物品，每个竞拍者对获得的每个物品都有一个私有估值 v_i。不像在例 3.2 中的 k 单位拍卖，在这里我们假设每个竞拍者想要尽可能多的物品。因此竞拍者 i 对获得 k 个物品的估值是 $k \cdot v_i$。这种多单位拍卖场景属于单参数环境(3.1 节)。最后，假设每个竞拍者都有一个公开的(即卖家事先知道的)预算 B_i。[㊀]

9.2.2 同一价格拍卖

我们考虑的第一个多单位拍卖是以“市场清仓价格”把物品分配出去(即“供需平衡”时的价格)。供应量是物品的数量 m。每个竞拍者的需求由价格决定，价格越高需求越少。形式上，定义竞拍者 i 在价格 p 下的需求量(demand of bidder i at price p)为：

$$D_i(p) = \begin{cases} \min\left\{\left\lfloor \frac{B_i}{p} \right\rfloor, m\right\} & p < v_i \\ 0 & p > v_i \end{cases} \tag{9.1}$$

由于每个竞拍者 i 对每个收到的物品估值为 v_i。如果价格高过 v_i，那么他不想要任何物品(即 $D_i(p)=0$)；如果价格低于 v_i，他想要他能负担得起的尽可能多的物品(即 $D_i(p)=\min\left\{\left\lfloor \frac{B_i}{p} \right\rfloor, m\right\}$)。当 $v_i=p$ 时，只要满足预算约束，竞拍者并不关心他获得多少物品。拍卖可以以随机的方式打破平局，此外 $D_i(v_i)$ 可以为 0 到 $\min\left\{\left\lfloor \frac{B_i}{p} \right\rfloor, m\right\}$之间的任意整数(包含端点值)。

随着价格 p 的增加，需求 $D_i(p)$会减少，即从 $D_i(0)=m$ 减少到 $D_i(\infty)=0$。注意需求量中的减少有两种形式：要么从一个任意的正整数减少到 0(当 p 超过 v_i 时)，要么只减少一个单位物品(当$\left\lfloor \frac{B_i}{p} \right\rfloor$减少 1 时)。

对于一个与所有竞拍者估值都不一样的价格 p，定义总需求(aggregate demand)为 $A(p)=\sum_{i=1}^{n} D_i(p)$。一般的，定义 $A^-(p)=\lim_{q \uparrow p}\sum_{i=1}^{n} D_i(q)$ 以及 $A^+(p)=\lim_{q \downarrow p}\sum_{i=1}^{n} D_i(q)$，分别对应 $A(p)$从下方和从上方取极限时的值。

㊀ 我们非常想假设预算也是私有的，也是可以虚报的。但是私有的预算约束会使得机制设计问题变得很困难，甚至在某些场景下不可能实现(另见练习 9.3)。此外，公开预算这个特殊场景会得到一些优美的并且潜在可用的拍卖形式，这是我们所作努力的全部意义。

同一价格拍卖挑选一个价格 p 使得供应量和总需求相等。并且分配给每个竞拍者在价格 p 时的需求量。

同一价格拍卖

1. 选定 p 使得供应量等于总需求，即 $A^-(p) \geqslant m \geqslant A^+(p)$。
2. 把 $D_i(p)$ 个物品分配给竞拍者 i，其中每个物品价格为 p。当 $v_i = p$ 时，定义竞拍者 i 的需求量 $D_i(p)$ 为使得 m 个物品都被分配出去的量。

虽然我们把同一价格拍卖描述成一个直接显示机制，但相应地，也有一个价格递升的实施。

9.2.3 同一价格拍卖不是 DSIC 的

好消息是，定义 9.1 中的 $D_i(p)$ 使得同一价格拍卖满足所有竞拍者的预算约束。坏消息是这个拍卖不是 DSIC 的。与同时升价拍卖一样，它也面临着需求缩减的问题(8.3.3 节)。

例 9.1(需求缩减) 假设有两个物品和两个竞拍者，$B_1 = +\infty$，$v_1 = 6$，$B_2 = v_2 = 5$。如果两个竞拍者都真实竞价，那么总需求 $A(p)$ 在价格到达 5 之前至少是 3，在价格为 5 时，$D_1(5) = 2$，$D_2(5) = 0$。因此同一价格拍卖会把两个物品全都分配给第一个竞拍者，此竞拍者为每个物品支付的价格为 5，获得 2 的收益。如果第一个竞拍者虚假报价为 3，他可以获得更高的收益。原因在于第二个竞拍者的需求量在价格为 5/2 时减少到 1(他不能同时负担得起两个物品)并且拍卖会将在价格为 3 时结束。此时 $D_1(3) = 1$，第一个竞拍者获得一个物品，但是支付仅为 3，因此他的收益为 3，这比在真实报价时要高。

我们能够修改同一价格拍卖使得其恢复 DSIC 吗？因为同一价格拍卖的分配规则是单调的，所以我们可以把支付价格替换为由迈尔森引理(定理 3.7)导出的关键价格。为了获得仍然拥有良好性质的且满足 DSIC 的多单位拍卖，在下一节中我们同时修改同一价格拍卖的分配和支付规则。

*9.3 锁定拍卖

在竞拍者存在公开预算约束时，锁定拍卖(clinching auction)是一个 DSIC 的多单位拍卖[⊖]。拍卖的关键点在于随着价格的升高，逐个把物品卖出去。除了当前价格 p

⊖ 同样，这里给出一个直接显示机制的描述，但是存在一个自然的价格递升的实施。

之外，拍卖还一直追踪当前的供应量 s(初始为 m)以及每个竞拍者的剩余预算 $\hat{B}_i$(初始为 B_i)。在价格 $p \neq v_i$ 时，基于剩余预算和供应量，仿照式(9.1)，竞拍者 i 的剩余需求量 $\hat{D}_i(p)$ 定义为：

$$\hat{D}_i(p) = \begin{cases} \min\left\{\left\lfloor \frac{\hat{B}_i}{p} \right\rfloor, s\right\} & p < v_i \\ 0 & p > v_i \end{cases} \tag{9.2}$$

定义 $\hat{D}_i^+(p) = \lim_{q \downarrow p} \hat{D}_i(q)$。

锁定拍卖迭代地提高当前价格 p，只要在价格 p 下不存在竞争，也就是说当其他人总的需求量严格小于当前供应量 s 时，那么竞拍者 i 就会“锁定”某些物品。不同的物品会以不同的价格在不同轮次中被卖掉。拍卖一直持续到所有物品都被卖出时才结束。

锁定拍卖

初始化 $p=0$，$s=m$，每个竞拍者的 $\hat{B}_i = B_i$

while $s>0$ 时 **do**

　增加 p 至 v_i 或者 $\hat{B}_i/k$ 中的次高值(k 为某个正整数)

　设 i 为拥有最大剩余需求 $\hat{D}_i^+(p)$ 的竞拍者，以随机策略打破平局

　while $\sum_{j \neq i} \hat{D}_j^+(p) < s$ **do**

　　if $\sum_{j=1}^{n} \hat{D}_j^+(p) > s$ **then**

　　　以价格 p 分配给竞拍者 i 一个物品　//这个物品被“锁定”了

　　　把 $\hat{B}_i$ 减少 p，s 减少 1

　　　在价格 p 下，重新计算出拥有最大剩余需求的 i，以随机策略打破平局

　　else if $\sum_{j=1}^{n} \hat{D}_j^+(p) \leqslant s$ **then**

　　　以价格 p 分配 $\hat{D}_j^+(p)$ 个物品给竞拍者 j

　　　把任意剩余物品以价格 p 分配给满足 $v_l = p$ 的竞拍者 l

　　　把 s 置为 0

仅与拍卖相关的价格发生在竞拍者的剩余需求发生减少的时候。对某个竞拍者 i 和正整数 k 而言，这样的价格要么满足 $p = v_i$ 要么满足 $p = \hat{B}_i/k$。为了简单起见，假设拍卖中所有 v_i 和 $\hat{B}_i/k$ 表示的值都是不一样的。

在内层循环里，存在两种情况。在第一种情况下，总的剩余需求超过剩余供应量，但是除竞拍者 i 外的其他竞拍者的总剩余需求量小于剩余供应量。在这种情况下，我们称竞拍者 i 以价格 p “锁定”一个物品，并且相应地更新 i 的预算。总的剩余量和 i 的剩余需求都减少 1。

第二种情况只有当总需求量 $\sum_{j=1}^{n} \hat{D}_j^+(p)$ 在价格为 p 时减少两个或者更多时才会发生。假设所有$\hat{B}_i/k$ 表示的值都是不一样的，这种情况只有当 p 等于 v_l 时才会发生(l 为某个竞拍者)。在这种情况下，当 l 的需求量降为 0 时，剩余的 s 个物品之间不存在竞争，因此所有竞拍者的剩余需求都被同时满足了。在满足竞拍者剩余需求后，有可能还有物品剩余，这时我们把它们分配给无差别对待的竞拍者 l(以价格 $p=v_l$)。

例 9.2(无需求缩减) 让我们重新回顾例 9.1：有两个物品和两个竞拍者，其中，$B_1=+\infty$，$v_1=6$，$B_2=v_2=5$。假设两个竞拍者都真实竞价。在同一价格拍卖中(例 9.1)，第一个竞拍者会以单价 5 获得两个物品。在锁定拍卖中，由于第二个竞拍者的需求 $D_2(p)$在价格 p 到达 5/2 时减少到 1，此时第一个竞拍者会以价格 5/2 锁定一个物品。和以前一样，第二个物品以价格 5 卖给第一个竞拍者。最终当真实竞价时，第一个竞拍者的收益为 9/2，并且虚报竞价不能做到更好(定理 9.4)。

练习 9.1 要求你证明如下命题。

命题 9.3(锁定拍卖是可行的) 锁定拍卖总会结束，且完全分配 m 个物品，收取的支付最多是竞拍者的预算。

接下来我们证明锁定拍卖是 DSIC 的。

定理 9.4(锁定拍卖是 DSIC 的) 在竞拍者拥有公开的预算约束时，锁定拍卖是 DSIC 的。

证明：我们可以验证拍卖的分配规则是单调的，并且支付符合迈尔森支付公式(3.5)，不过直接验证拍卖是 DSIC 的更容易一些。固定一个竞拍者 i 和其他竞拍者的竞价 $\boldsymbol{b}_{-i}$。由于竞拍者 i 的预算是公开的，所以 i 不能影响剩余需求$\hat{D}_i^+(p)$里的$\lfloor \hat{B}_i/p \rfloor$项。他只能影响他退出拍卖的时间，也即$\hat{D}_i^+(p)=0$ 的时刻。当 $p<v_i$ 时，每个被竞拍者 i 锁定的物品都会增加 i 的收益；同时当 $p>v_i$ 时，每个锁定的物品会减少 i 的收益。真实报价保证了非负的收益。

首先，我们比较报价 v_i 和报价 $b_i<v_i$ 时的收益大小。想象我们并行地运行两场锁定拍卖，一场的报价是 v_i，一场的报价是 b_i。通过对迭代次数的归纳，我们知道，当价格 p 从 0 升高到 b_i 时，两场锁定拍卖的执行过程都是一样的。因此，通过报价 b_i，竞拍者只可能会错失一些在价格 p 属于$[b_i, v_i]$时能够锁定的物品(带来非负的收益)。

类似地，如果 i 竞价$b_i>v_i$，仅有的变化是他可能在价格 p 属于$[v_i, b_i]$时获得一

些额外的物品，而这些物品只能带来非正的收益。因此没有一个虚假报价会使得 i 获得比真实报价更高的收益。 ■

如果预算是私有信息，那么使用上报的预算运行锁定拍卖就不再满足 DSIC(练习 9.3)。

由锁定拍卖得出的分配在某种意义上算是“好”的吗?(如果只有 DSIC 是重要约束的话，那么我们完全可以把所有物品免费地随机分配给一个竞拍者。)有一些方法可以对这个问题进行建模分析，详情参见说明。

9.4 不含钱机制设计

在很多重要的应用里，激励问题很重要，但同时金钱的参与却是不可行甚至是非法的。在这些场景下，实际上所有智能体的预算都为零。在设计和理解诸如投票、器官捐献和择校等问题上，不含钱机制设计就显得尤为重要。在不使用金钱的情况下，机制设计者所能施展的空间被束缚了，甚至比含有预算约束时的情况束缚得更紧。尽管存在这些限制并且在一般场景下存在一些非常强的不可能性结果，但是机制设计领域里的一些最经典的应用都是不含钱的。

一个代表性的例子是**房屋分配问题**(house allocation problem)。有 n 个智能体，初始时，每个智能体都拥有一栋房子。每个智能体的偏好信息由其对这 n 个房子的一个全排序而不是估值来表示。对每个智能体而言，我们并不要求其更偏好于自己的房子。那么如何巧妙地重新分配房屋使得每个智能体的情况都变得更好?问题的一个答案是首位交易环算法(Top Trading Cycle algorithm，TTC 算法)。

首位交易环算法(TTC 算法)

初始化 N 为所有智能体的集合

while $N \neq \emptyset$ **do**

  构建一张有向图 G，其中顶点集为 N，边集为$\{(i, l)$：i 最喜欢的房子(排在序列首位的房子)被 N 中的 l 拥有$\}$

  计算图 G 中的有向环 C_1，…，C_h[⊖]//自环也算在内，并且所有环都不相交

  for 每个环 C_1，…，C_h 中的每一条边(i, l) **do**

    重新分配 l 的房子给智能体 i

  从集合 N 中移除 C_1，…，C_h 中的智能体

⊖ G 中至少有一个有向环，这是因为遍历一组出边序列最终一定会经过一个重复的点。又因为所有顶点的出度为 1，因此所有这些环都是不相交的。

下面的引理对理解算法的性质非常重要，该引理可以通过 TTC 算法的描述直接得到。

引理 9.5 用 N_k 表示 TTC 算法在第 k 次迭代中被移除的智能体集合。除了被 $N_1 \cup \cdots \cup N_{k-1}$ 拥有的房屋外，每个在 N_k 中的智能体都获得了剩余房屋中他最喜欢的那个，并且这个房屋的原始拥有者也在 N_k 中。

例 9.6(TTC 算法) 设 $N=\{1, 2, 3, 4\}$，并且每个人都最喜欢智能体 1 的房子，智能体 2、3、4 第二喜欢的房子分别被智能体 3、4、2 拥有。(剩余没列出的偏好信息对本例没有影响)图 9.1a 描绘了 TTC 算法在第一轮迭代中的图 G。图中只有一个环，即智能体 1 的自环。使用引理 9.5 的符号，我们有 $N_1=\{1\}$。图 9.1b 表示当把智能体 1 和他的房子移除后，TTC 算法在第二轮形成的图。现在所有的智能体都处于同一个环中，并且每个智能体均获得了剩余智能体集 $N_1=\{2, 3, 4\}$ 中他最喜欢的房子。

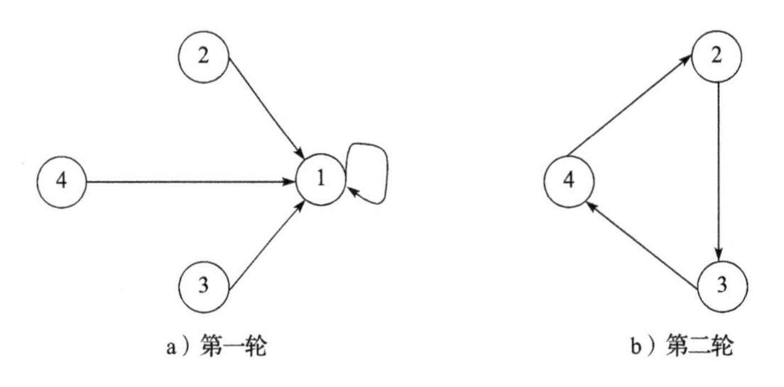

图 9.1　首位交易环算法(例 9.6)

当智能体的总排序是私有信息时，我们可以考虑直接显示机制，首先机制收取每个智能体各自的排序信息，然后调用 TTC 算法。在此机制中，每个智能体都没有动机虚报他的偏好信息。

定理 9.7(TTC 算法是 DSIC 的) TTC 算法导出一个 DSIC 的机制。

证明：固定智能体 i 和其他智能体上报的信息。按照引理 9.5 定义 N_k，假设 i 真实报告信息且 $i \in N_j$。证明的要点在于任何虚报都不能让 i 获得 $N_1 \cup \cdots \cup N_{j-1}$ 里的房屋。在循环 $k=1, 2, \cdots, j-1$ 里，不存在智能体 $l \in N_k$ 指向 i 的房子——否则的话，i 和 l 会属于同一个有向环；此时，i 会在 N_k 而不是 N_j 里。同时也不存在属于 N_k 的智能体在第 k 次迭代前指向 i 的房子——如果有的话，那么他会在第 k 轮中依旧指向 i 的房子。因此，不管智能体 i 报告什么，他都不能加入到含有 $N_1 \cup \cdots \cup N_{j-1}$ 的环。引理 9.5 表明他没有动机虚报。■

定理 9.7 的内容本身没什么亮眼的。例如，不进行任何重分配的机制也是 DSIC 的。但是接下来的结论表明在某种意义上，TTC 算法是“最优的”。

考虑如下分配：每个智能体分配一个不同的房屋；给定一个智能体子集，如果他们可以在该子集内重新分配原始的房屋使得某些成员的情况变得更好且没有成员比以前更差，那么就称此智能体子集在这个分配中形成一个*阻塞联盟*(blocking coalition)。例如，在一个配置中，如果智能体 i 获得了比他初始拥有的房屋更差的一个房屋时，$\{i\}$子集形成了一个阻塞联盟。*核心配置*(core allocation)是指不存在阻塞联盟的分配。

定理 9.8(TTC 算法和核心配置) *对任何房屋分配问题，由 TTC 算法得到的分配是唯一的核心配置。*

证明：我们首先证明仅可能有的核心配置一定是由 TTC 算法得到的那个。按引理 9.5 定义集合 N_k。在 TTC 分配中，N_1 中的智能体获得了他的首选项，因此对于任意一个与 TTC 算法在集合 N_1 上有不同配置的分配来说，N_1 形成了一个阻塞联盟。类似的，在 TTC 分配中，所有 N_2 中的智能体获得了除 N_1 外的最佳房屋选择(引理 9.5)。由于任何核心配置都必须在 N_1 的配置中与 TTC 分配保持一致，那么核心配置也必须与 TTC 算法在 N_2 中的分配保持一致——否则的话，N_2 将形成一个阻塞联盟。继续归纳，我们可以断定任何与 TTC 配置不同的分配都不是核心配置。

为了验证 TTC 分配是一个核心配置，考虑任何一个智能体子集 S 和一个在集合 S 内部的房屋重分配。这个房屋的重新配置把 S 分成一些不相交的有向环。如果在某个这样的环中存在来自两个不同 N_k 集合中的智能体，那么此环形成的重分配中肯定存在至少一个来自 N_j 的智能体 i，他获得了某个来自 N_l 中的某个智能体的房屋($l>j$)，从而导致了 i 获得了比在 TTC 分配中更差的房屋(引理 9.5)。类似的，对于包含于 N_k 的环，如果智能体没有收到在 N_k 中他最喜欢的房子，那么他都将获得一个不如 TTC 分配的房子。总结可得，如果 S 中房屋的一个重分配和 TTC 算法得到的分配不同，那么 S 中肯定存在某个智能体获得了不如 TTC 分配的房子。由于集合 S 是任意的，所以 TTC 分配中不存在阻塞联盟，也就是说 TTC 分配一定是一个核心配置。 ■

总结

- 在很多重要的机制设计问题中，支付是被限制或者是禁止使用的。支付约束会使得机制设计变得非常困难。
- 在带预算约束的多单位同质物品拍卖中，同一价格拍卖以到达供需平衡的价格把所有物品以相同价格卖出去。
- 锁定拍卖是一个更复杂的拍卖，它以递增的价格把物品逐个卖出。与同一价格拍卖不同，锁定拍卖是 DSIC 的。
- 首位交易环算法(TTC 算法)是一个重新分配智能体所拥有物品的方法(每个智能体都初始拥有一个物品)，并且该算法尽可能依据每个智能体的偏好信息，使其获得物品的情况变得更好。

- TTC 算法导出一个 DSIC 的机制并且它计算出了唯一的核心配置。

说明

原始的锁定拍卖来自 Ausubel(2004)，是 VCG 机制在无预算约束，逐次递减估值多单位物品拍卖中的一个价格递升的实施(见问题 9.2)。本章中的版本(公开预算约束，单物品常数估值)来自 Dobzinski 等(2012)。

有一些方式可以说明锁定拍卖在某种意义上是接近最优的。第一种方式是从收益最大化机制(第 5 章)的角度考虑，即在竞拍者估值上假定一个分布然后在满足预算约束条件下求解最大化期望社会福利的 DSIC 机制。在这种情况下，我们对共同预算约束的理解要比一般预算约束的理解要深刻一些，并且此时锁定拍卖可被证明是接近最优的(Devanur 等，2013)；第二种方式(在练习 9.4 中研究)是修改社会福利目标函数，把预算约束加进去，即把 $\sum_i v_i x_i$ 替换为 $\sum_i \min\{B_i, v_i x_i\}$。在此目标函数下，锁定拍卖也被证明是接近最优的(Dobzinski 和 Paes Leme，2014)；第三种方式是研究帕累托最优而不是某个具体的目标函数[⊖]。Dobzinski 等(2012)证明了锁定拍卖是唯一的总能获得帕累托最优分配的确定性 DSIC 拍卖。但请注意，一些可取的机制，比如在第一种方式里得到的贝叶斯最优机制未必是帕累托最优的。

Shapley 和 Scarf(1974)定义了房屋分配问题，并且把 TTC 算法归功于 D. Gale。定理 9.7 和 9.8 分别出自 Roth(1982b)、Roth 和 Postlewaite(1977)。Moulin(1980)研究了单峰偏好(问题 9.3)。

练习

练习 9.1　证明命题 9.3。

练习 9.2　把锁定拍卖和其上的分析扩展到一般情况下，即估值 v_i 和所有 $\hat{B}_i/k$ 表示的值可以相同(k 为正整数)。

练习 9.3　(H)考虑一个多单位物品拍卖，其中每个竞拍者对每个物品单位都有一个私有的估值并且还有一个私有的预算约束。证明使用竞拍者上报的估值和预算信息运行的锁定拍卖不是 DSIC 的。

练习 9.4　考虑一个单参数环境(3.1 节)，其中每个竞拍者 i 有一个公开的预算 B_i。考虑如下分配规则：给定竞价组合 $\boldsymbol{b}$，在可行结果中选择一个分配使其最

[⊖] 如果不存在一种对物品和支付的重新配置使得在不损害其他人效用的情况下，某个智能体(一个竞拍者或者卖家)的效用变得更好(卖家的效用就是他的收益)，那么我们就称此分配是帕累托最优的。

大化“截断福利”$\sum_{i=1}^{n}\min\{b_i x_i, B_i\}$。当有多组这种结果时，以随机选择的方式打破平局。

(a) 证明此分配规则是单调的；并结合迈尔森引理中的支付(公式(3.5))，证明导出的 DSIC 的机制满足竞拍者的预算约束。

(b) 考虑一个单物品场景。非正式的讨论在一般情况下，由(a)得到的拍卖往往会导致一个“合理的”结果。

(c) (H)考虑一个有 m 个相同物品的多单位拍卖，其中每个竞拍者 i 对每个物品都有一个私有的估值 v_i。对于几乎所有的可行分配，解释截断福利函数都会得到相同的值，进而说明在(a)中的拍卖很容易就会产生一个“不合理的”结果。

练习 9.5 另外一个用于房屋分配问题的机制是*随机序列独裁*[⊖](random serial dictatorship)，它出自于学生寝室分配问题。

随机序列独裁

初始化 H 为所有房屋的集合

把所有智能体进行随机排序

for $i=1, 2, 3, \cdots, n$ **do**

  把集合 H 里 i 最喜欢的房屋 h 分给他

  从 H 中删除 h

(a) 试问不管机制产生哪一个随机序列，对于随机序列独裁机制而言类似定理 9.7 的结果是否还成立？

(b) 试问不管机制产生哪一个随机序列，对于随机序列独裁机制而言类似定理 9.8 的结果是否还成立？

问题

问题 9.1 考虑一个拥有 n 个竞拍者的单物品拍卖，每个竞拍者都有一个公开的预算约束。

(a) 给出一个 DSIC 的拍卖(可以是随机的)使得在满足非负支付和竞拍者预算约束的条件下，得到的(期望)福利至少为最大估值的 $1/n$。

(b) (H)证明存在常数 $c>0$，对于任意大的 n 以及一个合适的竞拍者预算

⊖ 一些人偏好于使用随机序列优先机制这个不那么富有敌意的术语。

组合，在任意一个满足非负支付以及竞拍者预算约束的 DSIC 单物品拍卖(可以是随机的)中，都存在一个估值组合使得拍卖得到期望福利至多为最大估值的 c/n。[1]

问题 9.2 本问题对本章中的多单位拍卖从两个角度进行修改。首先，为了简化问题，假设竞拍者没有预算约束。另外，一般化该问题：不同于每个竞拍者对单个物品都有一个相同的估值 v_i，我们假设在竞拍者 i 已经获得 $j-1$ 个物品的情况下，他对获得的第 j 个物品有一个私有的边际估值 v_{ij}。因此，如果 i 以整合后的价格 p 获得了 k 个物品，他的效益为 $\left(\sum_{j=1}^{k} v_{ij}\right)-p$。假设每个竞拍者有一个*向下弯的*(downward-sloping)估值函数，即获得连续物品的收益递减：$v_{i1} \geqslant v_{i2} \geqslant v_{i3} \geqslant \cdots \geqslant v_{im}$。为了简化分析，假设所有竞拍者的边际估值都是不一样的。

(a) 给出一个简单的能够实现 VCG 分配规则的贪心算法。如果竞拍者的估值函数不是向下弯的，那么给出的算法是否还有效?

(b) 依照其他竞拍者上报的边际估值组合，给出竞拍者在 VCG 机制下的支付函数的简单刻画。

(c) 通过恰当地重定义竞拍者的需求函数，修改 9.3 节中的锁定拍卖至本场景。证明此机制得到的分配和支付规则和 VCG 机制里的一样。

问题 9.3 考虑一个机制设计问题，其中单位区间[0，1]是所有可能结果的集合并且每个竞拍者都有一个*单峰偏好*(single-peaked preference)，也就是说存在一个针对智能体的“峰值” $x_i \in [0,1]$ 使得当 $z<y\leqslant x$ 或者 $x\geqslant y>z$ 时，竞拍者 i 相比于 z 严格偏好于 y。因此单峰偏好的竞拍者想要机制的结果尽可能地靠近他偏好的峰值。[2]

(a) 以上报峰值的平均值作为输出的机制是 DSIC 的吗?

(b) 以上报峰值的中位数作为输出的机制是 DSIC 的吗? 可以先假设竞拍者的人数是奇数。

(c) (H)上面的两个机制都是*匿名的*(anonymous)，也就是说机制产生的结果只基于上报峰值的无序排列而不是基于特定智能体的特定峰值。这两个机制也是*满射的*(onto)，即对任意 $x\in[0,1]$，存在一个上报的偏好组合使得机制的输出是 x。对于 n 个智能体，你能找到超过 n 个同时满足确定性、DSIC、匿名性、满射性的不同的直接显示机制吗?

---

[1] 随机 DSIC 机制定义在问题 6.4 中。

[2] 政治派别是对区间[0，1]的一个自然解释——从激进派到保守派。

肾脏交换和稳定匹配

本章是有关机制设计的最后一讲，涵盖了不含钱机制设计里的一些典型应用。在过去数十年里，机制设计里的一些思想深深地影响了肾脏交换(10.1节里的案例分析)，这些交换在每一年里都成功促成了成千上万次肾脏移植。稳定匹配以及著名的延迟接受算法(10.2节)构成了许多分配问题的算法基础，包括住院医师与医院的匹配问题，学生与学校的匹配问题。与此同时，延迟接受算法还有着优美的数学性质和激励保证。

10.1 案例分析：肾脏交换

10.1.1 背景

一些人肾脏衰竭并急需肾脏移植。在美国，有超过100 000人在等待着肾脏移植。一个传统的通常也用在其他器官上的做法是使用遗体捐赠人的器官(当某些人死亡并且是已注册的遗体捐赠人时，他们的器官会被移植给其他人)。与其他器官不同的是，每个健康的人体体内都有两个肾脏并且只用一个肾脏也能生存得很好。这种特性使得可以使用活体器官捐赠人的肾脏，比如病人的家庭成员。

遗憾的是，仅有活体肾脏捐赠人往往还是不够的，因为有时病人-供体对是不兼容的，也就是说供体的肾脏有可能在病人体内无法正常运作。这种不兼容性主要体现在血型和组织类型的不兼容上。例如，O型血的病人只能从相同血型的捐赠人那里获得肾脏，类似地，AB型供体也只能捐献给AB型的病人。

假设病人P_1与他的供体D_1不兼容，原因是他们的血型分别为A和B。再假设P_2和D_2也不兼容，但血型相反，分别为B型和A型(图10.1)。尽管(P_1，D_1)和(P_2，D_2)或许永远都不能得到满足，但是交换他们的供体似乎是一个好主意——P_1从D_2那里获得肾脏，P_2从D_1那里获得肾脏。这就是肾脏交换(kidney exchange)。

21世纪初，肾脏交换只是作为一种临时性的策略，并且真正的实施也不多。这些孤立的成功使得进行全国性肾脏交换的需求变得很明确，即不兼容的病人-供体对可以进行注册并和其他人进行匹配。那么我们应该怎样设计这样的交换呢？当然我们的目标是尽可能多地实现肾脏匹配。

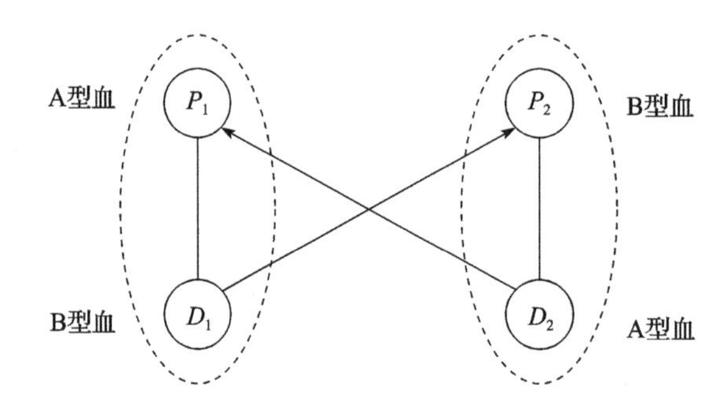

图 10.1 一个肾脏交换示例。(P_1，D_1)和(P_2，D_2)是不兼容匹配对。P_1 从 D_2 那里接受一个肾脏，同理 P_2 从 D_1 那里接受一个肾脏

目前，除了伊朗外[⊖]，在美国或其他国家对器官捐赠进行金钱补偿是非法的。但是肾脏交换却是合法的，并且可以很自然地用不含钱机制设计来进行建模。

10.1.2 使用 TTC 算法

可以用房屋分配问题(9.4节)来建模肾脏交换吗？想法是把每一个病人-供体对作为一个智能体，不兼容的活体供体作为一个房屋。病人对所有供体的总排序可以根据成功进行肾脏匹配的评估概率来定义，可以基于血型、组织类型等其他因素。

使用 TTC 算法可以找出类似图 10.2 那样的环。图中的病人-供体对来自图 10.1，每个病人指向最期望的对方。根据所形成的环来重新分配供体刚好对应于图 10.1 的肾脏交换。更一般地，使用 TTC 算法重新把供体分配给病人的这种模式只能提高每个病人成功进行移植的概率(定理 9.8)。

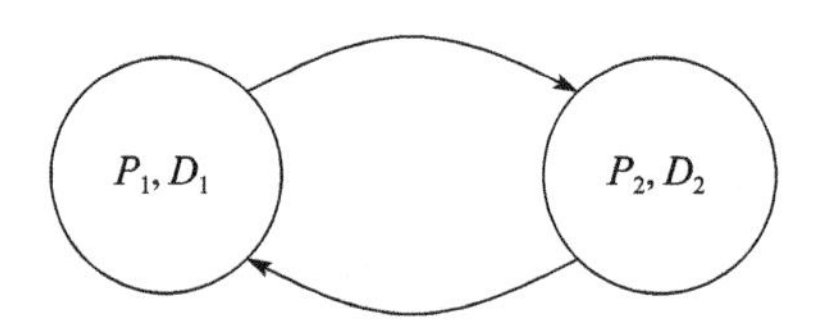

图 10.2 一个好的 TTC 算法案例。每个圈代表了一个不兼容的病人-供体对，每个箭头代表了一次肾脏移植，比如来自第一对里的供体移植给第二对中的病人

使用 TTC 算法的唯一缺点是可能会使用很长的环来进行肾脏重分配，例如图 10.3。但是为什么长环是一个问题呢？因为长度为 2 的环(图 10.2)就已经需要 4 场手术(两场用来从供体体内采集肾脏，两场用来把肾脏移植到病人体内)。而且，这

⊖ 伊朗不存在肾脏等待名单绝非偶然。不知道其他国家是否最终也会允许肾脏买卖市场。

4 场手术必须同时进行，原因是存在动机问题：在图 10.1 中的例子里，如果 P_1 和 D_2 的手术首先进行，那么 D_1 有可能会反悔捐赠他的肾脏给 P_2 ㊀。显而易见，P_1 不公平地获得了一个免费的肾脏。另外，一个更严重的问题是 P_2 依旧和以前一样病重，并且由于他的供体 D_2 已经捐献了肾脏，因此 P_2 不能参加后续的肾脏交换了。考虑到这些风险因素，非同时进行的手术在肾脏交换中几乎从来没有被使用过㊁。由于每场手术都需要一个独立的手术室和手术团队，这个限制促使我们要保持尽可能短的肾脏交换链。

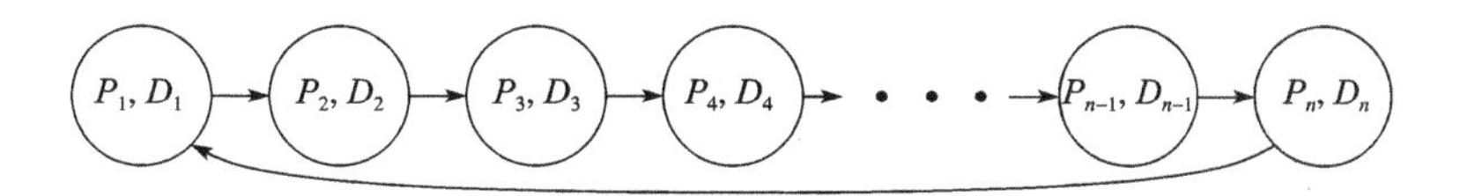

图 10.3 TTC 算法的一个糟糕的例子

把病人的偏好建模成其对所有捐赠人的一个全序是 TTC 方法存在的另外一个缺点。事实上只要满足兼容性，病人们并不关心他们获得哪一个肾脏。因此把偏好建模成一个二值信息对病人来说更合适。

10.1.3 应用匹配算法

二值偏好和较短的重分配链促使我们采用图匹配算法。无向图上的一个匹配(matching)是指一组没有重合顶点的边集。对于肾脏交换来说，相关联的图包含表示不兼容病人-供体对的顶点集 V(一个对代表一个顶点)以及一个无向边集，其中两个顶点(P_1，D_1)和(P_2，D_2)存在一条无向边，当且仅当 P_1 和 D_2 兼容并且 P_2 和 D_1 兼容。因此，图 10.1 中的例子就对应了图 10.4 中的无向图。在这个图中的一个匹配就对应了一个成对的肾脏交换集合，其中每一对包含 4 场同时进行的手术。最大化可兼容的肾脏移植对的数目也就对应着最大化一个匹配的规模。

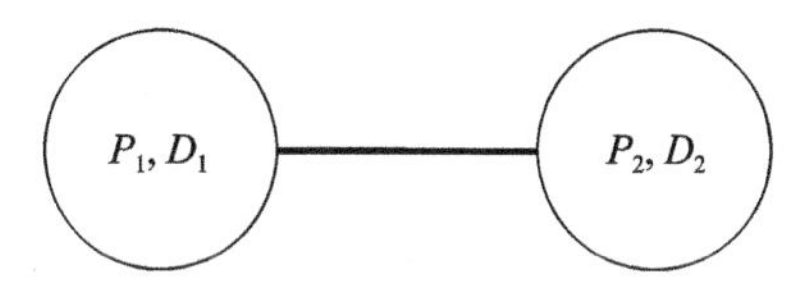

图 10.4 应用匹配算法。每个圈代表一个不兼容的病人-供体对，每条边代表一个成对发生的肾脏交换，即把每个供体的肾脏移植到另外一对的病人体内

㊀ 就像在大多数国家里买卖肾脏是非法的那样，为肾脏捐赠签订一个绑定的协议也是不合法的。

㊁ 序贯手术可以在一个稍微不同的情况下被使用。其实也存在着少量利他性的活体捐赠人，他们愿意把肾脏捐献给可能他们自己都不知道的病人。一个利他的活体捐赠人可以作为一个重分配链的开端。目前一个长达 30 的肾脏交换链已经被实施了，在这种规模下，我们不得不使用序贯手术。并且由于捐赠链始于一个利他的活体捐赠人，所有病人在得到一个肾脏前没有失去自己对应的活体捐赠人的风险。

在这里动机因素扮演着什么角色？我们假设每个病人有一个兼容的供体集合 E_i（不包含自己的供体），并且可以向一个匹配机制汇报任何一个兼容供体子集 $F_i \subseteq E_i$。由于所采用的肾脏交换机制可以被任何病人所拒绝，因此一个可能的虚报是病人拒绝和 $E_i \setminus F_i$ 里的人进行肾脏交换。另外病人也不能可靠地虚报与之不兼容的其他供体。我们假设每个病人都有一个二值偏好，即在所有匹配输出中，他偏好于他被匹配的输出。

机制设计的目标是最大化肾脏移植的数目。一个直接显示的解决方案如下所示。

成对匹配肾脏交换机制

1. 从智能体 i 收集一个汇报 F_i。
2. 建立图 $G=(V, E)$，其中 V 对应所有病人-供体对，边 $(i, j) \in E$ 当且仅当智能体 i 和 j 上报的病人分别与智能体 j 和 i 上报的供体兼容。
3. 返回图 G 中的一个最大基数匹配。

上述机制是 DSIC 的吗？是否真实地汇报全集 E_i 对智能体 i 来说是一个占优策略[⊖]？问题的答案取决于算法如何在第三步中打破不同最大匹配之间的平局。有两种情况可以说明图中的最大匹配并不是唯一的。首先，不同边集可以用来匹配相同的顶点集(见图10.5)。因为对于一位病人来说，只要他被匹配了，他并不关心和谁匹配，因此没有理由区分在相同顶点集中进行的不同边的匹配。更重要的是，不同的最大匹配可能匹配的不是同一个顶点集合。比如在图10.6中，第一个顶点在每一个最大匹配中，但是它只能和其他一个顶点进行匹配。在这些情况下我们应该如何选择？

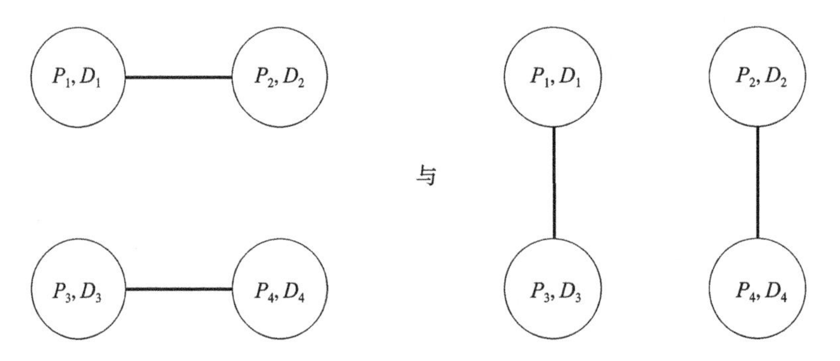

图10.5　不同匹配可以匹配相同的顶点集

⊖ 由于没有支付的参与，每个智能体能够自动地保证非负收益。

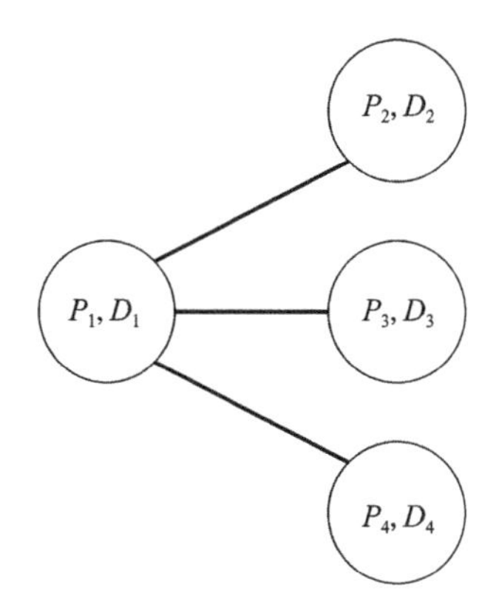

图 10.6　不同的最大匹配可以匹配不同的顶点子集

一个解决方案是在机制开始前就给所有的病人-供体对排出一个优先级。事实上大多数医院就是依靠这种优先级模式来安排病人的。病人在等待列表中的优先级由一些因素决定，比如已经等待的时间，找到一个兼容肾脏的难易程度，等等。

更精确地，我们按照如下方式实施机制的第三步。假设 G 中的顶点 $V=\{1, 2, \cdots, n\}$按照数字大小进行优先级排序。

成对肾脏交换中的优先级机制

初始化 M_0 为 G 的最大匹配集合

for $i=1, 2, \cdots, n$ **do**

　　用 Z_i 表示匹配集 M_{i-1} 中包含顶点 i 的所有匹配

　　if $Z_i \neq \varnothing$ **then**

　　　　设置 $M_i = Z_i$

　　else if $Z_i = \varnothing$ **then**

　　　　设置 $M_i = M_{i-1}$

返回任意一个匹配 M_n

也就是说，在第 i 轮中，我们检查一个最大匹配在满足 i 之前所有智能体被匹配的情况下是否也能匹配顶点 i。如果是的话，那么我们在最终匹配上把 i 加上。如果在一个最大匹配中，i 之前的所有匹配阻碍了 i 可能进行的所有匹配，那么我们就跳过对 i 的匹配，然后继续对下一个顶点进行判断。对 i 进行归纳，我们知道 M_i 是 G 中所有最大匹配的一个非空子集。由于 M_n 中的每一个匹配包含了相同的顶点集合——Z_i 非空的顶点 i 的集合，因此在最后一步选择哪一个匹配是无关紧要的。

练习 10.1 要你证明成对肾脏匹配中的优先级机制是 DSIC 的。

定理 10.1(优先级机制是 DSIC 的) 在成对肾脏匹配的优先级机制中，对每个智能体 i 以及其他人的任意汇报来说，不存在一个虚假的汇报 $F_i \subset E_i$ 使得机制产生一个比真实汇报 E_i 更好的结果。

10.1.4 医院方的动机因素

很多病人-供体对是由医院而不是他们自己上报到国家肾脏匹配项目里的。一个医院的目标是尽可能多地对自己医院里的病人进行匹配，但是这个目标与整体社会性的目标不相符。社会性的目标要求在所有可能病人-供体对上进行尽可能多的匹配。医院方的主要动机可以通过下面的例子进行很好的说明。

例 10.2(完全汇报的收益) 假设有两家医院 H_1 和 H_2，每一家医院都有三个病人-供体对(图 10.7)。类似 10.1.3 节，图中的边连接了两个互相兼容的对。每一家医院都有一个可以在医院内部匹配的对，这个匹配其实没有必要上报给国家交换中心。但是我们不想让医院在内部进行匹配。如果 H_1 在内部匹配 1 和 2，然后只上报 3 给交换中心；同样，H_2 在内部匹配 5 和 6，只把 4 上报给交换中心；如此的话 3 和 4 是不会得到匹配的，从而没有了更多的匹配。但是如果 H_1 和 H_2 把各自的三个对都上报给交换中心，那么 1、2、3 可以分别和 4、5、6 相匹配，这样所有的病人都得到了一个新的肾脏。一般而言，机制的目标是激励医院上报所有的病人-供体对，以挽救更多人的生命。

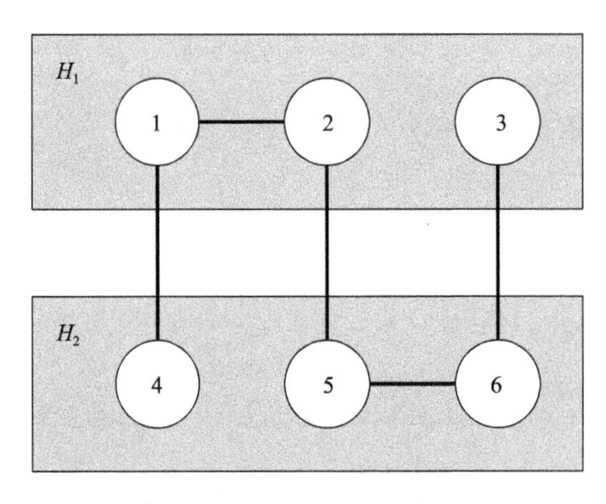

图 10.7　例 10.2——医院方的完全汇报能够产生更多的匹配

例 10.3(不存在 DSIC 的最大匹配机制) 考虑只有两家医院，总共有 7 个病人(图 10.8)。假设交换中心总是根据其已有的病人-供体信息计算一个最大基数匹配。如果顶点数为奇数的话，那么每一个匹配都至少会剩下一个未匹配的病人。如果 H_1 向交换中心隐藏病人 2 和 3，但是 H_2 真实汇报，那么 H_1 能保证其医院的所有病人都能被匹配上。在由所有汇报生成的图中，唯一的最大匹配包含 6 和 7(以及 4 和 5)，而且 H_1

可以在内部匹配 2 和 3。另一方面，如果 H_2 隐藏病人 5 和 6，但是 H_1 真实汇报，那么 H_2 的病人都会被匹配。在这种情况下，唯一的最大匹配是 1 和 2 以及 3 和 4，但是 H_2 可以内部匹配 5 和 6。由此我们得出结论，不管交换中心选择哪一个最大匹配，至少都会有一家医院存在扣留病人-供体对的动机。因此，社会性的目标和医院的目标是不可协调的，不存在 DSIC 的机制使得我们总能得到一个社会性的最大匹配。

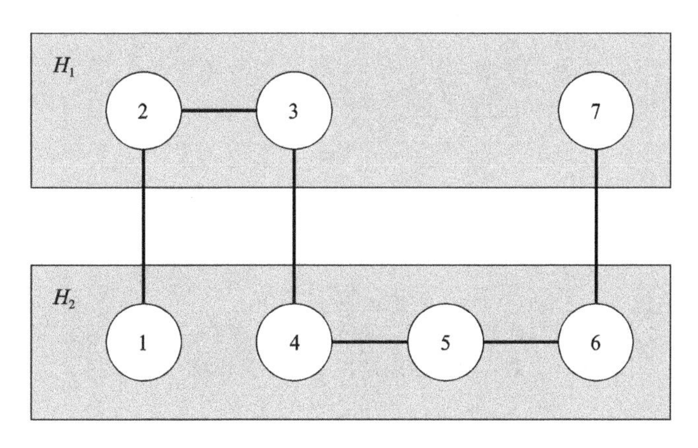

图 10.8　例 10.3——医院有动机隐藏病人-供体对

鉴于例 10.3 中存在的问题，目前在一些针对医院方的机制设计研究中，会考虑松弛的动机约束以及近似的社会最优。

10.2　稳定匹配

稳定匹配是不含钱机制设计中的一个经典案例。在稳定匹配中，最具吸引力的应用包括把医学院毕业生分配给医院，把学生分配给学校。接下来要介绍的模型和算法可以直接应用在这些场景中，并且通过非常简单的修改后也能用于一些其他的场景中。

10.2.1　模型

考虑两个大小相同的有限顶点集合 V 和 W，比如申请人和医院。每个顶点对另一个集合中的顶点都有一个排序。例如，在图 10.9 中，所有申请人对医院都有一个相同的排序，然而每家医院对申请人都有不一样的排序。

用 M 表示 V 和 W 的一个完美匹配，即把集合中的每一个顶点分配给另外一个集合中的顶点。如果满足以下条件，则称顶点 $v \in V$ 和 $w \in W$ 在匹配 M 中构成一个阻塞对 (blocking pair)：v 和 w 在 M 中没有被匹配，并且相比于各自匹配的顶点，v 更喜欢 w，同样，w 也更愿意与 v 匹配。一个阻塞对会带来一些麻烦，因为这两个顶点有动机脱离匹配 M，然后私下里互相匹配。如果匹配中不存在阻塞对，那么我们称一个完美匹配是稳定的。

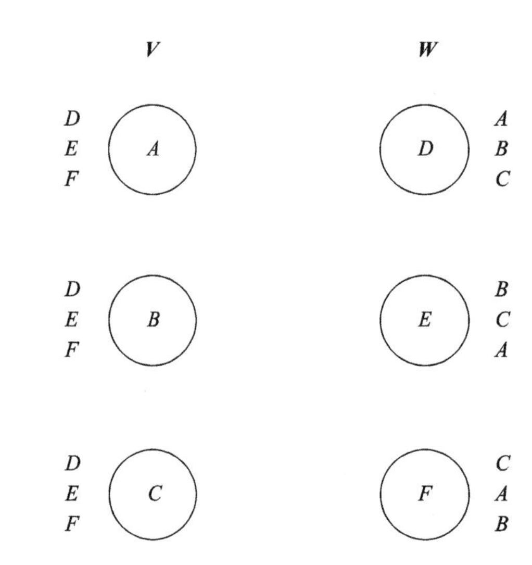

图 10.9 一个稳定匹配的例子。每个顶点都含有一个对方所有顶点的排序——最喜欢的顶点排在序列中最顶端

10.2.2 延迟接受算法

我们接下来讨论能够输出稳定匹配的优美算法：延迟接受算法。

> **延迟接受算法**
>
> **while** 存在一个未匹配的申请人 $v \in V$ **do**
>
> v 尝试和 w 进行匹配，其中 w 是还未拒绝 v 的医院中他最喜欢的那个
>
> **if** w 还没有匹配 **then**
>
> 把 v 和 w 进行临时性的匹配
>
> **else if** w 已经临时性地和 v' 进行匹配 **then**
>
> w 拒绝 v 和 v' 中他相对不喜欢的那个，然后和另外一个进行临时性匹配
>
> 所有临时性的匹配都转化为最终匹配

例 10.4(延迟接受算法) 考虑图 10.9 中的例子。假设在第一轮中算法选择了申请人 C，C 打算和他的第一选择 D 进行匹配。由于 D 目前还没有其他的申请，所以医院 D 接受了 C 的申请。如果我们在下一轮中选择申请人 B，此时 B 也向 D 提出申请。因为 D 更喜欢 B，所以医院 D 拒绝了 C 然后和 B 进行匹配。如果我们接着挑选申请人 A，结果和上一轮类似：D 拒绝了 B，然后和 A 进行匹配。在接下来的算法中，可能的流程是：申请人 C 现在向他的第二选择 E 发起申请；然后申请人 B 也申请 E，最终 E 拒绝了 C 接受了 B；最后，C 向他的最后一个选择 F 申请，然后 F 接

受了他。

在延迟接受算法中有几个性质需要我们注意。首先，每个申请人都系统性地从上到下遍历他的偏好列表。第二，由于医院总是选择更好的申请人，因此医院方在整个算法过程中总是在改进与他进行临时性匹配的申请人。第三点，在算法的任意时刻，每个申请人最多只匹配了一家医院并且每家医院也最多匹配了一个申请人。

稳定匹配和延迟接受算法有非常多令人意外的结论。下面是最基础的一些。

定理 10.5(稳定匹配的快速求解) 延迟接受算法在最多 n^2 轮迭代后得到一个稳定匹配，其中 n 为任意一方的顶点数目。

推论 10.6(稳定匹配的存在性) 对任意一组申请人和医院的偏好列表，至少存在一个稳定匹配。

推论 10.6 初看起来并不显眼。然而，对于一些稳定匹配问题的简单变种，可能并不存在稳定匹配。

定理 10.5 的证明：迭代次数的上限很好证明。由于每个申请人从上到下遍历他的偏好列表，并且从不会向同一家医院提出两次申请，因此对于每个申请人来说最多进行 n 次申请尝试，所有申请人的尝试最多 n^2 次。

接下来我们断言延迟接受算法能使得每个申请人匹配到某个医院(医院反之亦然)。因为如果不是这样的话，那说明某个申请人一定被所有 n 家医院拒绝了。由于一个申请人只有当匹配的医院接受一个更好的申请人时才会被拒绝，因此一旦一家医院已经匹配了某个申请人，那么在接下来算法的执行过程中，此医院肯定仍然匹配到了一个申请人。因此，所有 n 家医院在算法结束时都匹配到了申请人。但是如此的话 n 个申请人也同样在算法结束时被医院接受了，这是矛盾的。

为了证明最终匹配是稳定的，考虑申请人 v 和医院 w 未互相匹配。有两种情况能产生此场景。第一种情况是，v 从来都没有尝试去申请 w。由于 v 是按他的偏好列表依次申请，因此 v 最终匹配到一个比 w 更好的医院。如果在算法的某个阶段 v 的确申请了 w，那么 w 肯定为了一个更好的申请人而拒绝了 v(要么是在 v 尝试申请 w 的时候，要么是在 v 和 w 临时性匹配后)。由于在整个算法运行过程中 w 只能提升他接受的申请人序列，因此 w 最终会匹配一个比 v 更好的申请人。 ■

* 10.3 更多的性质

延迟接受算法里有一些模糊的地方，比如我们并不清楚在每一轮迭代中怎么选择未匹配的申请人。是否任意一个选择都能导致相同的稳定匹配？在图 10.9 中，仅有一个稳定匹配，因此在这个例子中答案是肯定的。然而在一般情况下，有可能存在多个稳定匹配。在图 10.10 中，申请人和医院对对方的排序都不一样。使用延迟接受算法，两个申请人都得到了他们的第一选择，即 A、B 分别与 C、D 匹配。不过分配给每家医院他们最偏好的申请人会产生另一个不同的稳定匹配。

下一个结果表明，延迟接受算法的结果与在每一轮迭代中选择哪一个未匹配的申请人无关。对申请人 v，令 $h(v)$表示在所有稳定匹配中排名最高的医院(在 v 的偏好列表里)。

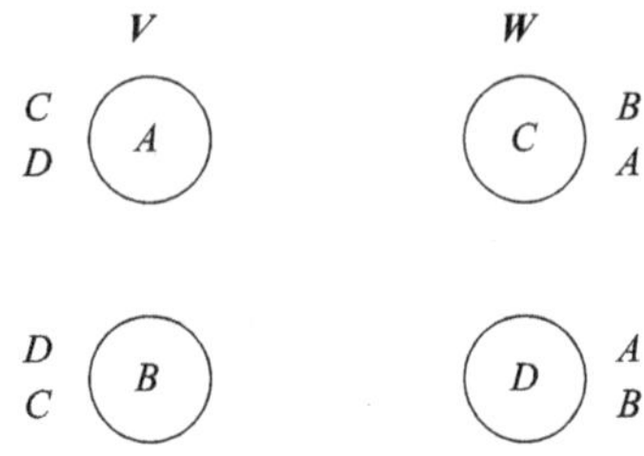

图 10.10　可能存在多个稳定匹配

定理 10.7(申请人最优性)　*在由延迟接受算法计算得到的稳定匹配中，每个申请人 $v \in V$ 匹配到了 $h(v)$。*

定理 10.7 表明“申请人最优”的稳定匹配的存在性，在此类稳定匹配中每个申请人都同时处于对他们最有利的场景。先验上来看，我们没有任何理由期望每个申请人的 $h(v)$是不同的，然后由此形成一个匹配。

定理 10.7 的证明：考虑运行一次延迟接受算法，并令 R 表示所有(v, w)对的集合，其中 w 在某个时刻拒绝了 v。由于每个申请人系统性地从上到下遍历他的偏好列表，如果在算法结束时 v 和 w 匹配了，那么对于任意一个比 w 更优的 w'，我们有$(v, w') \in R$。因此，下面的断言暗含了此定理：对任意$(v, w) \in R$，不存在一个稳定匹配对 v 和 w。

用 R_i 表示在前 i 轮迭代中所有的(v, w)对，其中 w 在某时刻拒绝了 v。我们通过归纳法证明在 R_i 里的对不会出现在稳定匹配中。初始地令 $R_0 = \emptyset$，结论显然成立。在归纳阶段，假设在延迟接受算法的第 i 轮迭代中，w 为了 v'拒绝了 v。这意味着 v，v'中的某个尝试在本轮中和 w 匹配。

由于 v'系统性地从上到下遍历其偏好列表，因此对每一个比 w 更优的 w'，我们有$(v', w') \in R_{i-1}$。由归纳假设可知，不存在稳定匹配使得 v'匹配到比 w 更好的医院——在每一个稳定匹配中，v'与 w 或者比 w 更差的医院相匹配。由于相比于 v，w 更喜欢 v'并且 v'在所有稳定匹配的医院中更喜欢 w，因此不存在稳定匹配对 v 和 w (否则的话 v'，w 形成一个阻塞对)。■

从医院的角度来说，延迟接受算法输出了一个最差的稳定匹配(练习 10.6)[㊀]。

假设申请人和医院的偏好列表都是私有信息。那么通过让所有顶点上报偏好信息然后运行延迟接受算法可以得到一个 DSIC 的机制吗？就像定理 10.7 中隐含的那样，延迟接受算法在申请人这端是 DSIC 的而在医院这端不是 DSIC 的(见问题 10.1 和练习 10.7)。

定理 10.8(激励性质)　*考虑如下机制：由申请人和医院上报偏好列表信息，然后根据这些信息运行延迟接受算法。*

(a) *对任意申请人 v 以及所有其他申请人和医院上报的偏好信息，v 不可能得到*

㊀　修改算法，使得“医院进行选择，申请人拒绝”会得到相反的性质。

比说真话严格更好的结果。

(b) 对医院 w 来说，存在一个偏好列表和其他人的汇报使得 w 得到比说真话严格好的结果。

总结

- 肾脏交换使得两个或者多个不兼容的病人-供体对中的病人从对方的供体那里获得一个肾脏。
- TTC 算法可以应用在肾脏交换中并通过交换供体来提高所有病人的兼容性。但是此算法会导致在现实中不可行的超长交换环。
- 匹配算法可以进行成对的肾脏交换并且激励病人接受任何一个与之兼容的供体。
- 相比于把所有不兼容对都上报给国家交换中心，医院方有动机在内部进行不兼容的病人-供体对的匹配。
- 一个稳定匹配是指一组申请人和医院的配对，在此匹配中不存在申请人和医院对通过互相匹配使得双方都获得更好的结果。
- 延迟接受算法会得到一个申请人最优的稳定匹配。
- 由延迟接受算法导出的直接机制对申请人来说是 DSIC 的但是对医院方不是。

说明

把 TTC 算法用于肾脏交换问题上出自 Roth 等(2004)。基于 Abdulkadiroğlu 和 Sönmez(1999)的学生宿舍分配问题，Roth 等(2004)还把 TTC 算法以及附带的激励保证性质扩展到了存在遗体捐赠人(没有房主的房屋)和无活体捐赠人的病人(没有房屋的个体)的匹配问题上。应用匹配算法实现成对的肾脏匹配来自 Roth 等(2005)。Roth 等(2007)考虑了三路肾脏交换问题，即同时对三个病人和三个供体进行手术。三路交换可以极大地增加病人匹配的数量，也正是由于这一点三路交换目前变得很普遍。采用四路或者更大的交换似乎并不能获得更大程度上的匹配数目的提升。Sack(2012)描述了一个长达 30 个肾脏移植的链，此链由一个利他性的活体捐赠人起始。对于医院方动机问题的研究来自于 Ashlagi 等(2015)。

Gale 和 Shapley(1962)正式定义了稳定匹配问题，文章中给出了延迟接受算法并证明了定理 10.5 和 10.7。我们这里讨论的此算法变种(未匹配的申请人通过依次而不是同时尝试进行新一轮的匹配)来自 Dubins 和 Freedman(1981)。意外的是，后来才发现本质上相同的算法已经在 1950 年左右被使用了，当时用在分配住院医师给医院的问题上(Roth，1984)[⊖]。定理10.8出自Dubins和Freedman(1981)以及Roth(1982a)。McVitie和Wilson(1971)观察到了练习10.6，Gale和Sotomayor(1985)讨论了问题10.2。

练习

练习10.1　(H)证明定理10.1。

练习10.2　给出一种在多个最大匹配中打破平局的方法，在此方法下相应的成对肾脏匹配机制不是DSIC的。

练习10.3　扩展例10.3的结果，并说明不存在一个DSIC的匹配机制，其总能得到超过最大匹配一半数量的病人-供体对。

练习10.4　证明存在一个常数$c>0$，使得对于任意大的n，延迟接受算法需要至少cn^2轮才能结束。

练习10.5　假设每个申请人和医院都有一个关于对方所有节点的总排序以及一个"外部选项"。换句话说，每个顶点相比于某些可能的匹配而言更偏好于选择不匹配。

(a) 扩展稳定匹配的定义，使其融合外部选项。

(b) 扩展延迟接受算法和定理10.5使其能够在存在外部选项的情况下计算出一个稳定匹配。

练习10.6　(H)对医院w，令$l(w)$表示w在所有稳定匹配中排名最低的申请人(在w的偏好列表中)。证明延迟接受算法得到的稳定匹配中，每家医院$w\in W$都匹配到了$l(w)$。

练习10.7　给出一个证明定理10.8b的例子。

问题

问题10.1　(H)证明定理10.8a。

问题10.2　考虑在延迟接受算法中的医院方。给定两个偏好列表，如果对于某个医院来说前者总能产生一个至少和后者一样好的结果(固定其他申请人和医院上报的信息)，并且在至少一个例子上，前者得到的结果严格优于后者得到的结果，那么我们称第一个偏好列表是严格优于另外一个的。证明对任意一家医院来说，真实地报告自己最偏好的申请人要严格优于虚报最偏好的申请人。

⊖ 原始的延迟接受算法是医院最优性版本，但是后来在20世纪90年代改为了偏向申请人的版本(Roth and Peranson，1999)。

自私路由与无秩序代价

本章开始介绍本书的第二部分。在许多场合下，我们没有办法从无到有地设计一个博弈。因为和所有精心设计的 DSIC 机制不同，现实中的博弈大部分没有占优策略。为了预测这种博弈的结果，就需要引入“均衡”的概念。由于参与者都采取自利的行为，我们没有理由认为均衡一定是符合社会期望的。但令人高兴的是，在相对较弱的假设下，许多模型中的均衡其实是近似最优的。本章及下一章就会研究这样一个经典模型——“自私路由”博弈。

11.1 节用三个例子简单介绍自私路由。11.2 节和 11.3 节阐述并解释本章的主要结论：对于极其简单的网络，它的无秩序代价总是最大的；同时，如果代价函数具有不太高的非线性，那么自私路由所产生的均衡就是近似最优的。11.4 节正式定义了均衡流并解释了均衡流的特性，11.5 节证明了本章的主要结论。

11.1 自私路由

在正式定义自私路由模型之前，我们先通过一系列例子建立一些直观认识，并由此引出本章的主要结论。

11.1.1 布雷斯悖论

在第 1 章中我们介绍过布雷斯悖论(1.2 节)。回顾一下，一个单位的交通流，比如一群高峰期的司机，从起点 o 出发前往终点 d。在图 11.1a 中的网络中，根据对称性，均衡情况下每条路线都承载一半的交通流，且每一个司机花费的时间是 3/2。现在假设安装一个瞬间传送通道，使得司机可以从 v 立刻移动到 w(如图 11.1b)，此时，选择新的路线 $o \to v \to w \to d$ 对每个司机来说就是一个占优策略。这个新均衡下每个人花费的时间是 2。而可能的最短时间是 3/2，所以使用瞬间传送通道没有任何好处。这个自私路由网络的*无秩序代价*(Price Of Anarchy，POA)定义为：均衡情况下所用的时间与最小的平均时间的比值，即 2/(3/2)＝4/3。[⊖]

⊖ 这样定义是有道理的，因为本章考虑的自私路由网络总是至少存在一个均衡，而且每个均衡的平均花费时间都是一样的(见第 13 章)。第 12 章会将 POA 的定义扩展到具有多个均衡的博弈中。

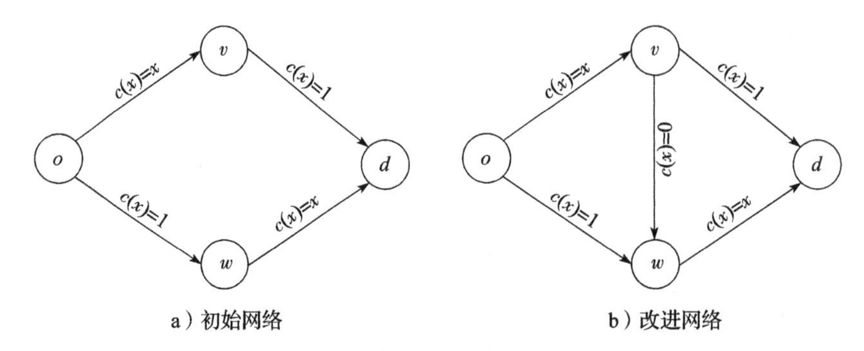

图 11.1　再谈布雷斯悖论。边上的值代表这条边的代价函数，即通过某条边所用的时间定义为使用这条边的流量 x 的函数。在图 b 中，无秩序代价为 4/3

11.1.2　Pigou 示例

图 11.2a 中的 Pigou 示例是一个更加简单的自私路由网络，它的 POA 是 4/3。在这个网络中，即使所有的流量都走下面的一条边，代价也不会比其他的情况高。因此，选择下面的边对每个司机来说都是占优策略，均衡情况下所有司机都会选择这条边且时间代价为 1。假如存在一个利他的管理员，他可以将交通流均摊到两条边上来减少平均时间代价。这样，平均时间代价变为 3/4。所以，Pigou 示例中 POA 为 1/(3/4)＝4/3。

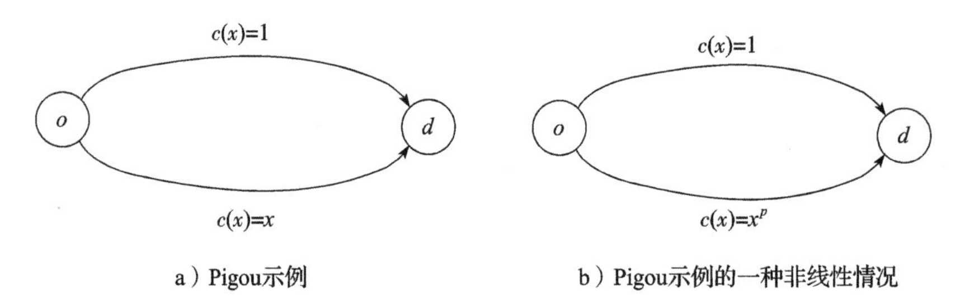

图 11.2　Pigou 示例及其非线性变种

11.1.3　Pigou 示例：非线性变种

在布雷斯悖论和 Pigou 示例中 POA 都是 4/3，这还算可以接受。然而，对于任意的网络来说，情况就不那么乐观了。在 Pigou 示例的非线性变种下(图 11.2b)，即下面的边的代价函数是 $c(x)=x^p$ 而不是 $c(x)=x$ 且其中 p 很大时，选择下面的边仍是占优策略，达到均衡时司机花费的时间也仍然是 1。但现在最优解就好得多了，如果交通流再次被均摊到两条边上，那么当 $p\to\infty$ 时，司机的时间代价趋于 1/2，因为此时在下面的边上的司机几乎可以瞬间到达 d。更好的方法是分配 $1-\varepsilon$ 的交通流到下面的边，其中 p 趋于无穷，ε 趋于 0。这样，几乎所有的交通流消耗的时间都是$(1-\varepsilon)^p$，当 p 足够大时，

$(1-\varepsilon)^p$ 接近于 0，而在上面那条边 ε 个单位的“牺牲者”对平均时间代价影响很小。所以可以归纳出：当 $p\to\infty$时，非线性 Pigou 示例的 POA 无界。

11.2 主要结论：非正式的表述

自私路由的 POA 可大(11.1.3 节)可小(11.1.1 节和 11.1.2 节)。本章的目标就是要深入了解：什么情况下自私路由的 POA 能接近 1。回顾我们提到的三个例子，可以发现，具有“很高的非线性”的代价函数[㊀]会阻碍自私路由网络的 POA 接近 1，而两个线性代价函数的例子中，POA 就比较小。基于这些观察，我们抛出一个猜想：代价函数的高非线性是实现较小 POA 的唯一障碍。即对于任意复杂的路由网络，如果其代价函数的非线性不高，则它的 POA 都接近 1。本章将规范化的描述并证明这个猜想。

考虑如下模型：有向图 $G=(V, E)$，顶点集为 V，边集为 E，起点为 o，终点为 d。r 个单位的交通(流)从 o 流向 d[㊁]。我们将 G 看成经典最大/最小费用流问题：网络中的每条边 e 都有一个时间代价函数，将(单位交通流的)时间代价视作交通流的函数。边的容量不限定。在这一章和下一章中，我们总是假设代价函数非负、连续且非递减。在大多数现实应用中，比如道路或者通信网络中，这些都是理所当然的假设。

我们首先给出主要结论的一个非正式版本，然后展示如何理解和使用。在 11.3 节我们会给出正式版本，在 11.4 和 11.5 节给出证明。值得注意的是，这个定理的参数是代价函数的集合 $\mathcal{C}$。这表明在直觉上，自私路由的 POA 看起来的确和代价函数的“非线性程度”有关。即使对于简单的代价函数集合 $\mathcal{C}$，比如仿射函数集合$\{c(x)=ax+b: a, b\geqslant 0\}$，这个结论也很有趣。

定理 11.1(自私路由的严格 POA 界) *在所有代价函数集合为 $\mathcal{C}$ 的网络中，和 Pigou 示例类似的网络的 POA 最大。*

11.3 节中会对术语“和 Pigou 示例类似的网络”进行精确描述。定理 11.1 的要点是：最坏情况的例子总是很简单的那些。造成自私路由效率很低的主要原因是代价函数的非线性，而不是复杂的网络结构。

对某些特殊代价函数集合 $\mathcal{C}$，定理 11.1 可以将计算最差 POA 的问题归约成很简单的问题。而如果没有定理 11.1 的话，我们就只能设法在所有代价函数为 $\mathcal{C}$ 的网络中进行搜索，然后找出 POA 最大的那个。定理 11.1 保证了我们只需要在类似 Pigou 示例的简单网络中进行搜索就可以了。

㊀ 原文为“highly nonlinear” cost function。可以理解为代价为多项式函数，且阶次很高。——译者注

㊁ 为实现符号最少化，我们仅在“单物品网络”阐述并证明主要结论，即网络中只有一个起点和终点。主要结论及其证明可以扩展到多起点和多终点的情况(练习 11.5)。

举个例子，当 $\mathcal{C}$ 是系数非负的仿射代价函数集时，定理 11.1 表明，Pigou 示例(11.1.2 节)的 POA 最大。即这种情况下自私路由网络的 POA 总是至多为 4/3。当 $\mathcal{C}$ 是系数非负的多项式代价函数集，且多项式的次数至多为 p 时，定理 11.1 表明，最坏的情况不过就是 Pigou 示例的非线性情况(11.1.3 节)。算出这个最坏情况下的 POA，就可以得到与之类似的所有自私路由网络的 POA 上界。表 11.1 列出了一些例子，这些例子表明，只有在代价函数为“高非线性”的网络中，自私路由的 POA 才会很大。比如，对于道路交通网络，四次函数是一个合理的模型。而在代价函数为四次函数的网络中，最坏情况下 POA 比 2 稍大。在第 12 章我们会继续讨论通信网络中代价函数的情况。

表 11.1　如果自私路由网络代价函数为系数非负的多项式函数，且阶数最高为 p，其最坏情况下的 POA 如下所示

表达式	典型示例	无秩序代价
线性函数	$ax+b$	4/3
二次函数	ax^2+bx+c	$\frac{3\sqrt{3}}{3\sqrt{3}-2}\approx 1.6$
三次函数	ax^3+bx^2+cx+d	$\frac{4\sqrt[3]{4}}{4\sqrt[3]{4}-3}\approx 1.9$
四次函数	$ax^4+bx^3+cx^2+dx+e$	$\frac{5\sqrt[4]{5}}{5\sqrt[4]{5}-4}\approx 2.2$
阶数 $\leqslant p$	$\sum_{i=0}^{p} a_i x^i$	$\frac{(p+1)\sqrt[p]{p+1}}{(p+1)\sqrt[p]{p+1}-p}\approx \frac{p}{\ln p}$

11.3　主要结论：正式的表述

为了正式表示定理 11.1，我们首先需要定义“类 Pigou 网络”的代价函数集合 $\mathcal{C}$，再用对这些简单例子 POA 的下界进行公式化。定理 11.2 表示了自私路由网络 POA 的上界，其中网络的代价函数集合为 $\mathcal{C}$。

类似 Pigou 网络的组成成分

1. 两个顶点 o 和 p。
2. 从 o 到 p 的两条边，一条边在上面，一条边在下面。
3. 非负的交通流率 r。
4. 下面那条边的代价函数 $c(\cdot)$。
5. 上面那条边的代价函数处处相等且为 $c(r)$。

具体可参看图 11.3。在类 Pigou 网络的表达式中，有两个自由参数，交通流率 r

和下面那条边的代价函数 $c(\cdot)$。

类 Pigou 网络的 POA 很容易计算。下面那条边对所有个体都是占优策略——即所有交通流都选择下面那条边时，花费时间也不比走上面差(花费时间恒为 $c(r)$)。因此，均衡下所有交通流都会选择下面那条边，花费的总时间为 $r\cdot c(r)$，即交通流的数量乘以所有交通流都选择下面那条边时的单位时间代价。这样总的最少时间代价就可以写成

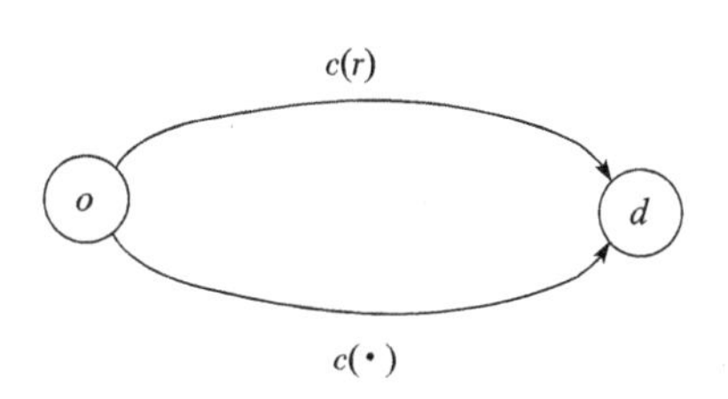

图 11.3　一个类 Pigou 网络

$$\inf_{0\leqslant x\leqslant r}\{x\cdot c(x)+(r-x)\cdot c(r)\} \tag{11.1}$$

其中 x 为通过下面那条边的交通流量[㊀]。为了后面讨论方便，我们允许 x 为负实数，而不仅仅为 $[0, r]$ 之间的数。因为代价函数非减，这个 x 定义域的扩大不会改变式(11.1)。由此可以总结出：在类 Pigou 的网络中，当交通流率 $r>0$，下面那条边的代价函数为 $c(\cdot)$时，POA 为

$$\sup_{x\geqslant 0}\left\{\frac{r\cdot c(r)}{x\cdot c(x)+(r-x)\cdot c(r)}\right\}$$

令 $\mathcal{C}$ 表示任意非负、连续且非减的代价函数集合。Pigou 界可以定义为类 Pigou 网络中下边代价函数属于 $\mathcal{C}$ 的情况下的最大 POA。正式定义为

$$\alpha(\mathcal{C})=\sup_{c\in\mathcal{C}}\sup_{r\geqslant 0}\sup_{x\geqslant 0}\left\{\frac{r\cdot c(r)}{x\cdot c(x)+(r-x)\cdot c(r)}\right\} \tag{11.2}$$

在类 Pigou 网络中，前两个 sup 是对自由参数 $c\in\mathcal{C}$ 和 $r\geqslant 0$ 进行遍历，第三个 sup 则是对给定的类 Pigou 网络搜索最好的可能结果。[㊁]

对于其他集合 $\mathcal{C}$，明确的 Pigou 界也是可以计算的。比如，如果 $\mathcal{C}$ 是非负且非减的仿射函数集合(甚至是凹函数)，那么 $\alpha(\mathcal{C})=4/3$(见练习 11.1 和 11.2)。如果 $\mathcal{C}$ 是系数非负且次数有限的多项式函数集合，Pigou 界的精确表达式可以参考表 11.1(见练习 11.3)。这些代价函数集的 Pigou 界都可以利用非线性 Pigou 的分析得到(见 11.1.3 节)。

如果假定集合 $\mathcal{C}$ 包含所有的常函数，那么在类 Pigou 网络中，定义 $\alpha(\mathcal{C})$就只需要使用 $\mathcal{C}$ 中的函数。且对于代价函数属于 $\mathcal{C}$ 的自私路由网络，$\alpha(\mathcal{C})$就是自私路由网络 POA 最坏情况的下界。[㊂]

定理 11.1 的正式表述就是：对于所有代价函数属于 $\mathcal{C}$ 的自私路由网络，无论它是不是类 Pigou 网络，$\alpha(\mathcal{C})$都是其 POA 的上界。

㊀ 代价函数 c 的连续性意味着这个下确界是可以达到的，不过我们并不需要用到这一点。

㊁ 如果比值为 0/0，我们视其为 1。

㊂ 只要 $\mathcal{C}$ 至少包含一个函数 c，且 $c(0)>0$，那么 Pigou 界就是自私路由网络 POA 的下界，其中自私路由网络的代价函数属于 $\mathcal{C}$。原因是，在这个弱假设下，类 Pigou 网络可以被一个稍微复杂一点的网络模拟，而这个稍微复杂一点的网络的代价函数只属于 $\mathcal{C}$(见练习 11.4)。

定理 11.2(自私路由的严格 POA 界) 对于所有代价函数的集合 $\mathcal{C}$ 及代价函数属于 $\mathcal{C}$ 的自私路由网络，其 POA 至多是 $\alpha(\mathcal{C})$。

11.4 技术准备

在证明定理 11.2 之前，我们先复习一些分流网络的知识。分流和均衡的概念在类 Pigou 示例网络中很好定义，但是在一般的网络中定义它们就需要注意。

$G=(V, E)$ 为自私路由网络，其中 r 个单位的交通流从 o 转移到 d。令 $\mathcal{P}$ 表示 G 中 o-d 的路径集合，假定 $\mathcal{P}$ 非空。分流表示交通流是如何被分配到不同的 o-d 路径上的，它是一个非负的向量 $\{f_P\}_{P\in\mathcal{P}}$ 且 $\sum_{P\in\mathcal{P}} f_P = r$。比如，图 11.4 中，一半的交通流选择"之字形"路径 $o\rightarrow v\rightarrow w\rightarrow d$，另一半则被平均分配到两条"两跳"的路径上。

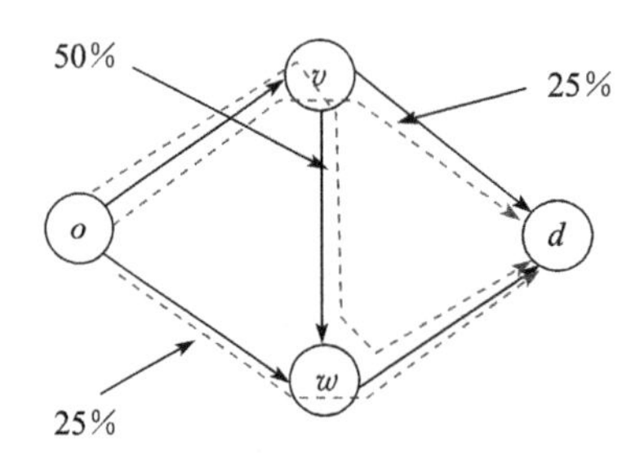

图 11.4 分流的示例，各有 25% 的交通流分别选择路径 $o\rightarrow v\rightarrow d$ 和 $o\rightarrow w\rightarrow d$，剩下的 50% 选择路径 $o\rightarrow v\rightarrow w\rightarrow d$

对于边 $e\in E$ 和分流 f，我们用 $f_e = \sum_{P\in\mathcal{P}:e\in P} f_P$ 表示选择的路径中包含 e 的交通流量。比如，图 11.4 中，$f_{(o,v)}=f_{(w,d)}=3/4$，$f_{(o,w)}=f_{(v,d)}=1/4$，$f_{(v,w)}=1/2$。

在均衡分流下，交通流只会选择那些最短的 o-d 路径，其中"最短"是根据交通流花费的时间定义的。

定义 11.3(均衡流) 对于一个分流 f，如果只有当

$$\hat{P} \in \underset{P\in\mathcal{P}}{\operatorname{argmin}}\left\{ \sum_{e\in P} c_e(f_e) \right\}$$

时才有 $f_{\hat{P}}>0$，那么称 f 为均衡分流。

比如，若代价函数和布雷斯悖论(图 11.1b)中的设置相同，那么图 11.4 的分流就不是均衡流，因为唯一的最短路径就是"之字形"路径，但却有一些交通流没走它。

现在我们用 $C(f)$ 表示目标函数——分流 f 下所有交通流花费的总时间。有时候我们也会把花费的总时间称为分流的代价。目标函数的计算方法有两种，两种都很有效。对于第一种方法，我们定义

$$c_P(f)=\sum_{e\in P}c_e(f_e)$$

为一条路径上花费的时间。然后，按照路径加和来计算花费的总时间：

$$C(f)=\sum_{P\in\mathcal{P}}f_P\cdot c_P(f) \tag{11.3}$$

第二种方法是按照边加和来计算花费的总时间：

$$C(f)=\sum_{e\in E}f_e\cdot c_e(f_e) \tag{11.4}$$

回忆 $f_e=\sum_{P\in\mathcal{P}:e\in P}f_P$ ，简单交换一下求和顺序就可以验证(11.3)式和(11.4)式等价。

*11.5 定理 11.2 的证明

现在我们证明定理 11.2。假定一个自私路由网络 $G=(V,E)$，其代价函数属于 $\mathcal{C}$，交通流率为 r。令 f 和 f^* 分别表示网络中的均衡分流和最小代价分流。证明过程分为两个部分。

第一部分要证明：在每条边 e 的代价固定为均衡情况下的值 $c_e(f_e)$ 时，均衡分流 f 就是最优的[⊖]。这是因为在均衡分流下，所有的交通流都会选择最短的路径。

因为 f 是均衡分流，所以如果 $f_{\hat{P}}>0$，则对于任意 $P\in\mathcal{P}$，都有 $c_{\hat{P}}(f)\leqslant c_P(f)$（见定义 11.3）。均衡分流中的所有路径 $\hat{P}$ 代价都同为 $c_{\hat{P}}(f)$，我们将其记作 L，则对于所有路径 $P\in\mathcal{P}$，有 $c_P(f)\geqslant L$。因此

$$\sum_{P\in\mathcal{P}}\underbrace{f_P}_{\text{和为}r}\cdot\underbrace{c_P(f)}_{\text{如果}f_P>0\text{就等于}L}=r\cdot L \tag{11.5}$$

而

$$\sum_{P\in\mathcal{P}}\underbrace{f_P^*}_{\text{和为}r}\cdot\underbrace{c_P(f)}_{\geqslant L}\geqslant r\cdot L \tag{11.6}$$

利用 $c_P(f)=\sum_{e\in P}c_e(f_e)$ ，再像式(11.3)和式(11.4)一样交换一下求和顺序，就可以将式(11.5)和式(11.6)左半边写成按边求和的形式：

$$\sum_{e\in E}f_e\cdot c_e(f_e)=r\cdot L \tag{11.7}$$

和

$$\sum_{e\in E}f_e^*\cdot c_e(f_e)\geqslant r\cdot L \tag{11.8}$$

再用式(11.8)减去式(11.7)得到：

$$\sum_{e\in E}(f_e^*-f_e)c_e(f_e)\geqslant 0 \tag{11.9}$$

⊖ 即总代价最小化。——译者注

不等式(11.9)直观地展示出：因为均衡分流下所有交通流都选择最短路径，所以在固定边的代价集合为$\{c_e(f_e)\}_{e\in E}$的情况下，任何其他分流 f^* 都不会更好。

第二部分将量化说明最优分流 f^* 比均衡分流 f 好多少。大概的思路是证明：在均衡分流 f 和最优分流 f^* 下，每条边上的时间代价之差都不超过 Pigou 界。虽然这一点只对每条边上的差值成立，但是利用不等式(11.9)，我们可以控制总的差值。

对于每条边 $e\in E$，用 c_e 替换 c，f_e 替换 r，f_e^* 替换 x，将 Pigou 界式(11.2)右半边重写。因为 $\alpha(\mathcal{C})$是遍历所有 c、r、x 的可能选择后得到的最小上界，所以我们有

$$\alpha(\mathcal{C}) \geqslant \frac{f_e \cdot c_e(f_e)}{f_e^* \cdot c_e(f_e^*) + (f_e - f_e^*)c_e(f_e)}$$

Pigou 界的定义在 $f_e^* < f_e$ 和 $f_e^* \geqslant f_e$ 的情况下都适用，所以我们将上式调换一下顺序：

$$f_e^* \cdot c_e(f_e^*) \geqslant \frac{1}{\alpha(\mathcal{C})} \cdot f_e \cdot c_e(f_e) + (f_e^* - f_e)c_e(f_e) \tag{11.10}$$

对所有边 $e\in E$，按照边对式(11.10)两边进行求和得到：

$$C(f^*) \geqslant \frac{1}{\alpha(\mathcal{C})} \cdot C(f) + \underbrace{\sum_{e\in E}(f_e^* - f_e)c_e(f_e)}_{\text{根据式(11.9)，此项大于等于0}} \geqslant \frac{C(f)}{\alpha(\mathcal{C})}$$

因此 POA——$C(f)/C(f^*)$至多为 $\alpha(\mathcal{C})$，定理 11.2 证明完成。

总结

- 在自私路由网络的均衡分流下，所有的交通流都会选择从起点到终点的最短路径。
- 自私路由网络的无秩序代价(POA)是：均衡分流下的总时间代价与最少总时间代价之间的比值。
- 布雷斯悖论和 Pigou 示例的 POA 都是 4/3，而非线性 Pigou 的 POA 无界。
- 只有当自私路由网络的代价函数是“高非线性”时，网络的 POA 才会很大。
- 在只有两个顶点和两条边的网络中，如果一条边的代价函数属于集合 $\mathcal{C}$，另一条边的代价是常函数，则最大的 POA 就是 $\mathcal{C}$ 集合下的 Pigou 界。
- 对于所有代价函数属于 $\mathcal{C}$ 的自私路由网络来说，POA 的上界就是 $\mathcal{C}$ 的 Pigou 界。

说明

更多关于分流网络的背景知识可以参考 Cook 等(1998)。Pigou 示例由 Pigou

(1920)定义描述。自私路由网络由 Wardrop(1952)和 Bechmann 等(1956)提出并研究。布雷斯悖论由 Braess(1968)提出。自私路由的无秩序代价由 Roughgarden 和 Tardos(2002)首先考虑，并且他们证明了：对于所有代价函数为仿射函数的(多物品)网络来说，POA 至多为 4/3。定理 11.2 来自 Roughgarden(2003)和 Correa 等(2004)。Sheffi(1985)论述了在建立道路交通模型时，多项式代价函数的用处。问题 11.3 来自 Roughgarden(2006)。更多关于自私路由无秩序代价的资料可参考 Roughgarden(2005)。

练习

练习 11.1 (H)证明如果 $\mathcal{C}$ 是类似 $c(x)=ax+b$ 形式的代价函数集合，且 a，$b\geqslant 0$，则 Pigou 界 $\alpha(\mathcal{C})$是 4/3。

练习 11.2 (H)证明如果 $\mathcal{C}$ 是非负连续且非递减的凹函数集合，则 $\alpha(\mathcal{C})=4/3$。

练习 11.3 对于正整数 p，令 $\mathcal{C}_p$ 表示系数非负且次数至多为 p 的多项式集合，即

$$\mathcal{C}_p=\left\{\sum_{i=0}^{p}a_i x^i : a_0,\cdots,a_p\geqslant 0\right\}。$$

(a) 证明单元素集合$\{x^p\}$的 Pigou 界随着 p 的增大而增大。

(b) 证明集合$\{ax^i: a\geqslant 0, i\in\{1, 2, \cdots, p\}\}$的 POA 界和集合$\{x^p\}$的 POA 界相同。

(c) (H)证明 $\mathcal{C}_p$ 的 Pigou 界和集合$\{x^p\}$的 POA 界相同。

练习 11.4 令 $\mathcal{C}$ 为非负连续且非递减的代价函数集合。

(a) (H)证明如果 $\mathcal{C}$ 包含函数 c，且对于 $\beta>0$，$c(0)=\beta$，则存在自私路由网络，其代价函数属于 $\mathcal{C}$，POA 无限接近 Pigou 界 $\alpha(\mathcal{C})$。

(b) (H)证明如果 $\mathcal{C}$ 包含函数 c，且 $c(0)>0$，则存在自私路由网络，其代价函数属于 $\mathcal{C}$，POA 无限接近 Pigou 界 $\alpha(\mathcal{C})$。

练习 11.5 考虑多物品网络 $G=(V, E)$，对于 $i=1, 2, \cdots, k$，r_i 个单位的交通流从起点 $o_i\in V$ 流向终点 $d_i\in V$。

(a) 将分流和均衡分流的定义(定义 11.3)扩展到多物品网络中。

(b) 将表达式(11.3)和式(11.4)扩展到多物品的总时间代价上。

(c) 证明在多物品网络中定理 11.2 依然成立。

问题

问题 11.1 在 Pigou 示例(11.1.2 节)中，最优分流中某些交通流在其他路径上的代价是在最短路径上的两倍。证明，在每个代价函数为仿射函数的自私路

由网络中，最优分流 f^* 所在路径上的代价至多是最短路径(由 f^* 所导致的时间决定的)上的两倍。

问题 11.2　在本问题中，我们考虑另外一个目标函数，需要将分流 f 的最大时间代价

$$\max_{P \in \mathcal{P}: f_P > 0} \sum_{e \in P} c_e(f_e)$$

进行最小化。根据这个目标函数，无秩序代价就定义为均衡分流的最大时间代价与某个特殊分流的最大时间代价的比值，这个特殊分流的最大时间代价是所有可能情况中最小的。[㊀]

在这个问题中，我们假设只有一个起点，一个终点，一个单位的交通流，且代价函数为仿射函数(形式为 $c_e(x)=a_e x+b_e$，且 a_e，$b_e \geqslant 0$)。

(a) 证明在只有两个顶点 o 和 d，但有任意条平行边的网络中，最大代价目标函数的 POA 是 1。

(b) (H)证明最大代价目标函数的 POA 可以是 4/3。

(c) (H)证明最大代价目标函数的 POA 不可能大于 4/3。

问题 11.3　本问题研究的是代价函数非线性的情况下的自私路由网络中的布雷斯悖论。

(a) 修改布雷斯悖论(11.1.1 节)从而证明：在代价函数非线性的网络中加一条边，可以使得均衡流中交通流花费的总时间加倍。

(b) (H)证明在代价函数非线性的网络中加一些边，将使得均衡流中增加的花费时间严格大于原来时间的 2 倍。

㊀ 对于均衡分流来说，最大时间代价其实就是所有交通流的共同代价。

超额配置和单元自私路由

上一章证明了一般情况下的自私路由问题的无秩序代价(POA)的严格界，这个界的参数为边的代价函数。这些界中的一个特殊实例可以用来证实通信网络中的超额配置可以获得良好的性能(12.1 节)。通信网络中的另一个结果表明：适当的技术升级比独裁控制更能提高网络性能(12.2 节，12.3 节)。一个网络中，如果每个使用者占有的交通流份额不可忽视，那么就可以用自私路由的“单元”变种来为网络中的相关应用建模。单元自私路由的 POA 比“非单元”模型的 POA 大得多，但在代价函数为仿射函数，或者为更一般的“非线性程度不太高”的函数时，单元自私路由的 POA 依然是有界的(12.4 节，12.5 节)。

12.1 案例分析：网络超额配置

12.1.1 超额配置的动机

自私路由的研究为配置各种各样的网络提供了思路，包括运输、通信和电力网络。通信网络有一个很大的优势，那就是相对其他网络而言，为通信网络增加额外的容量比较省钱。因此，通信网络中常用的策略就是提供超过需求的容量，而这意味着网络往往没有被完全利用。网络超额配置的一个动机是考虑到未来需求的增长，此外，超额配置也和网络性能有关，因为实际中往往发现，网络容量冗余时，掉包率和延迟都比较低。

12.1.2 超额配置网络的 POA 界

在第 11 章中，自私路由的 POA 界是以可行的代价函数集为参数。在这一节中，我们考虑代价函数 $c_e(x)$的形式为：

$$c_e(x)=\begin{cases}\dfrac{1}{u_e-x} & x<u_e\\ +\infty & x\geqslant u_e\end{cases}\tag{12.1}$$

参数 u_e 代表边 e 的容量。式(12.1)其实是 $M/M/1$ 排队模型中的期望单位延迟，这个队列的任务到达时间服从参数为 x 的泊松分布，而任务被服务的时间独立地服从均值为 $1/u_e$ 的指数分布。当交通流接近容量限制时，代价快速接近 $+\infty$，除此之外，函数变化非常平缓(图 12.1a)。这是通信网络中为延迟建模所使用的最简单的代价函数。

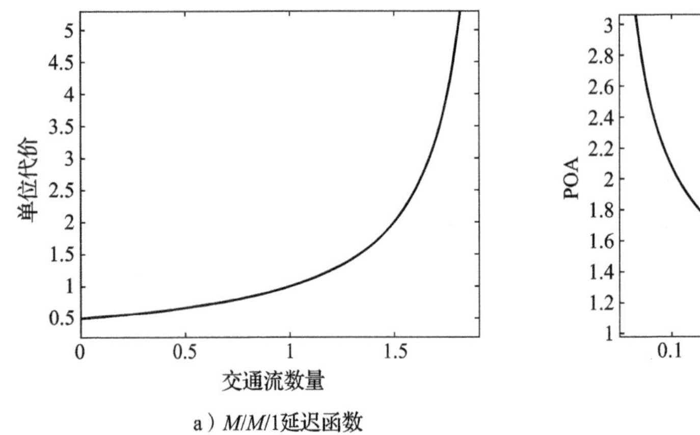

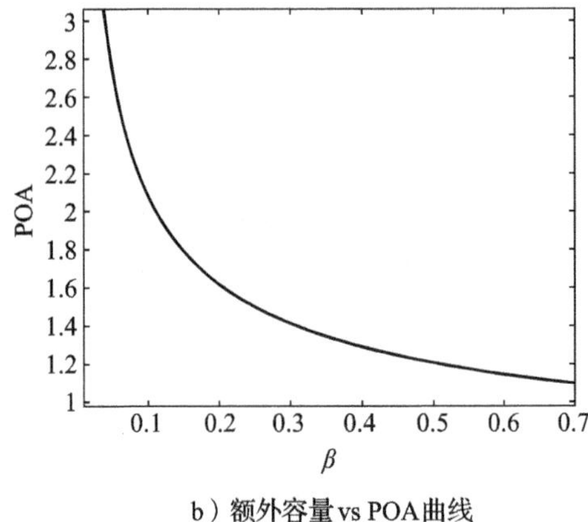

图 12.1 适当的超额配置可以保证自私路由近似最优。图 a 展示的是单位代价 $c(x)=1/(u-x)$，这里将交通流的数量 x 作为参数，边的容量 $u=2$。图 b 展示的是最坏情况下的 POA，这里将未用的网络容量份额作为参数

对于参数 $\beta\in(0,1)$，代价函数形式为式(12.1)，若对于所有边 e，都有 $f_e\leqslant(1-\beta)u_e$，其中 f 为均衡分流，我们就称这样的网络是 β-**超额配置的**。也就是说在均衡分流下，网络中边的最大利用率最多是 $(1-\beta)\cdot 100\%$。

图 12.1a 直观上显示出：当 β 不是很接近 0 时，均衡分流中任意一条边上的流量都不会很接近其容量。这种情况下，每条边的代价函数都和低阶的非负因子多项式表现类似。定理 11.2 意味着有类似代价函数的网络的 POA 比较小。

根据定理 11.2，对任意 β-超额配置的自私路由网络计算 POA，都可以归约为对 β-超额配置的类 Pigou 示例网络计算最坏情况 POA。有例子(练习 12.2)表明 β-超额配置网络中最坏情况 POA 为

$$\frac{1}{2}\left(1+\sqrt{\frac{1}{\beta}}\right) \tag{12.2}$$

即图 12.1b 中所画的表达式。

我们发现：当 β 趋于 1 时，式(12.2)趋于 1；β 趋于 0 时，式(12.2)趋于 $+\infty$。这两种情况分别与代价函数为常函数及高次数多项式函数时的表现类似。但有趣的是，即使 β 很小，POA 上界也不会很大。比如说，当 $\beta=0.1$，即边的最大利用率为 90%时，POA 最多为 2.1。因此少量的超额配置就可以使自私路由趋近最优，这与实际情况相符。

12.2 资源增广界

这一节要证明在对代价函数没有假设的情况下，任意自私路由网络的一个结论。那这个结论是什么样子呢？回忆 Pigou 示例(11.1.3 节)的非线性变种表明这种网络的 POA 往往都是无界的。

证明的关键是一个对比，即把自私路由的性能和一个有修改的最小代价解的性能做对比，修改体现在要强制传输一些额外的交通流。比如说，在图 11.2b 中，如果网络有 1 个单位的交通流且 p 很大，则均衡分流的代价为 1 而最优分流的代价几乎为 0。但如果有 2 个单位的交通流，那么结果显而易见：最优分流为 $1-\varepsilon$ 个单位的交通流选走下面那条边，剩下 $1+\varepsilon$ 个单位的交通流走上面那条边。此时，最优分流的代价就超过了只传输 1 个单位交通流的均衡分流。

在流量不同的情况下比较两种分流的表现，和在交通流量相同但代价函数不同的情况下比较两种分流的表现效果等价，但后者更容易解释。直观理解是，我们允许均衡分流使用“更快的”网络——即代价函数从原来的$c_e(x)$变为 $c_e(x/2)/2$，而不是强制最优分流传输额外交通流(练习 12.3)。

当代价函数形如式(12.1)时，这个转换更有意义。如果 $c_e(x)=1/(u_e-x)$，那么“更快的”时间代价函数就是 $1/(2u_e-x)$，边的容量加倍。在这样的转换下，下面的结论就给出了关于网络超额配置的第二个判定：适当的技术升级比进行独裁控制更能提升网络性能。

定理 12.1(资源增广界)　*在所有自私路由网络中，若 $r>0$，则交通流率为 r 的均衡分流的代价至多等于交通流率为 $2r$ 的最优分流的代价。*

定理 12.1 还可以扩展到多起点和多终点的自私路由网络中(练习 12.1)。

*12.3 定理 12.1 的证明

固定一个网络 G，代价函数非负、连续且非减，交通流率为 r。令 f 和 f^* 分别表示交通流率为 r 的均衡分流和交通流率为 $2r$ 的最小代价分流。

证明的第一部分用到了证明定理 11.2 时(11.5 节)用到的技巧：虚构并固定均衡分流中的代价，然后再处理最优分流 f^* 的代价。注意 f 是均衡分流(定义 11.3)，所以 f 用到的所有路径 P 的代价都为 $c_P(f)$，写作 L。又因为对任意路径 $P\in\mathcal{P}$，都有 $c_P(f)\geqslant L$，所以类似式(11.5)～式(11.8)，我们有

$$\sum_{e\in E} f_e\cdot c_e(f_e)=\sum_{P\in\mathcal{P}}\underbrace{f_P}_{\text{和为}r}\cdot\underbrace{c_P(f)}_{\text{如果}f_P>0\text{,此项就等于}L}=r\cdot L$$

和

$$\sum_{e\in E} f_e^* \cdot c_e(f_e) = \sum_{P\in\mathcal{P}} \underbrace{f_P^*}_{\text{和为}2r} \cdot \underbrace{c_P(f)}_{\geqslant L} \geqslant 2r \cdot L$$

针对虚构的固定代价，我们得到了 f^* 代价的一个漂亮的下界，即均衡分流代价的两倍。

证明的第二部分表明，使用虚构的边代价时，f^* 的代价超出真实的部分至多和 f 的代价相同[㊀]。也就是说，我们只需要证明以下不等式就可以完成证明：

$$\underbrace{\sum_{e\in E} f_e^* \cdot c_e(f_e^*)}_{f^*\text{的代价}} \geqslant \underbrace{\sum_{e\in E} f_e^* \cdot c_e(f_e)}_{\geqslant 2rL} - \underbrace{\sum_{e\in E} f_e \cdot c_e(f_e)}_{=rL} \tag{12.3}$$

那么接下来就只需要证明不等式对式(12.3)中求和符号内的每一项都成立即可，注意，对于所有 $e\in E$ 都有：

$$f_e^* \cdot [c_e(f_e) - c_e(f_e^*)] \leqslant f_e \cdot c_e(f_e) \tag{12.4}$$

当 $f_e^* \geqslant f_e$ 时，因为代价函数 c_e 非负且非减，所以式(12.4)的左边非正；而 c_e 的非负性则意味着当 $f_e^* < f_e$ 时，不等式(12.4)也成立。证毕。

12.4　单元自私路由

到目前为止，我们已经研究了自私路由的非单元模型，即所有智能体所占交通流的份额极小的情况。这对高速公路上的汽车，或者通信网络中的小型用户进行建模效果都很好。本节将介绍单元自私路由网络，当每个智能体都能控制交通流中相当大的份额时，单元自私路由更适用。比如说，智能体是因特网服务器运营商。

单元自私路由网络由有向图 $G=(V, E)$ 和 k 个智能体构成，其中边的代价函数非负且非减。智能体 i 有一个起点 o_i 和一个终点 d_i。每个智能体在一条 o_i-d_i 的路径上传输 1 个单位的交通流，同时他还会想方设法使其代价最小化[㊁]。令 $\mathcal{P}_i$ 表示图 G 中 o_i-d_i 的路径。分流表示成向量$(P_1, \cdots, P_k)$的形式，其中 $P_i \in \mathcal{P}_i$ 为智能体 i 传输交通流的路径。分流的代价和非单元模型相同，如式(11.3)或式(11.4)。均衡分流为没有任何一个智能体可以通过单方面改变策略来减少自身代价的分流。

定义 12.2(均衡分流(单元))　*若对每个智能体 i 和路径 $\hat{P}_i \in \mathcal{P}_i$ 有*

$$\underbrace{\sum_{e\in P_i} c_e(f_e)}_{\text{改变策略前}} \leqslant \underbrace{\sum_{e\in \hat{P}_i \cap P_i} c_e(f_e) + \sum_{e\in \hat{P}_i \setminus P_i} c_e(f_e+1)}_{\text{改变策略后}}$$

㊀ 式(12.3)中，不等式左侧为 f^* 分流的真实代价值，不等式右侧第一项为 f^* 分流使用虚构的边代价时的值。此两值之差最多是不等式右侧第二项的大小。——译者注

㊁ 这个模型的两个自然变种模型分别是允许智能体控制不同数量的交通流和将交通流分配到不同的路径上。对于这两个变种模型，寻找最坏情况下的严格 POA 界，与这一节及下一节的方法紧密相关。相关细节详见说明。

则分流(P_1, …, P_k)是均衡分流。

定义 12.2 和定义 11.3 不同的原因在于智能体大小不能忽略时，改变策略会增加新使用边的代价。

为了增加对单元模型的感性认识，考虑图 12.2 中的 Pigou 示例的变种。假设有两个智能体，每个智能体控制一个单位的交通流。最优解是一条边一个智能体，总代价为 1+2=3。同时，这也是一个均衡分流，因为任何一个智能体都不能通过单方面改变策略来减少代价。底下那条边上的智能体不会想换到上面去，因为这样他的代价会从 1 跳到 2。上面那条边的智能体(代价为 2)也没有任何动机换到下面那条边，因为如果换的话，下面那条边的代价就会因他的加入而跳到 2。

在网络中还有第二个均衡分流：如果两个智能体都选择底下那条边，那么两个智能体的代价都为 2，而且任何一个智能体换到上面那条边都不能减少自身的代价。这个均衡的代价为 4。这个例子表明了单元自私路由和非单元自私路由的一个区别：非单元自私路由模型中，不同均衡代价相同(见第 13 章)；而单元自私路由模型中，不同均衡代价可以不同。

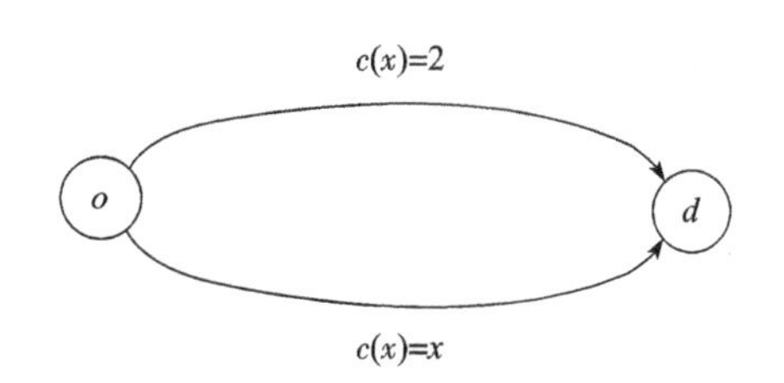

图 12.2　单元自私路由的类 Pigou 示例网络

我们在第 11 章关于 POA 的定义中假设所有均衡代价相同。接下来，我们会用最坏情况将这个定义扩展到有多个均衡的博弈中[1]。单元自私路由的无秩序代价(POA)是比值

$$\frac{\text{最坏情况均衡分流的代价}}{\text{最优分流的代价}}$$

例如，图 12.2 的网络中，POA 为 4/3。[2]

非单元自私路由和单元自私路由的另一个区别是：后者的 POA 比前者大。为了验证这个区别，考虑有四个智能体的双向三角网络，如图 12.3 所示。每个智能体有两个选择，选一跳的路径和选两跳的路径。在最优分流中，每个智能体都会选一跳的路径来传输。这些一跳的路径就是四条代价函数为 $c(x)=x$ 的边，所以最优分流的代价为 4。这个最优分流也是均衡流。另一方面，如果每个智能体都选择两跳的路径来传输，那么我们就能得到第二个均衡分流(练习 12.5)。因为前两个智能体的代价为 3，后两个代价为 2，所以此时分流的代价为 10。这个网络的 POA 为 10/4=2.5。

代价函数为仿射函数的单元自私路由网络不会有比这更大的 POA。

[1] 其他方法见第 15 章。

[2] 所有最小自私路由网络的 POA 都是定义完备的，因为每个这样的网络都至少有一个均衡分流(见定理 13.6)。

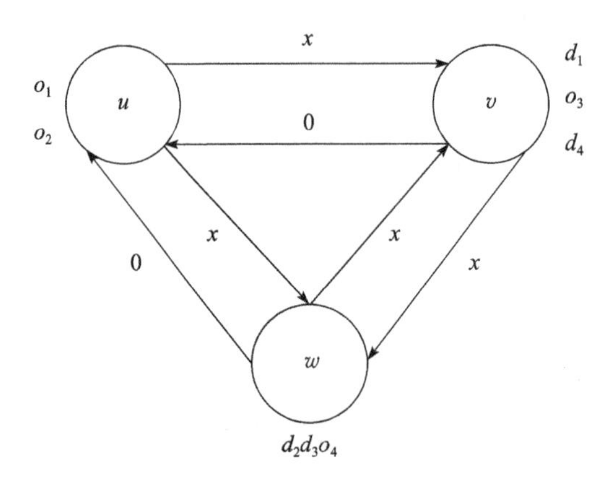

图 12.3 代价函数为仿射函数的单元自私路由网络中，POA 可以为 5/2

定理 12.3(单元自私路由的 POA 界) 在代价函数为仿射函数的单元自私路由网络中，POA 至多为 5/2。

定理 12.3 及其证明可以扩展到任意代价函数集合的严格 POA 界，详见说明。

*12.5 定理 12.3 的证明

定理 12.3 的证明是“典型的 POA 证明”，第 14 章会讲得更精确。要找出所有均衡分流的界，先从任意选定一个分流 f 开始。令 f^* 表示最小代价分流，f_e 和 f_e^* 分别表示 f 和 f^* 中使用边 e 的智能体数目。仿射代价函数写作 $c_e(x)=a_ex+b_e$，其中 a_e，$b_e\geqslant 0$。

证明的第一步是假设 f 是一个均衡分流。考虑在 f 中使用路径 P_i 的任意智能体 i，以及其单方面改变策略后的另一条路径 $\hat{P}_i$，那么我们就能得出这个结论：在均衡下 i 使用 P_i 的代价至多为其转而使用 $\hat{P}_i$ 的代价(定义 12.2)。我们想要得到均衡分流 f 的代价的上界，而假设单方面改变策略就正好给出了单个智能体均衡代价的上界。由于 f^* 是定理中除 f 外唯一的对象，所以很自然的想法就是将最优分流 f^* 视为智能体 i 单方面偏离均衡后的分流。

假设智能体 i 在 f 中选择路径 P_i，在 f^* 中选择路径 P_i^*。根据定义 12.2，有

$$\sum_{e\in P_i}c_e(f_e)\leqslant\sum_{e\in P_i^*\cap P_i}c_e(f_e)+\sum_{e\in P_i^*\setminus P_i}c_e(f_e+1) \tag{12.5}$$

这就完成了第一步，我们利用均衡分流的假设得到了每个智能体均衡代价的上界(式(12.5))。

证明的第二步，将所有智能体个人的均衡代价上界(式(12.5))相加，得到总的均衡代价上界：

$$\underbrace{\sum_{i=1}^{k}\sum_{e\in P_i}c_e(f_e)}_{f\text{的代价}}\leqslant\sum_{i=1}^{k}\Big(\sum_{e\in P_i^*\cap P_i}c_e(f_e)+\sum_{e\in P_i^*\setminus P_i}c_e(f_e+1)\Big) \tag{12.6}$$

$$\leqslant\sum_{i=1}^{k}\sum_{e\in P_i^*}c_e(f_e+1) \tag{12.7}$$

$$=\sum_{e\in E}f_e^*\cdot c_e(f_e+1) \tag{12.8}$$

$$=\sum_{e\in E}[a_ef_e^*(f_e+1)+b_ef_e^*] \tag{12.9}$$

其中不等式(12.6)来自式(12.5)；假设代价函数非减的情况下，不等式(12.7)成立；又由于对于每个$e\in P_i^*$的智能体i，$c_e(f_e+1)$项都要计算一次(总共f_e^*次)，等式(12.8)成立；根据假设，代价函数是仿射函数，等式(12.9)成立。证明的第二步结束。

以上证明过程以一个我们不关心的量(纠缠在一起的f和f^*)给出了我们关心的均衡分流f代价的上界。所以证明的第三步，同时也是最有技术性的步骤就是要将式(12.9)“拆解”开来，并将其和我们所关心的POA界——f和f^*的代价联系起来。

第三步我们利用一个很容易证明的不等式(练习12.6)。

引理12.4 对于所有y，$z\in\{0, 1, 2, 3, \cdots\}$，有

$$y(z+1)\leqslant\frac{5}{3}y^2+\frac{1}{3}z^2$$

现在，令$y=f_e^*$，$z=f_e$，对式(12.9)右边的每条边都应用一次引理12.4。利用关于分流的代价$C(\cdot)$的定义式(11.4)，得到

$$C(f)\leqslant\sum_{e\in E}\Big[a_e\Big(\frac{5}{3}(f_e^*)^2+\frac{1}{3}f_e^2\Big)+b_ef_e^*\Big]$$

$$\leqslant\frac{5}{3}\Big[\sum_{e\in E}f_e^*(a_ef_e^*+b_e)\Big]+\frac{1}{3}\sum_{e\in E}a_ef_e^2$$

$$\leqslant\frac{5}{3}\cdot C(f^*)+\frac{1}{3}\cdot C(f) \tag{12.10}$$

两边同时减去$\frac{1}{3}C(f)$并乘以$\frac{3}{2}$得到

$$C(f)\leqslant\frac{5}{3}\cdot\frac{3}{2}\cdot C(f^*)=\frac{5}{2}\cdot C(f^*)$$

定理12.3证毕。

总结

- 若均衡分流中，每条边上的交通流至多为$(1-\beta)u_e$，则称代价函数形式为$c_e(x)=1/(u_e-x)$的自私路由网络是β-超额配置的。

- 即使β很小，β-超额配置网络的 POA 也很小，这印证了：在实际中，少量的超额配置可以提升网络性能。
- 均衡分流的代价至多是传输两倍交通流量的最优分流的代价。也就是说，适当的技术升级比进行独裁控制更能提升性能。
- 单元自私路由中，每个智能体都能控制网络交通流量中不可忽视的一部分，不同的均衡分流的代价可能不同。
- POA 为最坏均衡分流下与最优分流下目标函数的比值。
- 最坏情况下，代价函数为仿射函数的单元自私路由的 POA 为 2.5。其证明过程很有代表性。

说明

关于通信网络模型，Bertsekas 和 Gallager(1987)是不错的参考；而对于通信网络中的管理策略，比如超额配置，可以参考 Olifer 和 Olifer(2005)。β超额配置网络的 POA 界在 Roughgarden(2010a)中被讨论。定理 12.1 来自 Roughgarden 和 Tardos (2002)。单元自私路由网络首次出现在 Rosenthal(1973)，其网络 POA 则是由 Awerbuch 等(2013)及 Christodoulou 和 Koutsoupias(2005b)首次研究。定理 12.3 的证明来自 Christodoulou 和 Koutsoupias(2005a)。利用最坏情况下的均衡来定义 POA 由 Koutsoupias 和 Papadimitriou(1999)首次提出。在代价函数为多项式函数的情况下，单元自私路由网络的严格 POA 界可以参考 Aland 等(2011)；代价函数更一般的情况可以参考 Roughgarden(2015)。关于智能体控制不同交通流数量的严格 POA 界的资料见 Awerbuch 等(2013)，Christodoulou 和 Koutsoupias(2005b)，Aland 等(2011)，以及 Bhawalkar 等(2014)。针对可以将交通流分配到几个不同的路径上的智能体的情况，POA 界首次出现在 Cominetti 等(2009)和 Harks(2011)，严格的 POA 界出自 Roughgarden 和 Schoppmann(2015)。在所有这些单元模型中，当边的代价函数是系数非负且次数至多为 p 的多项式函数时，POA 界由与 p 相关的常数确定。这个常数是 p 的指数函数，而在非单元自私路由网络中，这个常数是 p 的次线性函数。问题 12.1～12.4 分别来自 Chakrabarty(2004)，Christodoulou 和 Koutsoupias(2005b)，Koutsoupias 和 Papadimitriou(1999)，以及 Awerbuch 等(2006)。

练习

练习 12.1　多物品自私路由网络的定义在练习 11.5 中。将定理 12.1 扩展到此类网络中。

练习 12.2　此练习要证明，在 β-超额配置网络中，最坏情况下的 POA 至多如式(12.2)所示。

(a) 证明，在类 Pigou 示例的网络中(11.3 节)，如果交通流率为 r，下面边的代价函数为 $1/(u-x)$且 $u>r$，则 POA 如式(12.2)所示，其中 $\beta=1-\frac{r}{u}$。

(b) 由以下定义

$$\alpha_\beta = \sup_{u>0} \sup_{r\in[0,(1-\beta)u]} \sup_{x\geqslant 0} \left\{ \frac{r \cdot c_u(r)}{x \cdot c_u(x) + (r-x) \cdot c_u(r)} \right\}$$

可以将 Pigou 界扩展到 β-超额配置网络，其中 c_u 表示代价函数 $1/(u-x)$。证明，对于任意 $\beta\in(0, 1)$，α_β 等于式(12.2)。

(c) (H)证明所有 β-超额配置网络的 POA 都至多如式(12.2)所示。

练习 12.3 证明下列论述等同于定理 12.1：如果 f^* 是代价函数为 c 的自私路由网络中的最小代价分流，f 是同一个网络中代价函数为 $\widetilde{c}$ 的均衡分流，其中 $\widetilde{c}_e(x)$为 $c_e(x/2)/2$，则

$$\widetilde{C}(f) \leqslant C(f^*)$$

其中 $\widetilde{C}$ 和 C 分别表示代价函数为 $\widetilde{c}$ 和 c 时分流(11.3)的代价。

练习 12.4 证明定理 12.1 的一般化情形：对于所有自私路由网络和 r，$\delta>0$，交通流率为 r 的均衡分流的代价至多为交通流率为$(1+\delta)r$ 的最优分流的 $1/\delta$ 倍。

练习 12.5 验证在图 12.3 的网络中，如果每个智能体都将他的交通流分配到两跳的路径上，那么结果是一个均衡分流。

练习 12.6 (H)证明引理 12.4。

问题

问题 12.1 (H)在代价函数为仿射函数的自私路由网络中，证明定理 12.1 的更强版本：在每个类似的网络中，交通流率 $r>0$ 的均衡分流的代价至多和交通分流率为 $5r/4$ 的最优流相同。

问题 12.2 回想图 12.3 中有 4 个智能体的单元自私路由网络，其 POA 为 2.5。

(a) 对于一个不同的网络，证明即使只有三个智能体时，代价函数为仿射函数的单元自私路由的 POA 都可以是 2.5。

(b) 当只有两个智能体且代价函数为仿射函数时，单元自私路由网络的 POA 可以是多大?

问题 12.3 本问题研究以下场景：k 个智能体，智能体 i 权重w_i 为正。有 m 个相同的机器。每个智能体选择一个机器，并要最小化他所选择的机器的负载，

这里负载为选择这台机器的智能体的权重之和。本问题的目标是要最小化工期，这里工期是指一台机器的最大负载的值。定义纯策略纳什均衡为：将机器分配给智能体后，没有一个智能体可以通过单方面选择另一个机器来减小他的负载。

(a) (H)证明：纯策略纳什均衡的工期至多是最小值的两倍。

(b) 证明：当 k 和 m 趋于无穷时，纯策略纳什均衡的工期可以无限接近最小值的两倍。

问题 12.4　本问题对问题 12.3 中的模型在两方面进行修改。第一。每个智能体的权重是单位权重。第二，每个智能体 i 必须从 m 个机器的子集 S_i 中选择机器。

(a) 证明：对于任意常数 $a \geq 1$，当智能体和机器足够多时，纯策略纳什均衡的工期可能超过最小可行工期的 a 倍(每个智能体 i 都从他的子集 S_i 选择机器)。

(b) 证明：存在一个常数 $a>0$ 使得每个纯策略纳什均衡的工期至多是最小值的 $a\ln m$ 倍。你能得到与 m 有关的更紧的界吗?

均衡：定义、示例和存在性

单元自私路由网络中的均衡分流(定义 12.2)是纯策略纳什均衡的一种形式，因为这些智能体不会随机选择路径。石头-剪刀-布博弈(1.3 节)告诉我们，有些博弈是没有纯策略纳什均衡的。那什么时候纯策略纳什均衡一定存在呢？对于那些没有纯策略纳什均衡的博弈，我们又该怎么分析呢？

13.1 节引入了纯策略纳什均衡的三种“宽松”版本，每一种都比前一种更容易计算和处理。这三种均衡概念在有限博弈中都一定存在。13.2 节证明了每一个路由博弈都至少有一个纯策略纳什均衡。13.3 节概括了前面的观点并定义了势博弈的种类。

13.1 均衡概念的层级结构

许多博弈没有纯策略纳什均衡。除了石头-剪刀-布，另一个例子就是单元自私路由的一般版本，其中智能体的流量规模不同(练习 13.5)。为了能对此类博弈的均衡进行一些有意义的分析，比如分析其无秩序代价，我们需要扩展均衡的集合从而保证存在性。图 13.1 展示了本节定义的均衡概念的层级结构。第 14 章将证明这些均衡概念在不同博弈中最坏情况下的性能保证。

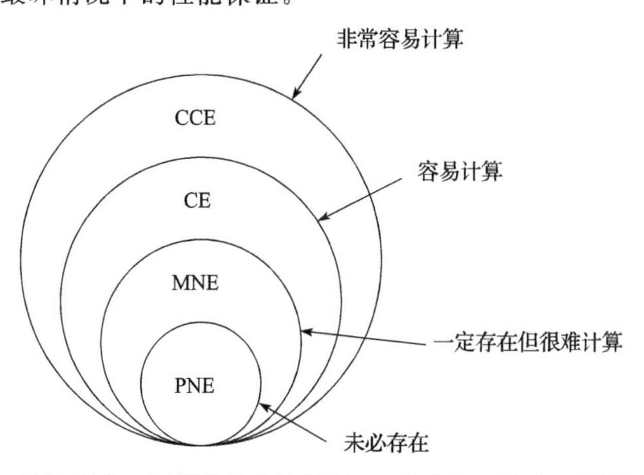

图 13.1 均衡概念的层级结构：纯策略纳什均衡(Pure Nash Equilibria，PNE)、混合策略纳什均衡(Mixed Nash Equilibria，MNE)、相关均衡(Correlated Equilibria，CE)和粗糙相关均衡(Coarse Correlated Equilibria，CCE)

13.1.1　代价最小化博弈

代价最小化博弈由以下部分组成：

- 有限的 k 个智能体。
- 对于每个智能体 i，都存在一个有限的纯策略集，或简称策略集 S_i。
- 对于每个智能体 i，都存在一个非负的代价函数 $C_i(\boldsymbol{s})$，其中 $\boldsymbol{s} \in S_1 \times \cdots \times S_k$ 表示策略组合或者博弈局势。

比如，每个单元自私路由网络都对应一个代价最小化博弈，其中 $C_i(\boldsymbol{s})$表示给定其他智能体选好的路径，智能体 i 在自己选择的路径上花费的时间。

备注 13.1(收益最大化博弈)　在收益最大化博弈中，将每个智能体 i 的代价函数 C_i 换成收益函数 π_i。其实这样的定义更符合传统的博弈，如1.3节中石头-剪刀-布博弈。相似的，在收益最大化博弈中，其他的均衡定义都需要稍微修改一下——将所有不等式反向。代价最小化博弈和收益最大化博弈其实是等价的，但是在大多数应用场景中，某一个会比另一个使用起来更自然。

13.1.2　纯策略纳什均衡

在一个博弈局势下，如果一个智能体单方面的策略改变只能增加其自身代价，那么称此局势为一个纯策略纳什均衡。

定义 13.2(纯策略纳什均衡(PNE))　若对于任意一个智能体 $i \in \{1, 2, \cdots, k\}$和其单方面策略改变 $s'_i \in S_i$，都有

$$C_i(\boldsymbol{s}) \leqslant C_i(s'_i, \boldsymbol{s}-i) \tag{13.1}$$

则称这样的策略组合 $\boldsymbol{s}$ 是代价最小化博弈的一个纯策略纳什均衡。

其中 $\boldsymbol{s}_{-i}$表示策略组合 $\boldsymbol{s}$ 中去除第 i 个元素的组合。根据定义，在 PNE 中，每个智能体 i 的策略 s_i 都是对 $\boldsymbol{s}_{-i}$ 的最佳应对策略，即在所有 $s'_i \in S_i$ 中它能最小化 $C_i(s'_i, \boldsymbol{s}_{-i})$。虽然 PNE 解释起来很容易，但就像之前提到的，大多数博弈中并不存在 PNE。

13.1.3　混合策略纳什均衡

第1章中介绍了智能体通过混合策略来随机化自身策略的思想。在一个混合策略纳什均衡中，智能体独立地随机化自身策略，且一个智能体单方面改变策略只会增加自身的期望代价。

定义 13.3(混合策略纳什均衡(MNE))　若对于任意一个智能体 $i \in \{1, 2, \cdots, k\}$和其单方面策略改变 $s'_i \in S_i$，都有

$$\boldsymbol{E}_{s \sim \sigma}[C_i(\boldsymbol{s})] \leqslant \boldsymbol{E}_{s \sim \sigma}[C_i(s'_i, \boldsymbol{s}_{-i})] \tag{13.2}$$

其中 σ 表示联合概率分布[㊀] $\sigma_1 \times \cdots \times \sigma_k$，我们就称策略集 S_1，…，S_k 上的分布 $\sigma_1 \times \cdots \times \sigma_k$ 是代价最小化博弈的一个混合策略纳什均衡。

定义 13.3 只考虑了单方面改变到纯策略的情况，其实即使允许改变到其他混合策略也不会与这个定义冲突(练习 13.1)。

每个 PNE 也都是一个 MNE，只不过所有智能体的策略都是确定性的。石头-剪刀-布博弈表明，一个博弈可以有不是 PNE 的 MNE。

在第 20 章我们会讨论与此相关的两个事实。第一个事实是，每个代价最小化博弈都至少有一个 MNE。我们可以利用与博弈局势相关的目标函数，将代价最小化博弈中 MNE 的 POA 定义为

$$\frac{\text{最坏 MNE 的期望目标函数值}}{\text{最好局势的目标函数值}} \tag{13.3}$$

第二个事实是，即使只有两个智能体，计算 MNE 也是一个困难的问题[㊁]。这就引起了我们的担忧，因为研究 MNE 的 POA 界未必是有意义的。对于智能体不能迅速达到均衡状态的博弈，我们为什么要关心均衡的性能呢？这个问题驱使人们去寻找更宽松且更容易计算的均衡概念。

13.1.4 相关均衡

下一个均衡概念需要我们花一点时间来理解。我们首先给出定义，然后解释相关术语，最后展示一个例子。

定义 13.4(相关均衡(CE)) 若对于任意一个智能体 $i \in \{1, 2, \cdots, k\}$，策略 $s_i \in S_i$ 及其单方面策略改变 $s_i' \in S_i$，都有

$$\boldsymbol{E}_{s \sim \sigma}[C_i(\boldsymbol{s}) \mid s_i] \leqslant \boldsymbol{E}_{s \sim \sigma}[C_i(s_i', \boldsymbol{s}_{-i}) \mid s_i] \tag{13.4}$$

则称局势集合 $S_1 \times \cdots \times S_k$ 上的分布 σ 是代价最小化博弈的一个相关均衡。

要注意的是，定义 13.4 中的 σ 不一定是联合概率分布；也就是说，智能体选择的策略是相关的。MNE 对应一个联合分布 CE(练习 13.2)。因为 MNE 一定存在，所以 CE 也一定存在。还可以从“交换函数”的角度对 CE 完成相同的定义(练习 13.3)。

为解释相关均衡，通常要引入一个信任的第三方。局势的分布 σ 是公共已知的。信任的第三方会根据 σ 抽取一个局势 $\boldsymbol{s}$ 的样本。对于所有智能体 $i=1, 2, \cdots, k$，第三方会私下建议智能体 i 选择策略 s_i。智能体 i 可以选择使用建议的策略 s_i，也可以选择不使用。在做决定的时候，智能体 i 知道：分布 σ 以及局势 $\boldsymbol{s}$ 中一个元素 s_i；相应的，智能体 i 还对第三方建议其他智能体使用的策略 $\boldsymbol{s}_{-i}$ 有一个后验分布估计。相关均衡(式(13.4))要求对于所有智能体，使用第三方建议的策略 s_i 能最小化其期望

㊀ 原文此处使用了“乘积概率分布”(product distribution)一词。在随机变量相互独立的情况下，乘积概率分布与联合概率分布相等。下文中我们都使用“联合概率分布”。——译者注

㊁ 更精确的表述会用到类似 $\mathcal{NP}$ 完全性的一个理论，这个理论适用于均衡计算问题(参见第 20 章)。

代价。这个期望是在假设其他智能体使用第三方建议的策略的情况下，基于智能体 i 知道的信息 σ 和 s_i 计算得到的。

红绿灯就是一个属于 CE 但不属于 MNE 的很好的示例。考虑以下两个智能体的博弈，矩阵的行列分别表示不同智能体，矩阵内的单元值表示智能体采取一定行动后对应的代价：

	停	走
停	1，1	1，0
走	0，1	5，5

其中，等红灯代价适中为 1，发生车祸代价很大为 5。这个博弈有两个 PNE，(停，走)和(走，停)。令 σ 为这两个局势的随机均匀分布。注意这并不是整个博弈四个局势上的联合分布，所以它不是 MNE，但是它是一个 CE。比如，考虑行智能体，如果第三方(例如信号灯)建议选择策略“走”(信号灯为绿)，那么行智能体就知道列智能体得到的建议是“停”(信号灯为红)。假设列智能体选择了第三方建议的策略——红灯停，那么行智能体的最优策略就是听从第三方的建议——绿灯行。类似的，若行智能体被告知要“停”，那么他就会假设列智能体会“走”，在这个假设下，“停”就是最优策略。

第 18 章证明了，CE 不像 MNE，它不是计算困难的。甚至还存在分布式的算法能引导博弈朝着 CE 收敛。所以，可以将式(13.3)中的 MNE 替换为 CE，并据此分析 CE 的 POA 的界。这就是一个有意义的均衡的性能保障分析。

13.1.5　粗糙相关均衡

我们已经有了一些积极的结果，比如良好的 POA 界，这个界还可以应用在 CE 这个易于计算的集合上。但是先将这个成果放在一边，进一步扩大均衡的集合，以便得到一个“更容易处理”的均衡概念。

定义 13.5(粗糙相关均衡(CCE))　若对于任意一个智能体 $i\in\{1, 2, \cdots, k\}$，及其单方面策略改变 $s_i'\in S_i$，都有

$$\boldsymbol{E}_{s\sim\sigma}[C_i(\boldsymbol{s})]\leqslant\boldsymbol{E}_{s\sim\sigma}[C_i(s_i',\boldsymbol{s}_{-i})]\tag{13.5}$$

则称局势集合 $S_1\times\cdots\times S_k$ 上的分布 σ 是代价最小化博弈上的一个粗糙相关均衡。

除了不再要求 σ 是联合分布之外，条件(13.5)和 MNE 的条件(13.2)一样。在这个条件下，当智能体 i 考虑策略改变到 s_i' 时，他只知道分布 σ 而不知道实际的 s_i。换句话说，CCE 只防止无条件的单方面策略改变，而不像定义 13.4 中以 s_i 为条件。每一个 CE 也都是一个 CCE，因此 CCE 一定存在且容易计算。第 17 章的内容将告诉我们，某些分布式的学习算法能引导博弈快速收敛到 CCE 集合上去，并且这样的算法比 CE 的分布式算法更简单、更自然。

13.1.6 示例

接下来，我们利用一个实际例子来加强对图 13.1 中 4 个均衡概念的直观理解。考虑有四个智能体的单元自私路由网络(12.4 节)。网络很简单，有一个公共起点 o，公共终点 d，边集 $E=\{0, 1, 2, 3, 4, 5\}$分别表示 6 条平行的 o-d 边。每条边的代价函数为 $c(x)=x$。

纯策略纳什均衡就是每个智能体选择不同的边。每个智能体在纯策略纳什均衡中的代价为 1。一个明显不是纯策略的混合策略纳什均衡为，每个智能体独立、随机且均匀地选择一条边，每个智能体在混合策略纳什均衡中的期望代价为 3/2。满足一条边上有两个智能体且有另外两条边上分别有一个智能体的局势有多种，这些局势上的均匀分布就是一个相关均衡(非联合的)。这是因为对所有 i，s_i 和 s_i' 来说，式(13.4)的两边都是 3/2。如果上述这样的智能体选边的结果只能是边集$\{0, 2, 4\}$或$\{1, 3, 5\}$，那么在这两个边集上的均匀分布就是一个粗糙相关均衡。这是因为对所有 i 和 s_i' 来说，式(13.5)的两边都是 3/2。注意这不是一个相关均衡，因为智能体 i 被建议选择边 s_i 时，他可以改变策略到s_i'，即旁边的边(即按照边集中的数对 6 取模之后的值计数)，从而将他的条件期望代价降到 1。

13.2 纯策略纳什均衡的存在性

本节会证明单元自私路由网络存在均衡分流(13.2.1 节)，也会证明在非单元自私路由网络中均衡分流是唯一的(13.2.2 节)，本节最后还会介绍拥塞博弈(13.2.3 节)。

13.2.1 均衡分流的存在性

在 12.4 节我们就断定了最小自私路由网络是特殊的博弈，因为它总是存在一个纯策略均衡分流。现在我们就来证明这个结论。

定理 13.6(路由博弈中 PNE 的存在性) 所有最小自私路由网络都存在至少一个均衡分流。

证明：定义单元自私路由网络中关于分流的一个函数：

$$\Phi(f) = \sum_{e \in E} \sum_{i=1}^{f_e} c_e(i) \tag{13.6}$$

其中 f_e 表示在分流 f 中使用边 e 的智能体数目。式(13.6)中靠内侧的求和符号是代价函数 c_e 曲线下的面积；见图 13.2。而式(11.4)所示的目标代价函数中$f_e \cdot c_e(f_e)$项对应图 13.2 中的阴影部分。[⊖]

⊖ Φ 函数和目标代价函数的相似性很有用，详见第 15 章。

考虑分流 f，智能体 i 使用 f 中的 o_i-d_i 路径 P_i，并可能改变策略选择其他 o_i-d_i 路径 $\hat{P}_i$。令 $\hat{f}$ 表示智能体 i 从 P_i 变到 $\hat{P}_i$ 后的分流。我们断言

$$\Phi(\hat{f}) - \Phi(f) = \sum_{e \in \hat{P}_i} c_e(\hat{f}_e) - \sum_{e \in P_i} c_e(f_e) \tag{13.7}$$

具体说就是，在智能体单方面改变策略偏离均衡的情况下，Φ 函数的变化和偏离智能体自身代价的变化相同。因此，只需要一个函数 Φ 就可以同时描述每个智能体的偏离所带来的影响。

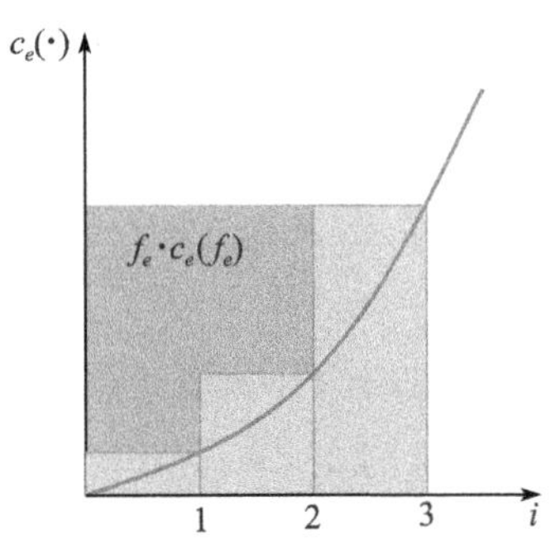

图 13.2　边 e 对势函数 Φ 和目标代价函数的贡献

为证明式(13.7)，我们需要考察当智能体 i 从 P_i 变为 $\hat{P}_i$ 时，势函数 Φ 如何变化。如果边 e 在 $\hat{P}_i$ 中而不在 P_i 中，势函数中有关边 e 的项就多了一个 $c_e(f_e+1)$；而如果边 e 在 P_i 中而不在 $\hat{P}_i$ 中，势函数中有关边 e 的项就少了一个，成为 $c_e(f_e)$。因此，式(13.7)左边等于

$$\sum_{e \in \hat{P}_i \setminus P_i} c_e(f_e + 1) - \sum_{e \in P_i \setminus \hat{P}_i} c_e(f_e)$$

这其实和式(13.7)右边是一样的。

考虑能最小化 Φ 的分流 f。因为可能的分流的数目是有限的，所以能最小化 Φ 的分流一定存在。并且分流 f 中任何智能体单方面改变策略都再也不能减少 Φ。根据式(13.7)，也没有任何智能体能够通过单方面改变策略来减少自身的代价，所以 f 是一个均衡分流。证毕。■

13.2.2　非单元均衡分流的唯一性

本节将简略介绍一个和定理 13.6 类似的定理，这个定理基于第 11 章中介绍的非单元自私路由网络。因为在这种网络中，每一个智能体的流量都极小，所以我们可以将式(13.6)中内侧的求和换成积分：

$$\Phi(f) = \sum_{e \in E} \int_0^{f_e} c_e(x)\mathrm{d}x \tag{13.8}$$

其中 f_e 表示分流 f 中选择边 e 的交通流数量。因为边的代价函数是连续且非减的，所以函数 Φ 是连续可微和凸的。由于 Φ 的一阶最优性条件就是均衡分流的条件(定义 11.3)，因此 Φ 的局部最小值就对应一个均衡分流。因为 Φ 连续且所有分流所在的空间是紧的，所以 Φ 有一个全局最小值，且这个最小值对应的分流也是一个均衡分流。另外，如果 Φ 是凸函数，就意味着它的局部最小值是其全局最小值。当 Φ 是严格的凸函数时，Φ 就只有一个全局最小值，因此也就只有一个均衡分流。当 Φ 有多个全局最小值时，就有多个代价相同的均衡分流。

13.2.3 拥塞博弈

定理 13.6 的证明中没使用到网络结构的信息。这个证明对拥塞博弈依然成立，拥塞博弈中有一个关于资源(如前述的边)的抽象集合 E，每个资源本身存在一个代价函数，每个智能体 i 都有一个可以自由选择的策略集$S_i \subseteq 2^E$(如前述的 o_i-d_i 路径集合)，每个策略都是一个资源子集。拥塞博弈在第 19 章有很重要的作用。

定理 13.6 的证明不需要边的代价函数非减这一假设。第 15 章的内容将告诉我们，定理 13.6 在代价函数递减的网络中的一般化很有用。

13.3 势博弈

势博弈是存在势函数 Φ 的博弈，势博弈有一个性质，当某个智能体偏离均衡时，势函数值的变化等于偏离者自身的代价变化。即对每个局势 $\mathbf{s}$，智能体 i 及其单方面策略改变 $s_i' \in S_i$，都有：

$$\Phi(s_i', \mathbf{s}_{-i}) - \Phi(\mathbf{s}) = C_i(s_i', \mathbf{s}_{-i}) - C_i(\mathbf{s}) \tag{13.9}$$

直观上来讲，势博弈的智能体都在无意间共同优化 Φ。在这几章中我们只考虑有限势博弈。

定理 13.6 的证明中的等价式(13.7)表明：所有单元自私路由博弈，或者更泛化地讲，所有拥塞博弈都是势博弈。第 14 和 15 章中会有更多例子。

定理 13.6 证明的最后一段意味着以下结论成立。

定理 13.7(势博弈中 PNE 的存在性)　*所有势博弈都至少有一个 PNE。*

势函数是少有的证明 PNE 存在性的通用工具之一。

总结

- 许多博弈中不存在纯策略纳什均衡(PNE)，这促使人们寻找更宽松的均衡概念。
- 所有有限博弈都一定存在混合策略纳什均衡(MNE)，混合策略纳什均衡中，每一个智能体都独立随机地选择自己的策略。
- 相关均衡中，一个信任的第三方会根据一个公共已知的分布 σ 选择一个局势 $\mathbf{s}$，任意智能体 i 在获悉 σ 和 s_i 后，都偏向于选择策略 s_i 而不是任何其他策略 s_i'。
- 不像 MNE，CE 容易计算。
- 粗糙相关均衡(CCE)是相关均衡的一种宽松版本，粗糙相关均衡中智能体的单方面策略改变与 s_i 无关。
- 粗糙相关均衡比相关均衡更容易被学习出来。

- 势博弈是有势函数的博弈，在势博弈中，某个智能体单方面改变策略导致的势函数数值的变化，等于这个智能体自身的代价变化。
- 所有势博弈都至少有一个PNE。
- 所有单元自私路由博弈都是势博弈。

说明

Nash(1950)证明了所有有限博弈都至少有一个混合策略纳什均衡。相关均衡的概念来自Aumann(1974)。粗糙相关均衡在Hannan(1957)被隐含地提到，在Moulin和Vial(1978)被明确地提出。非单元自私路由网络(13.2.2节)中，均衡分流的存在性和唯一性由Beckmann等(1956)证明。定理13.6和拥塞博弈的定义来自Rosenthal(1973)。定理13.7和势博弈的定义来自Monderer和Shapley(1996)。

练习13.5的例子来自Goemans等(2005)，练习13.6来自Fotakis等(2005)。问题13.1由Koutsoupias和Papadimitriou(1999)讨论。问题13.2和13.4来自Monderer和Shapley(1996)，问题13.4的证明建议参考Voorneveld等(1999)。问题13.3来自Facchini等(1997)。

练习

练习13.1　证明代价最小化博弈中，混合策略纳什均衡就是，对于每个智能体i和混合策略σ_i'，都满足

$$\boldsymbol{E}_{\mathbf{s}\sim\sigma}[C_i(\mathbf{s})]\leqslant\boldsymbol{E}_{s_i'\sim\sigma_i',\mathbf{s}_{-i}\sim\sigma_{-i}}[C_i(s_i',\mathbf{s}_{-i})]$$

的策略组合σ_1，…，σ_k。

练习13.2　考虑一个代价最小化博弈，以及基于博弈局势的联合分布$\sigma=\sigma_1\times\cdots\times\sigma_k$，其中$\sigma_i$是智能体$i$的混合策略。证明当且仅当$\sigma_1$，…，$\sigma_k$是博弈的混合策略纳什均衡时，$\sigma$是博弈的一个相关均衡。

练习13.3　证明对于代价最小化博弈，局势$S_1\times\cdots\times S_k$上的分布$\sigma$是一个相关均衡，当且仅当对于每个智能体$i$和交换函数$\delta:S_i\to S_i$，都有

$$\boldsymbol{E}_{\mathbf{s}\sim\sigma}[C_i(\mathbf{s})]\leqslant\boldsymbol{E}_{\mathbf{s}\sim\sigma}[C_i(\delta(s_i),\mathbf{s}_{-i})]$$

练习13.4　(H)考虑一个单元自私路由网络，其中每条边e的代价函数为仿射函数$c_e(x)=a_ex+b_e$，且a_e，$b_e\geqslant0$。令$C(f)$表示分流f的代价(11.4)，$\Phi(f)$表示势函数(13.6)。证明对于所有分流f，都有

$$\frac{1}{2}C(f)\leqslant\Phi(f)\leqslant C(f)$$

练习13.5　在带权单元自私路由网络中，每个智能体i都有一个正的权重w_i并会选

择将自己的所有流量分配到一条 o_i-d_i 路径上。考虑图 13.3 的网络，假设存在两个智能体权重分别为 1 和 2，他们的起点为 o，终点为 d。每条边有它的代价函数，这个代价函数为该边所承载的总流量的函数。举个例子，如果智能体 1 和 2 分别选择路径 $o \to v \to w \to d$ 和 $o \to w \to d$，那么他们传输单位交通流的代价分别为 48 和 74。

证明，在这个网络中不存在纯策略纳什均衡分流。

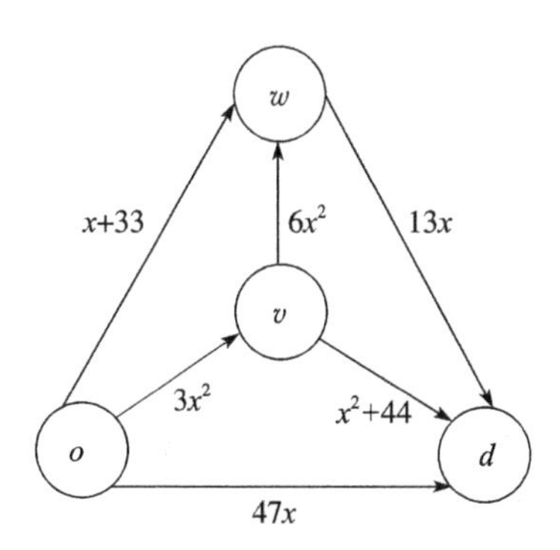

图 13.3　练习 13.5。无均衡的带权单元自私路由网络

练习 13.6　考虑带权单元自私路由网络(练习 13.5)中，每条边的代价函数为仿射函数。利用势函数

$$\Phi(f) = \sum_{e \in E}\left(c_e(f_e)f_e + \sum_{i \in S_e} c_e(w_i)w_i\right)$$

证明网络中至少存在一个(纯策略)均衡分流，其中 S_e 表示在分流 f 中使用边 e 的智能体集合。

问题

问题 13.1　(H)回想在问题 12.3 中介绍的代价最小化博弈，其中每个智能体 $i=1, 2, \cdots, k$ 都有一个正的权重 w_i，且从 m 个相同机器中选择一台机器来最小化它的负载。我们仍然考虑以最小化工期为目标，其中工期定义为机器上的最大负载。证明：在这种博弈中，当 k 和 m 趋于无穷时，混合策略纳什均衡的最坏情况 POA(式(13.3))没有常数上界。

问题 13.2　这道题和接下来的两道题会进一步探索势博弈的理论(13.3 节)。回忆一下，势函数的输入是博弈的局势。对于任意局势 $\boldsymbol{s}$，任意智能体 i 及其单方面的策略改变 s_i'，势函数都满足：

$$\Phi(s_i', \boldsymbol{s}_{-i}) - \Phi(\boldsymbol{s}) = C_i(s_i', \boldsymbol{s}_{-i}) - C_i(\boldsymbol{s})$$

(a) 证明如果代价最小化博弈有两个势函数 Φ_1 和 Φ_2，那么对于这个博弈

的每个局势 $\boldsymbol{s}$，存在一个常数 $b\in\mathbb{R}$，使得 $\Phi_1(\boldsymbol{s})=\Phi_2(\boldsymbol{s})+b$。

(b) 证明：对于代价最小化博弈，考虑两个局势 $\boldsymbol{s}^1$ 和 $\boldsymbol{s}^2$ 只在智能体 i 和 j 的策略处不同。如果对于所有这样的 $\boldsymbol{s}^1$ 和 $\boldsymbol{s}^2$ 对，都满足下式：

$$[C_i(s_i^2,\boldsymbol{s}_{-i}^1)-C_i(\boldsymbol{s}^1)]+[C_j(\boldsymbol{s}^2)-C_j(s_i^2,\boldsymbol{s}_{-i}^1)]=$$
$$[C_j(s_j^2,\boldsymbol{s}_{-j}^1)-C_j(\boldsymbol{s}^1)]+[C_i(\boldsymbol{s}^2)-C_i(s_j^2,\boldsymbol{s}_{-j}^1)]$$

则这个代价最小化博弈是一个势博弈。并求证该命题的逆命题。

问题 13.3 (H)团队博弈是代价最小化博弈的一种，在团队博弈中，对于每个局势 $\boldsymbol{s}$，所有智能体的代价都相同：$C_1(\boldsymbol{s})=\cdots=C_k(\boldsymbol{s})$。在虚博弈中，每个智能体的代价与其策略无关：对于每个 $\boldsymbol{s}_{-i}$ 和 s_i，$s_i'\in S_i$，都有 $C_i(s_i,\boldsymbol{s}_{-i})=C_i(s_i',\boldsymbol{s}_{-i})$。

证明一个代价最小化博弈(其中智能体的代价函数为 C_1，…，C_k)是一个势博弈，当且仅当对任意 i 和 s，都有

$$C_i(\boldsymbol{s})=C_i^t(\boldsymbol{s})+C_i^d(\boldsymbol{s})$$

其中 C_1^t，…，C_k^t 是一个团队博弈，C_1^d，…，C_k^d 是一个虚博弈。

问题 13.4 13.2.3 节定义了拥塞博弈，并表明即使代价函数不是非递减的，所有的拥塞博弈都是势博弈。这道题要证明其逆命题，每个势博弈其实也都是一个“伪装的”拥塞博弈。如果两个博弈 $\mathcal{G}_1$ 和 $\mathcal{G}_2$ 满足以下条件，我们称这两个博弈是同构的：(1)两个博弈智能体数目相同为 k；(2)对于每个智能体 i，存在一个从 $\mathcal{G}_1$ 中 i 的策略集 S_i 到 $\mathcal{G}_2$ 中 i 的策略集 T_i 的双射 f_i；(3)对于每个智能体 i 和 $\mathcal{G}_1$ 中的局势 s_1，…，s_k，(2)中的双射能够保持代价不变，即 $C_i^1(s_1，…，s_k)=C_i^2(f_1(s_1)，…，f_k(s_k))$(其中 C^1 和 C^2 分别为智能体在 $\mathcal{G}_1$ 和 $\mathcal{G}_2$ 中的代价函数)。

(a) (H)证明：对于每一个团队博弈，都有一个拥塞博弈与其同构。

(b) (H)证明：对于每一个虚博弈，都有一个拥塞博弈与其同构。

(c) 证明：对于每一个势博弈，都有一个拥塞博弈与其同构。

平滑博弈的鲁棒无秩序代价界

前一章介绍了一些纯策略纳什均衡概念的宽松版本。将均衡集扩大的好处是能够增加可信性和计算可行性，缺点是无秩序界只会随着均衡集的扩大而变差。本章介绍“平滑博弈”，在平滑博弈中 PNE 的 POA 界可以在不变差的情况下，扩展到一些宽松的均衡概念下，包括粗糙相关均衡下。

14.1 节概述证明 PNE 的 POA 界的“四阶段式方法”，这个方法的灵感来自单元自私路由网络的结论。14.2 节介绍了一类选址博弈，并使用四阶段式方法证明了这种博弈 PNE 的 POA 界。14.3 节定义了平滑博弈，14.4 节证明了这类博弈的 POA 界可以扩展到几个 PNE 的宽松版本下。

* 14.1 POA 界四阶段式处理方法

定理 12.3 表明对于代价函数为仿射函数的单元自私路由网络，其 POA 至多为 5/2。回顾一下，该定理的证明过程大致分为以下几步：

1. 给定任意纯策略纳什均衡 $\mathbf{s}$，我们对每一个智能体 i 都使用一次均衡假设，假设如果 i 的策略改变为 s_i^* 且最优局势为 $\mathbf{s}^*$，则得到不等式 $C_i(\mathbf{s}) \leqslant C_i(s_i^*, \mathbf{s}_{-i})$。需要注意的是，局势 $\mathbf{s}^*$ 与纯策略纳什均衡 $\mathbf{s}$ 是什么无关。这是整个证明过程中唯一使用 PNE 假设的地方。

2. 将智能体均衡代价界的 k 个不等式加和。不等式(12.9)左边就是纯策略纳什均衡 $\mathbf{s}$ 的代价；右边则是一个 $\mathbf{s}$ 和 $\mathbf{s}^*$ 纠缠在一起的函数。

3. 最难的一步是要将 $\mathbf{s}$ 和 $\mathbf{s}^*$ 纠缠在一起的 $\sum_{i=1}^{k} C_i(s_i^*, \mathbf{s}_{-i})$ 项与我们关心的两个量($\mathbf{s}$ 和 $\mathbf{s}^*$ 的代价)建立联系。不等式(12.10)证明了一个上界 $\frac{5}{3}\sum_{i=1}^{k} C_i(\mathbf{s}^*) + \frac{1}{3}\sum_{i=1}^{k} C_i(\mathbf{s})$。这一步是纯代数操作，与选择哪一个 $\mathbf{s}$ 和 $\mathbf{s}^*$ 分别作为 PNE 和最优局势无关。

4. 最后一步就是解 POA。两边同时减去 $\frac{1}{3}\sum_{i=1}^{k} C_i(\mathbf{s})$ 再乘上 $\frac{3}{2}$，就证明了 POA 至多是 $\frac{5}{2}$。

这个证明很经典，许多其他类型博弈的 POA 证明都可以遵循同样的四阶段式方法。本章的关键就是利用这个处理方法找到一些“鲁棒”的 POA，这些结果适用于第 13 章中定义的所有均衡概念。

* 14.2 选址博弈

在研究一般理论之前，我们再举一个实际例子。

14.2.1 模型

考虑由以下要素构成的*选址博弈*：

- 可能的选址地点集合 L。这些地点可以是处理 Web 缓存的服务器的架设地点，或是一家面包店在社区里的开店位置，等等。
- k 个智能体的集合。每个智能体 i 从集合 $L_i \subseteq L$ 中选择一个地点来提供服务。所有智能体提供相同的服务，不同的只是在哪提供。对于一个智能体能够提供服务的市场数量没有限制。
- 市场集合 M。每个市场 $j \in M$ 都有一个估值 v_j，这个估值是市场愿意为使用智能体的服务支付的最大代价，且市场的估值对所有智能体都是已知的。
- 对于每个选址地点 $l \in L$ 和市场 $j \in M$，存在一个 c_{lj}，表示智能体在地点 l 对 j 进行服务所产生的代价。其可以表示为物理距离，也可以代表两种技术的不相容程度，等等。

给定每个智能体选择的地点，每个智能体都会想方设法以尽可能高的要价掌握尽可能多的市场。为精确定义收益，我们从一个例子开始。图 14.1 展示了一个选址博弈，其中 $L=\{l_1, l_2, l_3\}$，$M=\{m_1, m_2\}$。还有两个智能体 1 和 2，其中 $L_1=\{l_1, l_2\}$，$L_2=\{l_2, l_3\}$。所有市场的估值都为 3。l_2 到每个市场的代价都为 2。l_1 到市场 m_1、l_3 到市场 m_2 的代价都为 1，l_1、l_3 到其他市场的代价都为无穷大。

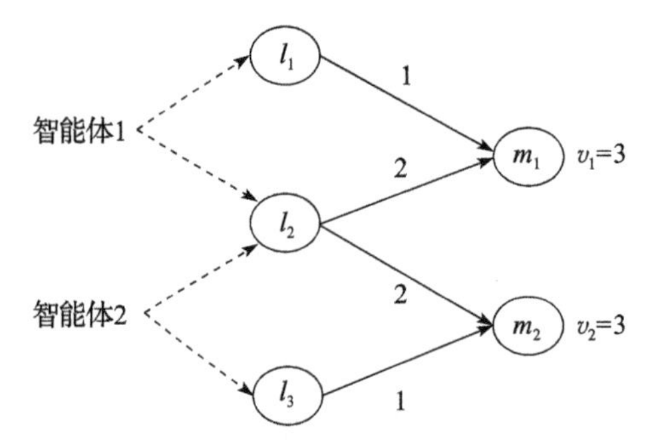

图 14.1　有两个智能体(1 和 2)，三个选址地点($L=\{l_1, l_2, l_3\}$)和两个市场($M=\{m_1, m_2\}$)的选址博弈

继续分析这个例子，假设第一个智能体选择地点 l_1，第二个智能体选择地点 l_3。那么每个智能体都是他们所进入市场的垄断者。唯一能限制智能体要价的就是市场愿意支付的最大代价。因此每个智能体都会为其提供的服务向市场要价 3。这种情况下服务的代价为 1，所以两个智能体的收益都为 3－1＝2。

换一种情形，现在假设第一个智能体选择的地点变成 l_2，第二个智能体依然选择地点 l_3。智能体 1 依然是市场 m_1 的垄断者，因此依然要价 3。但是他的代价变成 2 了，所以他的收益降到了 1。在市场 m_2，智能体 2 不能不考虑任何后果地要价 3 了——因为任何高于 2 的要价都会使得智能体 1 以更低的价格获利从而占据市场。因此，智能体 2 将会以不失去市场的最高价格 2 作为要价。由于智能体 2 提供服务的代价为 1，所以他的收益为 2－1＝1。

给定选址博弈的一个策略组合 $\mathbf{s}$，其中 T 为选中的地点集合且智能体 i 选择 $l \in T$，则智能体 i 从市场 $j \in M$ 获得的收益为

$$\pi_{ij}(\mathbf{s}) = \begin{cases} 0 & \text{如果 } c_{\ell j} \geqslant v_j \text{ 或者 } l \text{ 不是 } T \text{ 中离 } j \text{ 最近的选址地点} \\ d_j^{(2)}(\mathbf{s}) - c_{\ell j} & \text{其他情况} \end{cases} \tag{14.1}$$

$d_j^{(2)}(\mathbf{s})$是智能体 i 能够使用的最高价格，即 v_j 与特定代价之间的较小值，其中特定代价指的是 T 中的选址地点到 j 的第二小代价。式(14.1)中的定义假设每个市场由服务代价最低的潜在供应商以最高竞争价格提供服务。所以收益 $\pi_{ij}(\mathbf{s})$就是智能体 i 相对于其他智能体在市场 j 的“竞争优势”，其最多为 v_j 减去服务代价。

智能体 i 的总共收益为

$$\pi_i(\mathbf{s}) = \sum_{j \in M} \pi_{ij}(\mathbf{s})$$

选址博弈属于收益最大化博弈(备注 13.1)。

选址博弈的目标函数是最大化社会福利，对于策略组合 $\mathbf{s}$ 来说，其被定义为

$$W(\mathbf{s}) = \sum_{j \in M} (v_j - d_j(\mathbf{s})) \tag{14.2}$$

其中 $d_j(\mathbf{s})$是 v_j 与特定代价之间的较小值，特定代价指的是选定地点到 j 的最小代价。定义(14.2)假设，当代价至少是 v_j 时，市场 j 不选择任何地点，否则由选中的地点以最小代价提供服务。

福利 $W(\mathbf{s})$和策略组合有关，两者之间的关系是：福利仅仅依赖 $\mathbf{s}$ 中智能体选择的选址地点集合。定义(14.2)对于被选中的地点集合 T 的任意子集来说也是说得通的，这种情况下我们有时将其写作 $W(T)$。

每个选址博弈都至少存在一个 PNE(练习 14.1)。接下来，我们要证明任意选址博弈的任意 PNE 下的社会福利都至少是最大可能值的 50%。[⊖]

⊖ 当目标是最大化某项指标时，POA 总是至多为 1，POA 越接近 1 越好。

定理 14.1(选址博弈的 POA 界) 任意选址博弈的 POA 至少是 1/2。

在最坏情况下 POA 的界为 1/2(练习 14.2)。

14.2.2 选址博弈的性质

接下来，我们要给出任意选址博弈都有的三个性质，并且定理 14.1 的证明只依赖于这些性质。

(P1) 对于任意策略组合 $\boldsymbol{s}$，智能体收益之和 $\sum_{i=1}^{k}\pi_i(\boldsymbol{s})$ 至多等于社会福利 $W(\boldsymbol{s})$。

这个性质来自于以下两个事实：每个市场 $j\in M$ 都会使社会福利增加 $v_j-d_j(\boldsymbol{s})$，但使距离最近的选址地点收益增加 $d_j^{(2)}(\boldsymbol{s})-d_j(\boldsymbol{s})$；根据定义有 $d_j^{(2)}(\boldsymbol{s})\leqslant v_j$。

(P2) 对于每个策略组合 $\boldsymbol{s}$，$\pi_i(\boldsymbol{s})=W(\boldsymbol{s})-W(\boldsymbol{s}_{-i})$，即智能体的收益就是他所选地点带来的额外福利。

为了解这个性质，把 $W(\boldsymbol{s})-W(\boldsymbol{s}_{-i})$中市场 j 所起作用的部分写作 $\min\{v_j, d_j(\boldsymbol{s}_{-i})\}-\min\{v_j, d_j(\boldsymbol{s})\}$。当 v_j 不起作用时，这其实就是 s 中到 j 的最近位置比 $\boldsymbol{s}_{-i}$中到 j 的最近位置要更接近的程度。除非智能体 i 所在的地点就是 s 中到 j 最近的地点，否则的话这个值都是 0。不为 0 的情况下，其表达式为

$$\min\{v_j,d_j^{(2)}(\boldsymbol{s})\}-\min\{v_j,d_j(\boldsymbol{s})\} \tag{14.3}$$

不管怎样，这都精确地表示了在 $\boldsymbol{s}$ 下，市场 j 在智能体 i 的收益里的作用部分 $\pi_{ij}(\boldsymbol{s})$。对所有 $j\in M$，把式(14.3)加起来就可证明这个性质。

(P3) 作为选定地点集合的函数，社会福利 W 满足单调性和次模特性。单调性意味着当 $T_1\subseteq T_2\subseteq L$ 时，$W(T_1)\leqslant W(T_2)$；这个性质从式(14.2)来看是显而易见的。次模特性是收益递减的集合论版本，正式定义为，对于任意地点 $l\in L$ 和地点集合 $T_1\subseteq T_2\subseteq L$(图 14.2)，有

$$W(T_2\cup\{\ell\})-W(T_2)\leqslant W(T_1\cup\{\ell\})-W(T_1) \tag{14.4}$$

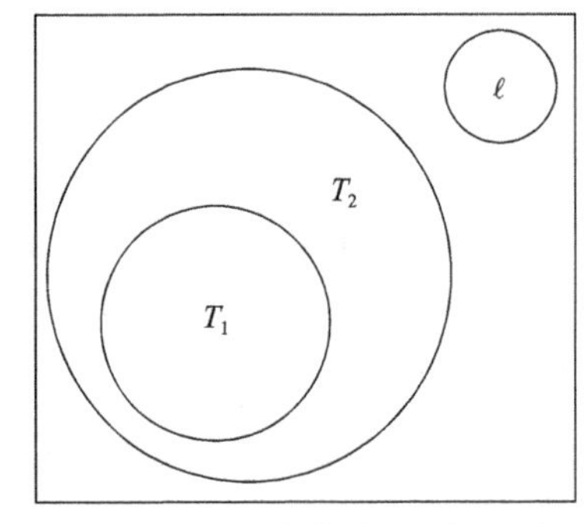

图 14.2 次模特性的定义。向一个大集合 T_2 加一个 l 产生的社会福利增量，小于向一个小集合 T_1 加一个 l 产生的社会福利增量

这个性质来自式(14.3)——新增一个地点 l 所增加的福利；练习 14.3 要求证明其相关细节。

14.2.3 定理 14.1 的证明

我们按照 14.1 节的四阶段式方法。令 $\boldsymbol{s}$ 表示任意一个 PNE，$\boldsymbol{s}^*$ 表示最大化社会福利的局势。第一步，假定智能体单方面改变策略后选择的局势是 $\boldsymbol{s}^*$，这样对每个智能体使用一次 PNE 假设。即由于 $\boldsymbol{s}$ 是 PNE，对于每个智能体 i，有

$$\pi_i(\boldsymbol{s}) \geqslant \pi_i(s_i^*, \boldsymbol{s}_{-i}) \tag{14.5}$$

这是证明过程中唯一一次假设 $\boldsymbol{s}$ 是 PNE。

第二步对所有智能体将式(14.5)进行加和，得到

$$W(\boldsymbol{s}) \geqslant \sum_{i=1}^{k} \pi_i(\boldsymbol{s}) \geqslant \sum_{i=1}^{k} \pi_i(s_i^*, \boldsymbol{s}_{-i}) \tag{14.6}$$

这里第一个不等号来自选址博弈的性质(P1)。

第三步是将式(14.6)的最后一项纠缠项拆解开，并与我们关心的两个量($W(\boldsymbol{s})$和$W(\boldsymbol{s}^*)$)联系起来，根据选址博弈的性质(P2)，有

$$\sum_{i=1}^{k} \pi_i(s_i^*, \boldsymbol{s}_{-i}) = \sum_{i=1}^{k} [W(s_i^*, \boldsymbol{s}_{-i}) - W(\boldsymbol{s}_{-i})] \tag{14.7}$$

为了使上式右边变成可缩放的和的形式[⊖]，向第 i 项加入额外的地点 s_1^*，…，s_{i-1}^*。根据 W 的次模特性(性质(P3))，对于 $i=1$，2，…，k，有

$$W(s_i^*, \boldsymbol{s}_{-i}) - W(\boldsymbol{s}_{-i}) \geqslant W(s_1^*, \cdots, s_i^*, \boldsymbol{s}) - W(s_1^*, \cdots, s_{i-1}^*, \boldsymbol{s})$$

因此，式(14.7)的右边的下界为

$$\sum_{i=1}^{k} [W(s_1^*, \cdots, s_i^*, \boldsymbol{s}) - W(s_1^*, \cdots, s_{i-1}^*, \boldsymbol{s})]$$

由此，式(14.7)化简为

$$W(s_1^*, \cdots, s_k^*, s_1, \cdots, s_k) - W(\boldsymbol{s}) \geqslant W(\boldsymbol{s}^*) - W(\boldsymbol{s})$$

其中不等号由 W 的单调性(性质(P3))得到。总结一下，有

$$\sum_{i=1}^{k} \pi_i(s_i^*, \boldsymbol{s}_{-i}) \geqslant W(\boldsymbol{s}^*) - W(\boldsymbol{s}) \tag{14.8}$$

这就完成了证明的第三步。

第四步，也是最后一步就是解 POA。由不等式(14.6)和(14.8)可以得到

$$W(\boldsymbol{s}) \geqslant W(\boldsymbol{s}^*) - W(\boldsymbol{s})$$

所以

$$\frac{W(\boldsymbol{s})}{W(\boldsymbol{s}^*)} \geqslant \frac{1}{2}$$

⊖ $\boldsymbol{s}$ 和 $\boldsymbol{s}^*$ 中某些地点可能会重合，但这并不影响证明。

所以 POA 至少是 1/2。至此，定理 14.1 的证明就完成了。

* 14.3　平滑博弈

接下来的定义是单元自私路由博弈(定理 12.3)和选址博弈(定理 14.1)中 POA 界的证明过程中第三步“拆解”的抽象版本。我们的目标不单单是为了泛化；某种意义上，通过这个条件建立起的 POA 可以很自然地满足鲁棒性。

定义 14.2(平滑博弈)

(a) 若对于所有策略组合 $\boldsymbol{s}$，$\boldsymbol{s}^*$，有

$$\sum_{i=1}^{k} C_i(s_i^*, \boldsymbol{s}_{-i}) \leqslant \lambda \cdot \text{cost}(\boldsymbol{s}^*) + \mu \cdot \text{cost}(\boldsymbol{s}) \tag{14.9}$$

则称代价最小化博弈是(λ, μ)-平滑的。这里 cost(•)是一类满足以下性质的目标函数：对于每个策略组合 $\boldsymbol{s}$，有 $\text{cost}(\boldsymbol{s}) \leqslant \sum_{i=1}^{k} C_i(\boldsymbol{s})$ 。

(b) 若对于所有策略组合 $\boldsymbol{s}$，$\boldsymbol{s}^*$，有

$$\sum_{i=1}^{k} \pi_i(s_i^*, \boldsymbol{s}_{-i}) \geqslant \lambda \cdot W(\boldsymbol{s}^*) - \mu \cdot W(\boldsymbol{s}) \tag{14.10}$$

则称收益最大化博弈是(λ, μ)-平滑的。这里 $W(\cdot)$是一类满足以下性质的目标函数：对于每个策略组合 $\boldsymbol{s}$，有 $W(\boldsymbol{s}) \geqslant \sum_{i=1}^{k} \pi_i(\boldsymbol{s})$ 。

只要选择合适的 λ 和 μ，每个博弈都可以是(λ, μ)-平滑的，但是良好的 POA 界要求 λ 和 μ 不能太大(见 14.4 节)。

平滑性质控制了局势中一组“一维扰动”的影响，这些影响是初始局势 $\boldsymbol{s}$ 和扰动 $\boldsymbol{s}^*$ 的函数。直观解释的话，就是在 λ 和 μ 值较小的(λ, μ)-平滑博弈中，单个智能体对其他智能体造成的外部性是有界的。

单元自私路由网络是$\left(\frac{5}{3}, \frac{1}{3}\right)$-平滑的代价最小化博弈。其依据来源于我们的证明：式(12.6)的右项的上界由式(12.10)的右项给出，并且目标函数(11.3)选择的界 $\text{cost}(\boldsymbol{s}) = \sum_{i=1}^{k} C_i(\boldsymbol{s})$ 。选址博弈是(1，1)-平滑博弈，其依据是 14.2.2 节的性质(P1)和不等式(14.8)。[⊖]

备注 14.3(关于策略组合平滑)　在一个博弈中，如果不等式(14.9)或者(14.10)对某个特定的策略组合 $\boldsymbol{s}^*$ 和任意策略组合 $\boldsymbol{s}$ 都成立，那么这个博弈就是关于策略组

⊖ 在证明单元自私路由和选址博弈中“拆解”不等式这一步骤时，需要注意 $\boldsymbol{s}$ 和 $\boldsymbol{s}^*$ 分别是 PNE 和最优局势。在 14.2.2 节中，我们的证明没有用到这一点，但我们使用了更泛化的方法，对任意两组局势进行了对比。

合 s^* (λ, μ)-平滑的。所有关于定义 14.2 的结论，包括 14.4 节的内容，仅要求关于某个最优局势 s^* 平滑就足够了。问题 14.1～14.3 中有关于这个宽松条件的应用。

*14.4 平滑博弈的鲁棒 POA 界

本节将表明平滑博弈的 POA 界可以应用在 PNE 的一些宽松版本上。总的来说，某种均衡的 POA 被定义为一个比值式(13.3)，只需要将分子中的“MNE”换成现在的均衡概念即可。

14.4.1 PNE 的 POA 界

在 $\mu<1$ 的代价最小化(λ, μ)-平滑博弈中，每个纯策略纳什均衡 $\boldsymbol{s}$ 的代价至多是最优局势 $\boldsymbol{s}^*$ 的$\frac{\lambda}{1-\mu}$倍。为了证明这一点，先假设目标函数满足 $\text{cost}(\boldsymbol{s}) \leqslant \sum_{i=1}^{k} C_i(\boldsymbol{s})$，再对每个智能体使用一次 PNE 条件，最后结合平滑性的定义就可以得到

$$
\begin{aligned}
\text{cost}(\boldsymbol{s}) &\leqslant \sum_{i=1}^{k} C_i(\boldsymbol{s}) \\
&\leqslant \sum_{i=1}^{k} C_i(s_i^*, \boldsymbol{s}_{-i}) \\
&\leqslant \lambda \cdot \text{cost}(\boldsymbol{s}^*) + \mu \cdot \text{cost}(\boldsymbol{s})
\end{aligned}
$$

最终，移项得到界$\frac{\lambda}{1-\mu}$。

类似的，在收益最大化(λ, μ)-平滑博弈中，目标函数值在任意一个 PNE 下都至少是最优局势的$\frac{\lambda}{1+\mu}$倍。以上结果扩展了我们在单元自私路由网络和选址博弈中关于 POA 界的结论。回忆在仿射代价函数的单元自私路由网络中 POA 界为 5/2，在选址博弈中 POA 界为 1/2。

14.4.2 CCE 的 POA 界

接下来，我们初步尝试理解：对于(λ, μ)-平滑博弈来说，POA 界为$\frac{\lambda}{1-\mu}$或者$\frac{\lambda}{1+\mu}$是鲁棒的，这个结果适用于博弈的所有粗糙相关均衡(CCE，见定义(13.5))。

定理 14.4(平滑博弈中 CCE 的 POA) *在所有 $\mu<1$ 的代价最小化(λ, μ)-平滑博弈中，CCE 的 POA 至多是$\frac{\lambda}{1-\mu}$。*

也就是说，我们在上一节得到的 PNE 的 POA 界对所有 CCE 来说同样成立。因此，在平滑博弈中，CCE 是极其有效的均衡概念——足够宽松，因为它很容易计算

(见第 17 章)，但同时又足够严格，因为它能够保证良好的最坏情况界。

给定这些定义后，我们凭着直觉就能证明定理 14.4。

定理 14.4 的证明：考虑代价最小化(λ, μ)-平滑博弈，粗糙相关均衡 σ 和最优局势 $\boldsymbol{s}^*$。我们有

$$\boldsymbol{E}_{s\sim\sigma}[\text{cost}(\boldsymbol{s})] \leqslant \boldsymbol{E}_{s\sim\sigma}\left[\sum_{i=1}^{k} C_i(\boldsymbol{s})\right] \tag{14.11}$$

$$= \sum_{i=1}^{k} \boldsymbol{E}_{s\sim\sigma}[C_i(\boldsymbol{s})] \tag{14.12}$$

$$\leqslant \sum_{i=1}^{k} \boldsymbol{E}_{s\sim\sigma}[C_i(s_i^*, \boldsymbol{s}_{-i})] \tag{14.13}$$

$$= \boldsymbol{E}_{s\sim\sigma}\left[\sum_{i=1}^{k} C_i(s_i^*, \boldsymbol{s}_{-i})\right] \tag{14.14}$$

$$\leqslant \boldsymbol{E}_{s\sim\sigma}[\lambda \cdot \text{cost}(\boldsymbol{s}^*) + \mu \cdot \text{cost}(\boldsymbol{s})] \tag{14.15}$$

$$= \lambda \cdot \text{cost}(\boldsymbol{s}^*) + \mu \cdot \boldsymbol{E}_{s\sim\sigma}[\text{cost}(\boldsymbol{s})] \tag{14.16}$$

其中不等式(14.11)来自在对目标函数的基本假设，等式(14.12)，(14.14)和(14.16)来自期望的线性性质，不等式(14.13)来自粗糙相关均衡的定义(13.5)(对每个智能体 i 都应用一次，假设智能体单方面策略改变为 s_i^*)，不等式(14.15)来自(λ, μ)-平滑性。最后移项就可以完成证明了。 ■

类似的，在收益最大化(λ, μ)-平滑博弈中，POA 界$\frac{\lambda}{1+\mu}$适用于所有 CCE(见练习 14.4)。

对于单元自私路由博弈(定理 12.3)和选址博弈(定理 14.1)，我们得到的 5/2 和 1/2 的 POA 界起初看起来好像是针对 PNE 的，但是由于在以上证明过程中，我们建立了更强的平滑性条件(定义 14.2)，定理 14.4 意味着 5/2 和 1/2 其实对于所有 CCE 都成立。

14.4.3　近似 PNE 的 POA 界

平滑博弈还有很多其他优美的性质。比如，(λ, μ)-平滑博弈的 POA 界$\frac{\lambda}{1-\mu}$或者$\frac{\lambda}{1+\mu}$能很自然地适用于近似均衡，这个界会随着近似参数的变化温和地变差。

定义 14.5(ε-纯策略纳什均衡)　对于 $\varepsilon \geqslant 0$，如果对于任意智能体 i 及其策略改变 $s'_i \in S_i$，都有

$$C_i(\boldsymbol{s}) \leqslant (1+\varepsilon) \cdot C_i(s'_i, \boldsymbol{s}_{-i}) \tag{14.17}$$

那么代价最小化博弈的局势 $\boldsymbol{s}$ 被称为一个 ε-纯策略纳什均衡(ε-PNE)。

也就是说，在一个 ε-PNE 中，没有任何智能体可以通过单方面改变策略来使其

代价降到原来的$\frac{1}{1-\varepsilon}$以下。以下结论是关于近似均衡的 POA 界(练习 14.5)。

定理 14.6(平滑博弈 ε-PNE 的 POA) 在所有 $\mu<1$ 的代价最小化(λ, μ)-平滑博弈中，对于任意 $\varepsilon<\frac{1}{\mu}-1$，ε-PNE 的 POA 至多为

$$\frac{(1+\varepsilon)\lambda}{1-\mu(1+\varepsilon)}$$

类似的结果对收益最大化(λ, μ)-平滑博弈，以及其他均衡概念的近似版本同样适用。

比如，在代价函数为仿射函数的单元自私路由网络中，其本身是$\left(\frac{5}{3}, \frac{1}{3}\right)$-平滑的，这类博弈的 ε-PNE 的 POA 至多是$\frac{5+5\varepsilon}{2-\varepsilon}$，其中 $\varepsilon<2$。

总结

- 证明 POA 界的四阶段式方法是：(1)对于每一个智能体都调用一次均衡假设，假设智能体使用最优局势中的策略偏离均衡，从而找出所有智能体在均衡下的代价的界；(2)将得到的不等式加和得到总的均衡代价；(3)将纠缠的界和均衡代价及最优代价联系起来；(4)解 POA。
- 带仿射代价函数的单元自私路由网络的 POA 界可以通过以上四阶段式方法得到。
- 选址博弈中，智能体选择提供服务的地点，并对一些市场进行竞争。通过四阶段式方法得到选址博弈的 POA 至少是 1/2。
- 平滑博弈的定义其实就是四阶段式方法中“拆解”步骤的抽象化。
- 由平滑性质得到的 POA 界能扩展到所有粗糙相关均衡。
- 由平滑性质得到的 POA 界能扩展到所有近似均衡，且这个界随着近似参数温和地退化。

说明

选址博弈的定义和定理 14.1 来自 Vetta(2002)。适用于纳什均衡以外的 POA 界的重要性在 Mirrokni 和 Vetta(2004)中进行了刻画。CCE 的 POA 由 Blum 等(2008)首先研究。定义 14.2、定理 14.4 和定理 14.6 来自 Roughgarden(2015)。使用术语“平滑”的目的是简明扼要地建立定义 14.2 与 Lipschitz 条件的相似关系。问题 14.1～14.3 分别来自 Hoeksma 和 Uetz(2011)，Caragiannis 等(2015)，以及 Christodoulou 等(2008)。更多关于(非 DSIC)拍卖和机制的 POA 请参见 Roughgarden 等(2016)的综述。

练习

练习 14.1　(H)证明每个选址博弈都是一个势博弈(13.3 节)，因此每个选址博弈至少有一个 PNE。

练习 14.2　证明定理 14.1 是紧凑的，即存在一个选址博弈，其 PNE 的 POA 是 1/2。

练习 14.3　证明选址博弈的社会福利函数是选定地点的次模函数。

练习 14.4　证明(λ, μ)-平滑的收益最大化博弈中，CCE 的 POA 至少为$\frac{\lambda}{1+\mu}$。

练习 14.5　(H)证明定理 14.6。

问题

问题 14.1　这道题研究以下情境：k 个智能体，其中智能体 j 有一个处理时间 p_j。存在 m 台相同的机器。每个智能体选择一台机器，每台机器上的智能体按处理时间由短到长使用机器。(你可以假设处理时间互不相同)比如，如果处理时间为 1、3 和 5 的智能体计划使用同一台机器，那么他们的完成时间分别是 1、4 和 9。接下来的问题考虑代价最小化博弈，其中智能体要通过选择合适的机器最小化他们的完成时间，博弈的目标函数是最小化所有智能体完成时间之和 $\sum_{j=1}^{k} C_j$ 。

(a) 将智能体 j 的顺位 R_j 定义为计划使用与 j 同一台机器且处理时间至少是 p_j 的智能体人数，包括 j 本身。比如，如果处理时间为 1、3 和 5 的智能体计划使用同一台机器，那么他们的顺位分别就是 3、2 和 1。

证明局势的目标函数值 $\sum_{j=1}^{k} C_j$ 可以写成 $\sum_{j=1}^{k} p_j R_j$ 。

(b) 证明以下算法可以产生一个最优局势：(1)将智能体从大到小排序；(2)对 $j=1, 2, \cdots, k$，按顺序将第 j 个智能体分配到第 $j \bmod m$ 台机器上(其中第 0 台机器即第 m 台机器)。

(c) (H)证明在所有这样的调度博弈中，CCE 的 POA 最多为 2。

问题 14.2　在问题 3.1 描述的广义二价关键字搜索拍卖可以导出一个收益最大化博弈，其中竞拍者 i 目标是最大化他的效用 $\alpha_{j(i)}(v_i - p_{j(i)})$，$v_i$ 为他的单次点击估值，$j(i)$为他被分配的位置，$p_{j(i)}$ 和 $\alpha_{j(i)}$ 为单次点击价格和所在位置点击率。(如果 i 没有被分配位置，则 $\alpha_{j(i)} = p_{j(i)} = 0$。)

(a) 假设每个竞拍者可以竞价任意非负数。证明即使只有一个位置和两个竞拍者，PNE 的 POA 也可以为 0。

(b) (H)现在假设每个竞拍者的竞价总是 0 到 v_i 之间的数字。证明 CCE 的 POA 至少是 1/4。

问题 14.3 这道题考虑组合拍卖(例 7.2)，其中每个竞拍者 i 有一个单位需求估值 v_i (练习 7.5)。这意味着对于 v_{i1}，…，v_{im}，以及物品子集 S，有 $v_i(S)=\max_{j\in S} v_{ij}$。

考虑一个收益最大化博弈，其中每个竞拍者 i 对每个物品 j 竞价 b_{ij}，每个物品利用单物品二价拍卖分开售卖。同问题 14.2(b)类似，假设每个竞价 b_{ij} 位于 0 和 v_{ij} 之间。竞拍者的效用为他对物品的估值减去他的总支付。比如，如果竞拍者 i 对两个物品的估值为 v_{i1} 和 v_{i2}，当次高竞价为 p_1 和 p_2 时，他同时赢得两个物品，那么他的效用就为 $\max\{v_{i1}, v_{i2}\}-(p_1+p_2)$。

(a) (H)证明在这样一个博弈中，PNE 的 POA 至多为 1/2。

(b) (H)证明在这样一个博弈中，CCE 的 POA 至少为 1/2。

第 15 章

Twenty Lectures on Algorithmic Game Theory

最好情况和强纳什均衡

本章有两个目标。一是介绍一个简单的网络生成模型。这个模型和单元自私路由博弈类似，但是却具有正的外部性，即智能体愿意分享其路径中的边给尽可能多的其他智能体。此类博弈一般都含有多个 PNE，并且这些均衡的代价也多种多样。第二个目标是聚焦于一类“合理的”PNE 子集，并介绍两个相应的方法。在理想情况下，与所有 PNE 相比，此类子集应具有更好的最坏情况近似界。我们也会给出一个合理解释以说明为什么此类子集比其他均衡更值得研究。

15.1 节定义网络代价分摊博弈并且研究两个重要的示例。15.2 节证明网络代价分摊博弈中最好情况 PNE 的近似界。15.3 节和 15.4 节证明强纳什均衡的 POA 界。强纳什均衡是 PNE 的一个子集，在强纳什均衡下，没有任何智能体联盟可以通过偏离该均衡而获益。

15.1 网络代价分摊博弈

15.1.1 外部性

接下来介绍的网络生成模型是具有正外部性的博弈的一个具体实例。博弈中智能体产生的外部性是指该智能体的目标函数值与其对集体目标函数值做的贡献之差。前几章中研究的模型都是含有负的外部性的，也就是说，智能体并不会完全承担他们造成的损失。比如在路由博弈里，一个智能体不会考虑他的出现对别的智能体(这些别的智能体使用其路径里的边)所造成的额外代价。

此外也有一些重要的具有正的外部性的场景。比如你经常会加入某个校园组织或社交网络，以便于谋得个人利益。同时，你的出现也丰富了组内的其他成员的体验。作为一个智能体，你一般不喜欢带有负外部性的新成员出现在博弈里，但是正外部性的新成员则会让你很高兴。

15.1.2 模型

网络代价分摊博弈(network cost-sharing game)产生在图 $G=(V, E)$上。此图可

以是有向图或无向图，并且每条边 $e \in E$ 都有一个固定的代价 $\gamma_e \geqslant 0$。图中共有 k 个智能体，每个智能体 i 都有一个源点 $o_i \in V$ 和一个终点 $d_i \in V$，i 的策略集为图中所有 o_i-d_i 路径。此博弈的局势是一个路径向量 $\boldsymbol{P}=(P_1, \cdots, P_k)$，语义上，它表示生成的子网络 $(V, \bigcup_{i=1}^{k} P_i)$。

我们把 γ_e 看成构建边 e 的代价，比如铺设高速网络光纤的代价。这个代价与使用此边的智能体的数目无关。智能体的代价则由路径中的每条边来定义，这与路由博弈中一样(见第 11、12 章)。如果多个智能体在的路径中都有边 e，那么他们应当分担此边的固定总代价 γ_e(假设为平均分摊)。借用代价最小化博弈(第 13 章)来讲，智能体 i 在局势 $\boldsymbol{P}$ 下的代价 $C_i(\boldsymbol{P})$ 为

$$C_i(\boldsymbol{P}) = \sum_{e \in P_i} \frac{\gamma_e}{f_e} \tag{15.1}$$

其中 $f_e = |\{j: e \in P_j\}|$ 表示其路径中包含边 e 的智能体的数目。目标函数为最小化所生成网络的总代价：

$$\operatorname{cost}(\boldsymbol{P}) = \sum_{e \in E: f_e \geqslant 1} \gamma_e \tag{15.2}$$

与路由博弈里的目标函数(11.3)和(11.4)类似，函数(15.2)也可以写成所有智能体的代价和 $\sum_{i=1}^{k} C_i(\boldsymbol{P})$。

15.1.3 示例：VHS 还是 Betamax

首先让我们通过几个直观的例子来理解网络代价分摊博弈。第一个例子说明了带有正外部性的博弈有可能会发生严重的不协同问题。

考虑如图 15.1 里的简单例子，有 k 个智能体，他们共享一个源点 o 和终点 d。可以将这个例子看作在两个相互竞争的产品技术中做选择。例如，在 20 世纪 80 年代，有两种新兴技术用于电影租赁。技术极客认为 Betamax 更好，他们对应于图 15.1 中的代价较小的边。VHS 是另一项技术，其在早期占据了大部分的市场份额。由于消费者在选择技术时会与大多数其他人选择一致，Betamax 虽技术更好，但这并不能弥补市场占有率上的劣势，因此最终慢慢被市场淘汰了。

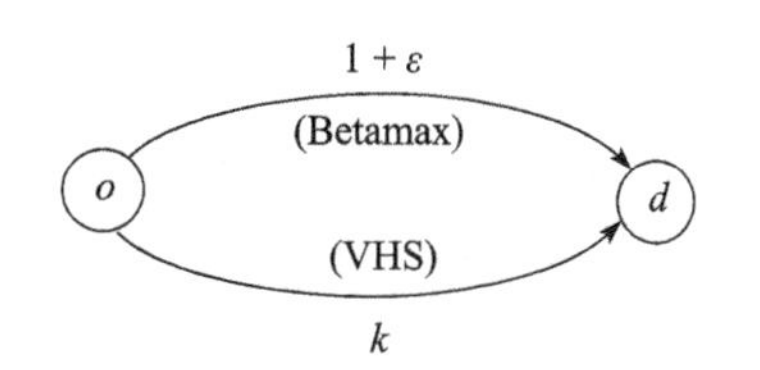

图 15.1 VHS 还是 Betamax。一个网络代价分摊博弈里的 POA 可以和网络中的智能体个数 k 一样大。参数 $\varepsilon>0$ 可以任意小

在图 15.1 中，所有智能体都选择上面那条边是最优局势，此时总的代价为 $1+\varepsilon$。这个策略也是一个 PNE(定义 13.2)。但遗憾的是，网络中还存在第二个 PNE，即所有智能体都选择下面那条边。由于代价 k 被平均分摊，每个智能体的支付是 1。如果

一个智能体单方面把策略改变到上面那条边，他会支付那条边上的全部代价 $1+\varepsilon$，这是一个更高的代价。这个例子表明，网络代价分摊博弈中的POA可以和智能体的数目 k 一样高。练习15.1证明了与此对应的POA的上界。

上述VHS还是Betamax的例子很棘手。本来我们给出了一个带有外部性的合理的网络模型，然而那已经帮助我们推演了几个模型的POA在一个极端的均衡上变得很差，给不了任何有用的信息。那么，如果我们只关注于一些"好的"均衡，情况会怎么样呢？下面，我们先讨论另一个重要的例子，然后再回到这个问题上来。

15.1.4　示例：退出博弈

考虑如图15.2中的网络代价分摊博弈。k 个智能体有 k 个不同的源点 o_1，…，o_k，但是有相同的终点 d。他们可以选择首先在集结地 v 汇合，然后再共同去 d，总的代价为 $1+\varepsilon$。每个智能体也可以"选择退出"，即单独地直接沿着 o_i-d 这条路走。当智能体 i 选择退出策略时，他的代价为 $1/i$。

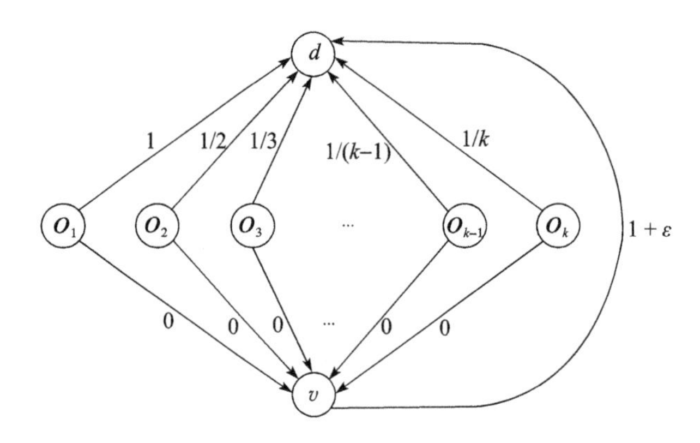

图15.2　退出博弈。这个博弈存在一个唯一的PNE，其代价为最优局势的 $\mathcal{H}_k$ 倍。参数 ε 可以任意小

最优局势一目了然：如果所有智能体都途径集结点，那么总的代价为 $1+\varepsilon$。遗憾的是，这不是一个PNE：智能体 k 可以通过选择退出策略来略微降低他的支付，这对他来说是一个占优策略。鉴于智能体 k 在一个PNE中没有使用集结点，智能体 $k-1$ 同样也不会使用。因为当智能体 k 不参与时，$k-1$ 将会支付至少 $1+\varepsilon/(k-1)$，但他选择退出策略是占优的。重复此过程可知，不存在任何一个有智能体通过节点 v 的均衡。而所有智能体选择退出是一个PNE[⊖]，并且这个唯一的PNE的代价为 k-调和级数 $\sum_{i=1}^{k}\frac{1}{i}$，此数介于 $\ln k$ 和 $\ln k+1$ 之间，我们用 $\mathcal{H}_k$ 表示。

⊖ 此论证是重复剔除严格劣策略的一个实例。当此过程剩下唯一的局势时，它就是此博弈的唯一的PNE。

当 ϵ 趋向于 0 时，退出博弈的 POA 接近 $\mathcal{H}_k$。这与 VHS 还是 Betamax 那个例子不同，这里的低效率并不是多重均衡或不合理均衡所导致的。

15.2 稳定的代价

前一节的两个例子让我们很挫败：有关网络代价分摊博弈中最差情况下的 PNE，我们并没有得到任何有趣的结论。即便 PNE 是唯一的，其代价也可能达到最优局势的 $\mathcal{H}_k$ 倍。本节将证明，网络代价分摊博弈的最优(best)PNE 有如下保证。

定理 15.1(稳定的代价) *在任意含有 k 个智能体的网络代价分摊博弈中，总存在一个 PNE，其代价最多为最优局势的 $\mathcal{H}_k$ 倍。*

特别地，此定理断言任意网络代价分摊博弈中都存在至少一个 PNE。由退出博弈例子可知，定理 15.1 中的因子 $\mathcal{H}_k$ 不能替换为更小的数。

稳定的代价(price of stability)是 POA 的一个“乐观”版本，其定义为

$$\frac{\text{最优均衡的代价}}{\text{最优局势的代价}}$$

因此定理 15.1 表明在任意网络代价分摊博弈里，稳定的代价最多为 $\mathcal{H}_k$。

定理 15.1 的证明：网络代价分摊博弈和单元自私路由博弈(12.4 节)具有相同的形式。每个智能体 i 在网络中选择一条 o_i-d_i 路径。一个智能体的代价式(15.1)为其路径上所有边的代价之和，并且每条边的代价取决于使用此边的智能体的数目。一条边 e 的“代价函数”可以是 $c_e(f_e)=\gamma_e/f_e$，其中 f_e 为使用此边的智能体的数目。

把定理 13.6 的证明里的势函数(13.7)应用到网络代价分摊博弈中可以得到

$$\Phi(\boldsymbol{P}) = \sum_{e\in E}\sum_{i=1}^{f_e}\frac{\gamma_e}{i} = \sum_{e\in E}\gamma_e\sum_{i=1}^{f_e}\frac{1}{i} \tag{15.3}$$

在定理 13.6 证明中，能将函数 Φ 最小化的局势即为一个 PNE[⊖]。例如，在 VHS 还是 Betamax 的例子中，低代价的 PNE 可以将式子(15.3)最小化，而高代价的 PNE 则不能。但是，势函数的最小化算子不一定是最优 PNE(问题 15.1)，我们接下来证明其代价最多为最优局势的 $\mathcal{H}_k$ 倍。

证明的要点是我们并不关心势函数(15.3)本身的具体数值，但它能够很好地对目标函数(15.2)进行近似。更精确地，由于对于任意满足 $f_e\geqslant 1$ 的边 e，都有

$$\gamma_e \leqslant \gamma_e\sum_{i=1}^{f_e}\frac{1}{i} \leqslant \gamma_e\cdot\mathcal{H}_k$$

⊖ 与路由博弈不同，网络代价分摊博弈中的智能体的代价函数是随着智能体数量增加而递减的，这凸显了其正外部性。定理 13.6 对任意的边代价函数都成立，不管是递减的还是其他的。

因此我们可以按照所有这样的边对上式累加，从而得到，对于任意局势 $\boldsymbol{P}$，都有

$$\mathrm{cost}(\boldsymbol{P}) \leqslant \Phi(\boldsymbol{P}) \leqslant \mathcal{H}_k \cdot \mathrm{cost}(\boldsymbol{P}) \tag{15.4}$$

不等式(15.4)说明，PNE 无形中在尝试最小化一个近似正确的函数 Φ，因此，一个 PNE 能近似地最小化真正的目标函数，这也是讲得通的。

为了完成证明，用 $\boldsymbol{P}$ 表示能够将势函数(15.3)最小化的一个 PNE，用 $\boldsymbol{P}^*$ 表示最优局势。我们有

$$\mathrm{cost}(\boldsymbol{P}) \leqslant \Phi(\boldsymbol{P}) \leqslant \Phi(\boldsymbol{P}^*) \leqslant \mathcal{H}_k \cdot \mathrm{cost}(\boldsymbol{P}^*)$$

其中第一个和最后一个不等式来自式(15.4)，中间的不等式来自于 $\boldsymbol{P}$ 是 Φ 的最小化算子。 ■

应当如何理解定理 15.1？相比于 POA 界，稳定的代价的界只能保证一个均衡是近似最优的。这比 POA 的界所提供的保障弱得多。稳定的代价与那些具有第三方的博弈有关，第三方可以为智能体建议一个局势。这样的现实场景很容易找到，在这类场景中，管理员可以建议一个高效的均衡。例如政府告诉人们应当靠路的哪一侧行驶。另外一个计算机领域的例子是，为软件或网络协议中的用户自定义参数设定数值的情境。一个合理的做法是为软件或协议设置一个默认参数值，而用户并没有动机去更改这些默认值。在此基础之上，再对软件或网络进行性能优化。第三方将博弈的局势限定至某些均衡，这样的限定会使得目标函数变得比最优局势差。而稳定的代价就对变得至少有多差进行了量化。

定理 15.1 的证明意味着任意势函数(15.3)的最小化算子所造成的代价最多为最优局势下代价的 $\mathcal{H}_k$ 倍。但是我们仍然不清楚为何此类 PNE 会比任意其他 PNE 更重要，详见说明。这给了我们关于定理 15.1 的第二个解释，这个解释无须涉及第三方，取而代之的是，在某种意义上，势函数的最小化算子是最重要的一类 PNE。

15.3 强纳什均衡的 POA

本节介绍另外一个方法，用以避开在 VHS 还是 Betamax 例子中较差的 PNE，并且，针对网络代价分摊博弈，还为均衡的低效率找到了一个有意义的界。我们再一次讨论所有的(即最差情况下的)均衡，但是首先把注意力放在一类合适的 PNE[⊖]上。

一般来说，当研究一类博弈里均衡的低效性时，在存在有意义的 POA 界的前提下，我们应当尽可能地调查更大的均衡概念集。在带有负外部性的博弈里，例如路由以及选址博弈，我们将调查范围放大到了粗糙相关均衡(第 14 章)。由于在这些博弈

⊖ 当一个均衡概念比另外一个更加严格时，我们称前者是后者的一个均衡精炼(equilibrium refinement)。

里 PNE 的 POA 都接近 1，这个值合适且有意义，因此我们着眼于将最差情况下的界扩展到一个更大的均衡概念集上。在网络代价分摊博弈中，最差情况的 PNE 可以是高度次优的，所以我们需要把所调查的均衡概念集缩小，直到有意义的 POA 界能被实现。(图 15.3)。

图 15.3　强纳什均衡是纯策略纳什均衡的一个特例

回忆一下 VHS 还是 Betamax 这个例子(15.1.3 节)。由于智能体进行单方面策略改变会支付上面边的所有代价 $1+\epsilon$，因此高代价的局势是一个 PNE。如果有两个智能体联合改变到上面的边上会如何？每一个改变的智能体仅仅支付约 1/2。因此这对两人来说都是一个有利的改变。我们可以得出结论，当允许智能体组成联盟来偏离均衡时，高代价的 PNE 并不能维持。

定义 15.2(强纳什均衡)　用 $\boldsymbol{s}$ 表示代价最小化博弈里的一个局势。

(a) 对于一个智能体子集 A 来说，如果对于每一个 $i\in A$，都有 $C_i(\boldsymbol{s}'_A, \boldsymbol{s}_{-A})\leqslant C_i(\boldsymbol{s})$，那么就称策略组合 $\boldsymbol{s}'_A\in\prod_{i\in A}S_i$ 是一个有利的改变(beneficial deviation)。至少对于 A 中的一个智能体，此不等式严格成立。

(b) 如果不存在任何智能体联盟具备有利的改变，那么就称局势 $\boldsymbol{s}$ 为一个强纳什均衡(strong Nash equilibrium)。

每一个强纳什均衡都是一个纳什均衡，这是由于一元智能体联盟的有利改变就是智能体单方面的有利改变。有理由相信相比于其他 PNE，强纳什均衡更有可能产生。

为了更好地理解强纳什均衡，我们回到之前的两个例子。如前所述，在 VHS 还是 Betamax 例子中的高代价 PNE 不是一个强纳什均衡。而低代价 PNE 是一个强纳什均衡。更一般的，既然全体智能体都可以联合，那么强纳什均衡就有可能是最优的。当所有智能体拥有共同的源点和终点时就是这样(练习 15.3)，但一般来说它并不是最优。在退出博弈里(15.4 节)，所有人都选择退出是唯一的 PNE，此 PNE 也是一个强纳什均衡。而此强纳什均衡的代价可以任意接近最优局势的 $\mathcal{H}_k$ 倍。接下来的结果将说明，不存在比这更差的情形。

定理 15.3(强纳什均衡的 POA)　在任意包含 k 个智能体的网络代价分摊博弈中，

每一个强纳什均衡的代价最多为最优局势的 $\mathcal{H}_k$ 倍。

定理15.3中的保证不同于定理15.1。从正面的角度看，此保证对任意强纳什均衡都成立，而定理15.1中的保证只对一个PNE有效。如果在任意网络代价分摊博弈里，都有至少一个强纳什均衡，那么定理15.3的结论将严格地强于定理15.1。然而，强纳什均衡在网络代价分摊博弈里有可能存在也有可能不存在(见图15.4和练习15.4)，因此定理15.1和15.3一般无法进行比较。

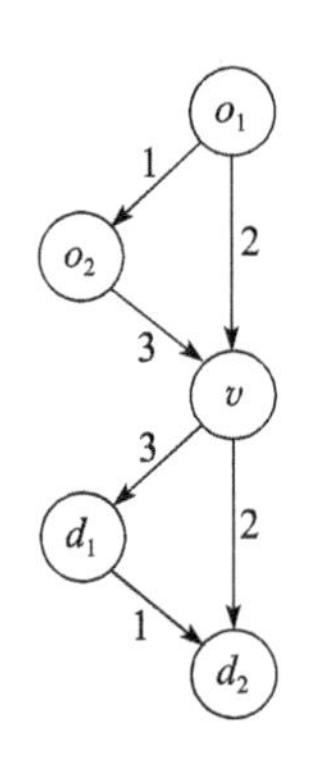

图15.4　不存在强纳什均衡的网络代价分摊博弈

*15.4　定理15.3的证明

定理15.3的证明和之前对POA的分析有相似之处，但是它的证明还包含一些额外的技巧。其中一个特点是它以一种有趣的方式使用了势函数(15.3)。注意到我们对自私路由和选址博弈里的POA进行分析时并没有使用到他们的势函数。

固定一个网络代价分摊博弈以及一个强纳什均衡 $\boldsymbol{P}$。通常来说，分析POA的第一步是对每个智能体都使用一次均衡假设，从而得出智能体的均衡代价的上界。为了以最强的方式使用强纳什均衡假设，我们先从全体智能体 $A_k=\{1,2,\cdots,k\}$ 这个最大的联盟开始。那么为何这个团体不会改变到最优局势 $\boldsymbol{P}^*$ 呢？原因是对于某个智能体 i，一定有 $C_i(\boldsymbol{P})\leqslant C_i(\boldsymbol{P}^*)$[⊖]。对所有智能体重新编号使得此智能体为 k。

我们需要的不仅仅是智能体 k 的均衡代价的上界，而是需要每个智能体代价的上界。为了保证能够得到一个新的智能体的上界，我们需要对排除了智能体 k 的联盟 $A_{k-1}=\{1,2,\cdots,k-1\}$ 使用强纳什均衡假设。为何这些智能体不会改变到 $\boldsymbol{P}^*_{A_{k-1}}$ 呢？肯定是对于某个智能体 $i\in\{1,2,\cdots,k-1\}$，有 $C_i(\boldsymbol{P})\leqslant C_i(\boldsymbol{P}^*_{A_{k-1}},P_k)$。对 A_{k-1} 里的智能体重命名，使得此不等式对智能体 $k-1$ 成立。

重复地使用上述过程，我们可得到所有智能体的一个重命名排列 $\{1,2,\cdots,k\}$，且对于任意 i 和 $A_i=\{1,2,\cdots,i\}$，都有

$$C_i(\boldsymbol{P})\leqslant C_i(\boldsymbol{P}^*_{A_i},\boldsymbol{P}_{-A_i}) \tag{15.5}$$

既然现在有了每个智能体均衡代价的上界，我们可以针对所有智能体把式(15.5)加起来，从而得到

$$\text{cost}(\boldsymbol{P})=\sum_{i=1}^{k}C_i(\boldsymbol{P})$$

⊖ 如果至少有一个其他的智能体的情况变得更好，那么此不等式严格成立，不过我们用不到这么强的结论。

$$\leqslant \sum_{i=1}^{k} C_i(\boldsymbol{P}_{A_i}^*, \boldsymbol{P}_{-A_i}) \tag{15.6}$$

$$\leqslant \sum_{i=1}^{k} C_i(\boldsymbol{P}_{A_i}^*) \tag{15.7}$$

不等式(15.6)可从式(15.5)直接得到。不等式(15.7)是由于网络代价分摊博弈的正外部性特性(移除智能体仅能减少使用此边的智能体的数目，因而只会提高剩余智能体对此边的代价的分摊)。不等式(15.7)的目的是简化均衡代价的上界，使其可变为一个可缩放的和。

接下来我们使用式(15.3)中的势函数 Φ。用 f_e^i 表示在局势 P^* 下，A_i 中其路径包含边 e 的智能体的数目，由此我们有

$$C_i(\boldsymbol{P}_{A_i}^*) = \sum_{e \in P_i^*} \frac{\gamma_e}{f_e^i} = \Phi(\boldsymbol{P}_{A_i}^*) - \Phi(\boldsymbol{P}_{A_{i-1}}^*) \tag{15.8}$$

第二个等号由 Φ 的定义可得。

结合式(15.7)和式(15.8)，可得到

$$\begin{aligned} \operatorname{cost}(P) &\leqslant \sum_{i=1}^{i} [\Phi(\boldsymbol{P}_{A_i}^*) - \Phi(\boldsymbol{P}_{A_{i-1}}^*)] \\ &= \Phi(\boldsymbol{P}^*) \\ &\leqslant \mathcal{H}_k \cdot \operatorname{cost}(\boldsymbol{P}^*) \end{aligned} \tag{15.9}$$

其中不等式(15.9)来自于式(15.4)，即势函数 Φ 仅能以最大 $\mathcal{H}_k$ 倍的误差过高估计一个局势的代价。至此完成了定理 15.3 的证明。

总结

- 在网络代价分摊博弈里，每个智能体需要选择一条从源点到终点的路径，并且每条边上的固定代价由所有使用此边的智能体平摊。
- 在一个网络代价分摊博弈里，不同的 PNE 所产生的代价差异很大，并且 POA 可以高达智能体的数目 k。这些事实激励我们关注近似界，这些近似界仅适用于 PNE 的一个子集。
- 博弈的稳定的代价定义为均衡的最低代价与最优局势的代价的比值。
- 网络代价分摊博弈里最差情况下的稳定的代价为 $\mathcal{H}_k = \sum_{i=1}^{k} \frac{1}{i} \approx \ln k$。
- 一个强纳什均衡是指一个这样的局势，在该局势下，不存在任何这样的智能体的联盟：当这个联盟进行集体策略改变时，至少有一个智能体变得更好并且联盟里的其他智能体都没有损失。

- 网络代价分摊博弈里的任意强纳什均衡的代价最多为最优局势的 $\mathcal{H}_k$ 倍。
- 强纳什均衡在网络代价分摊博弈里不一定存在。

说明

网络代价分摊博弈以及定理15.1出自 Anshelevich 等(2008a)。VHS 还是 Betamax 示例出自 Anshelevich 等(2008b)。还有一些其他类型的网络构建模型被提出和研究，详见 Jackson(2008)。分析无向网络代价分摊博弈里的最差情况下的稳定的代价是一个开放性问题，了解最新进展详见 Bilò 等(2016)。Chen 和 Chen(2011)给出了一些实验性的证据，说明了相比于其他 PNE，参与者更常使用势函数的最小化算子。相关的理论性结果出现在 Blume(1993)，Asadpour 和 Saberi(2009)。强纳什均衡概念出自 Aumann(1959)，Andelman 等(2009)正式提出研究强纳什均衡的 POA。定理15.3(也即图15.4中的例子)以及问题15.2来自 Epstein 等(2009)。

练习

练习 15.1　证明在任意网络代价分摊博弈里，PNE 的 POA 最多为 k，即智能体的个数。

练习 15.2　如果我们修改退出博弈(15.1.4节)，使得所有的边变为无向的并且每个智能体 i 可以选择一条沿任意方向进出边的 o_i-d_i 路径，那么此场景下，网络代价分摊博弈的稳定的代价是多少?

练习 15.3　证明在智能体有相同的源点和终点的网络代价分摊博弈里，强纳什均衡和最小代价局势存在一一对应的关系。(因此在此类博弈里，强纳什均衡总是存在并且 POA 为1。)

练习 15.4　证明如图15.4里的网络代价分摊博弈不存在强纳什均衡。

练习 15.5　扩展网络代价分摊博弈模型，使得每条边 e 的代价 $\gamma_e(x)$ 可以依赖于使用此边的智能体的数目 x。联合代价 $\gamma_e(x)$ 仍然由 x 个智能体平摊。假设 γ_e 是凹的，也即对每个 $i=1, 2, \cdots, k-1$ 有 $\gamma_e(i+1)-\gamma_e(i)\leqslant\gamma_e(i)-\gamma_e(i-1)$。扩展定理15.1和15.3到这个更一般化的模型。

练习 15.6　(H)接着上一个练习，假设对任意边 e，有 $\gamma_e(x)=a_e x^p$，其中 $a_e>0$ 是一个正常数并且指数 p 属于(0，1]。对于此特例，提升定理15.1和15.3里的上界 $\mathcal{H}_k$ 至 $1/p$(与智能体数目无关)。

问题

问题 15.1　(a) 给出一个网络代价分摊博弈，使得势函数(15.3)的最小化算子并不是最低代价的 PNE。

(b) 给出一个存在至少一个强纳什均衡的网络代价分摊博弈，使得势函数的最小化算子并不是一个强纳什均衡。

问题 15.2 假设我们弱化强纳什均衡的定义(定义 15.2)，仅要求不存在至多 l 个智能体组成的联盟具备有利策略改变($l \in \{1, 2, \cdots, k\}$为一个参数)。纯策略纳什均衡和强纳什均衡分别对应于 $l=1$ 和 $l=k$ 的场景。那么网络代价分摊博弈里的一个 l-强纳什均衡的最差情况下的 POA(写为 l 和 k 的函数)是多少？证明你能给出的最好的上界和下界。

问题 15.3 (H)给定任意单元自私路由网络(12.4 节)，其中每条边的代价函数为非负系数的多项式，并且边的度数最多为 p，证明此场景下的稳定的代价最多为 $p+1$。

第 16 章

最优反应动力学

本章进入本书的第三部分，我们首先问这么一个问题：能否期望这些策略性的智能体会自动达到均衡状态？如果可以的话，那么哪一种学习算法能够快速收敛到一个均衡？给出这些问题的答案需要给定特定的*动力学系统*。此动力学系统描述了当智能体不在均衡状态时的行为模式。考虑如下动力学系统：系统中智能体的行为由某一算法所确定，这个算法尝试学习针对其他智能体行为的最优反应。理想而言，我们想要找到一些适用于简单自然的学习算法下的结果。这样的话，即便智能体可能不会完全遵循给定的算法，我们仍然可以对如下判句抱有信念：得到的结论是鲁棒的，它不是特定选择的动力学系统中的人工产物。本章关注几个“最优反应动力学”的变种，并且在接下来的两章中研究基于遗憾最小化的动力学系统。

16.1 节给出最优反应动力学的定义并证明其在势博弈中的收敛性；16.2 和 16.3 节引入 ϵ-最优反应动力学并证明此动力学的某些变种能够在单元自私路由博弈中(假设所有智能体具有相同的起点和终点)快速收敛；16.4 节证明，针对第 14 章定义的 (λ, μ)-平滑博弈，最优反应动力学的几个变种能够使得目标函数值快速达到与均衡状态相媲美的状态。

16.1 势博弈中的最优反应动力学

*最优反应动力学*是很直接的过程，在此过程里每个智能体可以通过连续性的单方面的策略改变来搜寻博弈中(定义 13.2)的一个纯策略纳什均衡(PNE)。

最优反应动力学

只要目前的局势 $\mathbf{s}$ 不是一个 PNE：

任意选择一个智能体 i 以及一个对 i 有利的策略改变 s_i'，然后更新局势为 $(s_i', \mathbf{s}_{-i})$。

针对智能体 i 和有利的策略改变 s_i'，可能存在多个可供选择的方案。现在我们对这两者不做特定的解释，等到后面有需要的时候再明确说明[⊖]。我们允许任意的初始局势。

最优反应动力学可以抽象成在一张图上行走。其中图中每个顶点为一组策略组合，每条出边代表一个有利的策略改变(图 16.1)。PNE 可以用图中那些没有出边的顶点来精确刻画。由于最优反应动力学只会在达到一个 PNE 后才能停止，那么如果一个博弈中不存在 PNE，则对应的动力学会一直循环下去。另外，在一些存在 PNE 的博弈中，最优反应动力学也有可能一直循环(练习 16.1)。

最优反应动力学是势博弈(见 13.3 节)的一个完美拟合。在势博弈中，我们定义了一个实值函数 Φ 使得对某智能体的任一单边策略改变，势函数的改变值等于偏离者在代价上的改变(13.9)。路由博弈(12.4 节)、选址博弈(14.2 节)和网络代价分摊博弈(15.2 节)都属于势博弈。

定理 13.7 表明，任一势函数都有一个最小值算子，因此势博弈至少有一个 PNE(即此最小化算子)。对于该结论，最优反应动力学提供了一个更具启发性的证明。

命题 16.1(最优反应动力学的收敛性) *在势博弈中，从任意一个初始局势开始，最优反应动力学都会收敛到一个 PNE。*

证明：在最优反应动力学里的每一轮里，策略改变者的代价严格减少。由(13.9)可知，势函数也是严格下降的。因此，不存在无穷循环。由于我们假设博弈是有限的，因此最优反应动力学最终会停止，即必然在达到一个 PNE 后停止。 ■

对应到图 16.1 上，命题 6.1 断言一个有向无环图中的行走将最终停留在没有出边的顶点上。

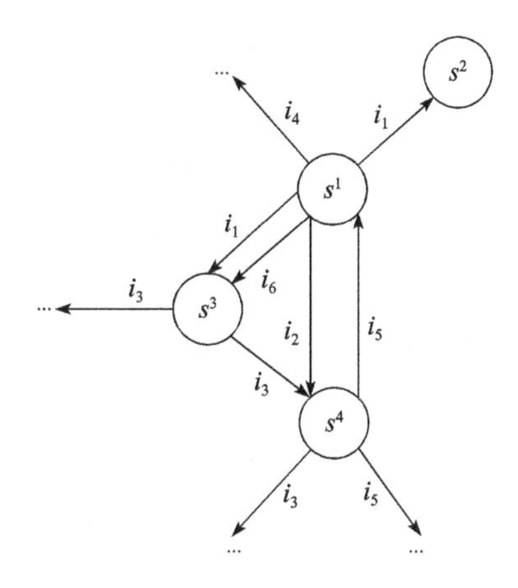

图 16.1 最优反应动力学可以看作是在一张图上的行走。每一个策略组合对应于一个顶点。每一个有利的策略改变可由图上的一条边来指定，边上的标记为进行策略改变的智能体。PNE 对应于那些没有出边的顶点集，比如 s^2

⊖ 这个过程有时被称为“较佳反应动力学”，而“最优反应动力学”这个术语通常用于表示“选择一个能够最小化 i 的代价”的策略 s_i'(给定其他智能体的策略组合 s_{-i})。

命题 16.1 表明在势博弈中，有一个很自然的过程能够使得所有智能体达到 PNE。那么这个过程有多快呢？一个“快速收敛”的强概念是指此过程能在合理的少量轮次后收敛到一个 PNE。比如当势函数 Φ 定义在少量的不同的值上时(练习 16.2)，这种情况就会发生。一般情况下，势函数在最优反应动力学中下降得非常慢并且需要指数(智能体的数目 k 为指数)轮次后才会收敛(见第 19 章)。这个事实促使我们使用弱化的收敛性的定义，在接下来的内容里我们会对其进行具体研究。

16.2　自私路由博弈中的近似 PNE

我们第二个“快速收敛”的概念适用于近似 PNE 中。

定义 16.2(ϵ-纯策略纳什均衡)　对 $\epsilon\in[0, 1]$，给定代价最小化博弈的局势 $\boldsymbol{s}$ 中，如果对每一个智能体 i 和策略 $s'_i\in S_i$，有

$$C_i(s'_i, \boldsymbol{s}_{-i}) \geqslant (1-\epsilon)\cdot C_i(\boldsymbol{s}) \tag{16.1}$$

那么称局势 $\boldsymbol{s}$ 为一个 ϵ-纯策略纳什均衡(ϵ-PNE)。

定义 16.2 和定义 14.5 是一样的，只是为了方便分析，重新进行了参数化。定义 16.2 的一个 ϵ-PNE 对应于定义 14.5 中的一个 $\epsilon/(1-\epsilon)$-PNE。

接下来我们研究 ϵ-最优反应动力学，此动力学只允许那些能够产生重要性能提升的智能体进行策略改变。

ϵ-最优反应动力学

只要当前输出 $\boldsymbol{s}$ 不是一个 ϵ-PNE：

任意选取一个有 ϵ-行动的智能体 i(一个 ϵ-行动即为使得 $C_i(s'_i, \boldsymbol{s}_{-i})<(1-\epsilon)\cdot C_i(\boldsymbol{s})$ 的一个策略 s'_i)并任意选取 i 的一个 ϵ-行动。更新局势为 $(s'_i, \boldsymbol{s}_{-i})$。

ϵ-最优反应动力学只能在达到一个 ϵ-PNE 后才停止，并且它在任意势博弈中都会收敛。

接下来的结果识别出了单元自私路由博弈的一个子类。在这类博弈中，一个特定的 ϵ-最优反应动力学能够快速收敛，即此过程能在若干轮中收敛。收敛轮数的上界是所有相关参数的一个多项式函数。[⊖]

⊖ 在含有 k 个智能体的博弈中，所有可能局势的数量是关于 k 的指数函数，因此任意一个收敛所需轮数的多项式界都是非常有意义的。

ε-最优反应动力学(最大回报)

只要当前局势 $\mathbf{s}$ 不是一个 ε-PNE：

在所有拥有 ε-行动的智能体中，用 i 表示能获得最大代价下降

$$C_i(\mathbf{s}) - \min_{\hat{s}_i \in S_i} C_i(\hat{s}_i, \mathbf{s}_{-i})$$

的智能体。

并用 s_i' 表示 i 针对 $\mathbf{s}_{-i}$ 的一个最优反应。

更新局势为 $(s_i', \mathbf{s}_{-i})$。

定理 16.3(ε-PNE 的收敛性) 考虑单元自私路由博弈，假设：

1. 所有智能体都有相同的源点和终点。

2. 对 $\alpha \geqslant 1$，每条边 e 的代价函数 c_e 满足 α-限界跳跃条件，即对每一条边 e 和正整数 x 有 $c_e(x+1) \in [c_e(x), \alpha \cdot c_e(x)]$。

那么，ε-最优反应动力学的最大回报变种最多在 $\frac{k\alpha}{\varepsilon}\ln\frac{\Phi(\mathbf{s}^0)}{\Phi_{\min}}$ 轮后收敛到一个 ε-PNE，其中 $\mathbf{s}^0$ 是初始局势，$\Phi_{\min} = \min_{\mathbf{s}}\Phi(\mathbf{s})$。

在很多 ε-最优反应动力学的变种中，与定理 16.3 类似的结论也是成立的(问题 16.2)；对于这些变种的核心要求是要给每个智能体充分多的机会进行行动。尽管我们不能强求智能体都按照 ε-最优反应动力学的某个变种行动，但是在这些博弈中“简单自然的学习过程能快速收敛到一个近似 PNE”的事实为研究智能体的行为提供了强有力的证据。遗憾的是，如果定理 16.3 中的任何一个假设不成立，那么所有 ε-最优反应动力学的变种都有可能花费指数(以 k 为指数)轮数收敛(见说明)。

*16.3 定理 16.3 的证明

定理 16.3 的证明思路是首先从下降量上强化命题 16.1，然后说明最大回报 ε-最优反应动力学在每一轮中都大幅减少了势函数。为此需要两个引理。第一个引理确保了高代价智能体的存在性；如果这个智能体在一轮中被选定进行行动，那么势函数会大幅下降。问题在于在一轮中有可能是其他某个智能体行动。第二个引理需要用到定理 16.3 的两个假设，此引理证明了被选中行动的智能体的代价是其他任何智能体的 α 倍。这点就足以证明最大回报 ε-最优反应动力学能够快速收敛。

引理 16.4 在任意一个局势 $\mathbf{s}$ 中，都存在一个智能体 i，有 $C_i(\mathbf{s}) \geqslant \Phi(\mathbf{s})/k$。

证明：在拥有非递减代价函数的单元自私路由博弈中，势函数只会低估一个局势的代价。原因是，由势函数的定义(13.7)以及单元自私路由博弈的目标函数(11.3)～(11.4)可知，对于任意一个局势 $\mathbf{s}$ 可得

$$\Phi(\boldsymbol{s}) = \sum_{e \in E} \sum_{i=1}^{f_e} c_e(i) \leqslant \sum_{e \in E} f_e \cdot c_e(f_e) \leqslant \sum_{i=1}^{k} C_i(\boldsymbol{s}) \tag{16.2}$$

其中 f_e 表示策略组合 $\boldsymbol{s}$ 中所有路由策略中包含边 e 的智能体数。中间的不等式来自代价函数非递减的特性。

由于存在某个智能体，其代价至少为所有代价的平均值，因此对于任意局势 $\boldsymbol{s}$，我们有

$$\max_{i=1}^{k} C_i(\boldsymbol{s}) \geqslant \frac{\sum_{i=1}^{k} C_i(\boldsymbol{s})}{k} \geqslant \frac{\Phi(\boldsymbol{s})}{k}，得证$$

■

下一个引理把最大回报 ε-最优反应动力学中进行策略改变的智能体的代价与其他智能体的代价联系起来。

引理 16.5　假设在局势 $\boldsymbol{s}$ 中，最大回报 ε-最优反应动力学选择智能体 i 进行行动，并且此智能体采取了一个 ε-行动 s_i'。那么对于任何其他智能体 j，都有

$$C_i(\boldsymbol{s}) - C_i(s_i', \boldsymbol{s}_{-i}) \geqslant \frac{\varepsilon}{\alpha} C_j(\boldsymbol{s}) \tag{16.3}$$

证明：固定智能体 j。如果在 $\boldsymbol{s}$ 中 j 有一个 ε-行动 s_j'，由定义可知 j 采取这个行动将会使自身代价减少至少 $\varepsilon \cdot C_j(\boldsymbol{s})$，所以有

$$C_i(\boldsymbol{s}) - C_i(s_i', \boldsymbol{s}_{-i}) \geqslant C_j(\boldsymbol{s}) - C_j(s_j', \boldsymbol{s}_{-j}) \geqslant \varepsilon C_j(\boldsymbol{s})$$

第一个不等式成立是因为，在最大回报 ε-最优反应动力学里是 i 而不是 j 被选中行动。

一个棘手的情况出现在智能体 j 没有 ε-行动的时候。在这里我们假设所有智能体都有相同的可行策略集。如果 s_i' 对智能体 i 来说是一个非常不错的偏移的话，那么这个策略有可能对 j 也是如此。也就是说，如果

$$C_i(s_i', \boldsymbol{s}_{-i}) \leqslant (1-\varepsilon) C_i(\boldsymbol{s}) \tag{16.4}$$

那么怎么会有

$$C_j(s_i', \boldsymbol{s}_{-j}) \geqslant (1-\varepsilon) C_j(\boldsymbol{s}) \tag{16.5}$$

一个关键点是，在局势 $(s_i', \boldsymbol{s}_{-i})$ 和 $(s_i', \boldsymbol{s}_{-j})$ 中至少有 $k-1$ 个共同的策略。这些策略包含了前面局势里 i 和后面局势里 j 使用的策略 s_i' 以及除了 i 和 j 之外的剩余智能体在两个局势中使用的 $k-2$ 个相同的策略。由于在两个局势里只有一个不同的策略，那么对于网络中的任意一条边 e 来说，使用边 e 的智能体的数量在两个局势里最多相差 1。由定理 16.3 的 α-限界跳跃假设可知，在两个局势里的每条边的代价最多相差 α 倍。特别地，使用策略 s_i' 的智能体 j 的代价最多是使用相同策略的智能体 i 的代价的 α 倍：

$$C_j(s_i', \boldsymbol{s}_{-j}) \leqslant \alpha C_i(s_i', \boldsymbol{s}_{-i}) \tag{16.6}$$

不等式(16.4)～(16.6)表明 $C_j(\boldsymbol{s}) \leqslant \alpha \cdot C_i(\boldsymbol{s})$。结合(16.4)有

$$C_i(\boldsymbol{s}) - C_i(s_i', \boldsymbol{s}_{-i}) \geqslant \varepsilon \cdot C_i(\boldsymbol{s}) \geqslant \frac{\varepsilon}{\alpha} \cdot C_j(\boldsymbol{s})$$

得证。 ■

引理 16.4 保证了总是存在一个智能体，此智能体的 ε-行动会大幅度地降低势函数。引理 16.5 使得这个结论扩展到最大回报 ε-最优反应动力学中被选定行动的智能体上。由此现在可以直接求得收敛所需轮数的上界。

定理 16.3 的证明：在最大回报 ε-最优反应动力学中任一轮里，假设智能体 i 按照策略 s_i' 进行了一次 ε-行动，那么

$$\Phi(\boldsymbol{s})-\Phi(s_i',\boldsymbol{s}_{-i})=C_i(\boldsymbol{s})-C_i(s_i',\boldsymbol{s}_{-i}) \tag{16.7}$$

$$\geqslant\frac{\varepsilon}{\alpha}\cdot\max_{j=1}^{k}C_j(\boldsymbol{s}) \tag{16.8}$$

$$\geqslant\frac{\varepsilon}{\alpha k}\cdot\Phi(\boldsymbol{s}) \tag{16.9}$$

其中等式(16.7)来自势函数的定义(13.9)，不等式(16.8)和(16.9)分别来自引理 16.5 和 16.4。

式(16.7)～(16.9)表明最大回报 ε-最优反应动力学中的每一轮都把势函数的值减少了至少 $1-\varepsilon/\alpha k$ 倍。因此每 $k\alpha/\varepsilon$ 轮将会把势函数减少至少 $e=2.718\cdots$倍[⊖]。由于势函数的初始值为 $\Phi(\boldsymbol{s}^0)$并且不可能低于 $\Phi_{\min}$，因此最大回报 ε-最优反应动力学最多在 $\frac{k\alpha}{\varepsilon}\ln\frac{\Phi(s^0)}{\Phi_{\min}}$轮内收敛。 ■

*16.4 平滑势博弈中的低代价结果

本节研究“快速收敛”的最后一个概念：快速到达一个局势，在此局势下目标函数的值几乎与智能体达到近似 PNE 时一样。这一局势虽然不一定收敛到一个近似 PNE，但仍具有吸引力。当均衡分析的主要目标是研究 POA 界时，这个稍微弱一点的概念可以作为收敛到一个近似均衡状态的无损替代品。

弱化快速收敛的概念能够得到许多泛化的结果。下一个结果适用于所有满足(λ,μ)-平滑性(定义 14.2)的势函数，包含所有单元自私路由博弈(12.4 节)和选址博弈(14.2 节)。这个结果使用如下最优反应动力学的变种，此变种和定理 16.3 中使用的 ε-最优反应动力学的变种类似。

最优反应动力学(最大回报)

只要当前输出 $\boldsymbol{s}$ 不是一个 PNE：

　　在所有存在有利策略改变的智能体中，用 i 表示能够获得最大代价下降

⊖ 对任意 $x\neq0$，$(1-x)^{1/x}\leqslant(e^{-x})^{1/x}=1/e$。

$$C_i(s) - \min_{\hat{s}_i \in S_i} C_i(\hat{s}_i, \boldsymbol{s}_{-i})$$

的智能体。

用 s_i' 表示智能体 i 对 $\boldsymbol{s}_{-i}$ 的一个最优反应。

更新局势为 $(s_i', \boldsymbol{s}_{-i})$。

我们在代价最小化博弈中陈述过这个定理，类似的结论同样适用于 (λ, μ)-平滑收益最大化博弈(备注 13.1)。

定理 16.6(低代价局势的收敛性)　考虑一个 (λ, μ)-平滑代价最小化博弈($\mu<1$)，此博弈有一个正的势函数 Φ；对于任意局势 $\boldsymbol{s}$，有 $\Phi(\boldsymbol{s}) \leqslant \text{cost}(\boldsymbol{s})$。用 $\boldsymbol{s}^0, \cdots, \boldsymbol{s}^T$ 表示在最大回报最佳动力学里生成的一系列的局势，用 $\boldsymbol{s}^*$ 表示最小代价局势，给定参数 $\eta \in (0, 1)$。那么除了最多 $\frac{k}{1-\mu} \ln \frac{\Phi(\boldsymbol{s}^0)}{\Phi_{\min}}$ 个局势外，剩余局势 $\boldsymbol{s}_t$ 都满足

$$\text{cost}(\boldsymbol{s}^t) \leqslant \left(\frac{\lambda}{(1-\mu)(1-\eta)}\right) \cdot \text{cost}(\boldsymbol{s}^*) \tag{16.10}$$

其中 $\Phi_{\min} = \min_s \Phi(\boldsymbol{s})$，$k$ 是智能体的数目。

我们知道在 (λ, μ)-平滑代价最小化博弈中，任意 PNE 里的代价最多是最小代价的 $\lambda/(1-\mu)$ 倍(14.4 节)。因此定理 16.6 是说序列里绝大部分局势中的代价几乎和最优反应动力学收敛到 PNE 中的代价一样低。

定理 16.6 的证明：固定 $\eta \in (0, 1)$。我们的计划是，首先说明如果 $\boldsymbol{s}^t$ 是一个不满足式(16.10)的坏状态，那么在下一轮里最大回报最佳动力学将会大幅度降低势函数的值。这点就能直接导出所有坏状态数目的上界。

对局势 $\boldsymbol{s}^t$，定义 $\delta_i(\boldsymbol{s}^t) = C_i(\boldsymbol{s}^t) - C_i(s_i^*, \boldsymbol{s}_{-i}^t)$ 为智能体 i 转换策略为 s_i^* 时的代价差，并令 $\Delta(\boldsymbol{s}^t) = \sum_{i=1}^k \delta_i(\boldsymbol{s}^t)$。当 $\boldsymbol{s}^t$ 是一个 PNE 时，$\delta_i(\boldsymbol{s}^t)$ 的值是非负的，但是在一般情况下此值可正可负。利用此定义以及 (λ, μ)-平滑代价最小化博弈的典型性质(式(14.9))，我们可以得出

$$\begin{aligned}
\text{cost}(\boldsymbol{s}^t) &\leqslant \sum_{i=1}^k C_i(\boldsymbol{s}^t) \\
&= \sum_{i=1}^k [C_i(s_i^*, \boldsymbol{s}_{-i}^t) + \delta_i(\boldsymbol{s}^t)] \\
&\leqslant \lambda \cdot \text{cost}(\boldsymbol{s}^*) + \mu \cdot \text{cost}(\boldsymbol{s}^t) + \sum_{i=1}^k \delta_i(\boldsymbol{s}^t)
\end{aligned}$$

所以有

$$\mathrm{cost}(\boldsymbol{s}^t) \leqslant \frac{\lambda}{1-\mu} \cdot \mathrm{cost}(\boldsymbol{s}^*) + \frac{1}{1-\mu}\Delta(\boldsymbol{s}^t) \tag{16.11}$$

此不等式意味着只有当 $\Delta(\boldsymbol{s}^t)$（智能体单方面改变策略到 s_i^* 所形成的代价差的和）比较大的时候，状态 $\boldsymbol{s}^t$ 才可能是一个坏状态。

在一个坏状态 $\boldsymbol{s}^t$ 下，使用不等式(16.11)以及假设 $\Phi(\boldsymbol{s}) \leqslant \mathrm{cost}(\boldsymbol{s})$，有

$$\Delta(\boldsymbol{s}^t) \geqslant \eta(1-\mu)\mathrm{cost}(\boldsymbol{s}^t) \geqslant \eta(1-\mu)\Phi(\boldsymbol{s}^t) \tag{16.12}$$

如果某智能体 i 在局势 $\boldsymbol{s}^t$ 中切换策略为最优反应，那么他的代价至少降低 $\delta_i(\boldsymbol{s}^t)$。（当他的最优反应 s_i' 比 s_i^* 要好的时候，其代价能够下降得更多。）不等式(16.12)表明在一个坏状态 $\boldsymbol{s}^t$ 中，最大回报最优反应动力学中被选定行动的智能体的代价至少会下降 $\frac{\eta(1-\mu)}{k}\Phi(\boldsymbol{s}^t)$。由于 Φ 是一个势函数并且满足式(13.9)，因此只要 $\boldsymbol{s}^t$ 是一个坏状态，我们有

$$\Phi(\boldsymbol{s}^{t+1}) \leqslant \Phi(\boldsymbol{s}^t) - \max_{i=1}^{k} \delta_i(\boldsymbol{s}^t) \leqslant \left(1 - \frac{\eta(1-\mu)}{k}\right) \cdot \Phi(\boldsymbol{s}^t)$$

由于势函数 Φ 在最优反应动力学中的每一轮中都是下降的，因此上述不等式意味着对于任意 $\frac{k}{\eta(1-\mu)}$ 个坏状态的局势序列，势函数至少下降 $e=2.718\cdots$ 倍。由此得出所有坏状态数目的上界为 $\frac{k}{\eta(1-\mu)}\ln\frac{\Phi(s^0)}{\Phi_{\min}}$。 ■

总结

- 在最优反应动力学的每一轮中，某智能体可以改变到一个更好的策略。
- 在任意势博弈里，最优反应动力学都必然收敛到一个 PNE。
- 在同源同终点的单元自私路由博弈中，几个 ε-最优反应动力学的变种（只允许产生重要性能提升的智能体进行行动）都能快速收敛到一个近似的 PNE。
- 在(λ，μ)-平滑博弈中，几个最优反应动力学的变种能够快速达到一个局势，此局势下的目标函数的值和达到 PNE 时的值几乎一样好。

说明

命题 16.1 和练习 16.3～16.4 出自 Monderer 和 Shapley(1996)。定理 16.3 和问题 16.2 出自 Chien 和 Sinclair(2011)。Skopalik 和 Vöcking(2008)证明了如果定理 16.3 中的任何一个假设被放弃，那么 ε-最优反应动力学将会需要指数轮数收敛（与在每一轮中选择哪个智能体和策略无关）。Mirrokni 和 Vetta(2004)首次提出最优反应动力学生成的局势序列的近似上界。定理 16.6 来自 Roughgarden(2015)，此结论受启发于 Awerbuch 等(2008)。问题 16.1 和 16.3 分别出自 Even-Dar 等(2007)和 Milchtaich(1996)。

练习

练习 16.1　(H)给出一个存在 PNE 的博弈以及一个初始局势，使得最优反应动力学无限循环。

练习 16.2　考虑一个单元自私路由博弈(12.4节)，网络中共有 m 条边并且代价函数定义在集合$\{1, 2, 3, \cdots, H\}$上。证明最优反应动力学最多在 mH 轮内收敛到一个 PNE。

练习 16.3　泛化排序的势博弈是指一个代价最小化博弈，在此博弈中存在一个泛化排序的势函数 Ψ 满足对局势 $\boldsymbol{s}$，智能体 i 以及 s_i'，只要 $C_i(s_i', \boldsymbol{s}_{-i})<C_i(\boldsymbol{s})$就有 $\Psi(s_i', \boldsymbol{s}_{-i})<\Psi(\boldsymbol{s})$。扩展命题 16.1 到泛化排序的势博弈。

练习 16.4　(H)证明练习 16.3 的反命题：对任意初始局势以及每一轮中有利的策略改变，如果最优反应动力学总是收敛到一个 PNE，那么此博弈实现了一个泛化排序的势函数。

问题

问题 16.1　问题 12.3 介绍了一类代价最小化博弈，其中每个智能体 $i=1, 2, \cdots, k$ 都有一个正权值 w_i，并且每个智能体都会在 m 个相同的机器里选择一台用于最小化其工作量。考虑如下限制型最优反应动力学：

> **最大赋权最优反应动力学**
>
> 只要当前局势 $\boldsymbol{s}$ 不是一个 PNE：
>
> 在所有存在有利策略改变的智能体中，用 i 表示拥有最大权值 w_i 的智能体并用 s_i' 表示其对于 $\boldsymbol{s}_{-i}$ 的一个最优反应。
>
> 更新局势为$(s_i', \boldsymbol{s}_{-i})$。

证明最大赋权最优反应动力学最多在 k 轮里收敛到一个 PNE。

问题 16.2　(H)考虑另外一个 ϵ-最优反应动力学的变种。

> **ϵ-最优反应动力学(最大相对回报)**
>
> 只要当前局势 $\boldsymbol{s}$ 不是一个 ϵ-PNE：
>
> 在所有存在 ϵ-行动的智能体中，用 i 表示能够获得最大相对代价下降

$$\frac{C_i(\boldsymbol{s}) - \min_{\hat{s}_i \in S_i} C_i(\hat{s}_i, \boldsymbol{s}_{-i})}{C_i(\boldsymbol{s})}$$

的智能体，并用 s_i' 表示其对 $\boldsymbol{s}_{-i}$ 的一个最优反应。

更新局势为 $(s_i', \boldsymbol{s}_{-i})$。

证明定理 16.3 有关收敛轮数的上界的结论也适用于 ε-最优反应动力学的最大相对回报变种。

问题 16.3 考虑问题 16.1 中的代价最小化博弈变种，其中每个智能体都有为 1 的权重，但拥有不同的代价函数。正式地，如果智能体 i 是使用机器 j 的 l 个智能体中的一员，那么智能体 i 在机器 j 上产生的代价为 $c_j^i(l)$。假设对于固定的 i 和 j，$c_j^i(l)$ 在 l 上非递减。

(a) 证明如果只有两台机器，那么最优反应动力学会收敛到一个 PNE。

(b) (H)证明如果存在三台机器，那么最优反应动力学有可能不收敛。

(c) (H)证明不论有多少台机器，PNE 总是存在的。

第 17 章

Twenty Lectures on Algorithmic Game Theory

无憾动力学

本章研究第二类基本动力学：*无憾动力学*。虽然最优反应动力学只能收敛到一个纯策略纳什均衡并且与势博弈紧密相关，但是在任何有限博弈中无憾动力学都可以收敛到一组粗糙相关均衡。

17.1 节考虑单决策人如何与对手进行在线博弈，同时也给出无憾算法的定义[一]。17.2 节给出乘性权重算法，并在 17.3 节中证明它是一个无憾算法。17.4 节定义了多智能体博弈中的无憾动力学并且证明了此动力学会收敛到一组粗糙相关均衡。

17.1 在线决策

17.1.1 模型

考虑一个含有 $n\geqslant 2$ 个行动的集合 A 以及一个时间域 $T\geqslant 1$，这两个参数对决策者来说都是事先已知的。例如，A 可以代表不同的投资策略或是从家到公司不同的驾车路线。在多智能体博弈中(17.4 节)，行动集合代表单个智能体的策略集，而每个行动所产生的结果则是由所有其他智能体选择的策略来决定。

考虑如下场景。[二]

在线决策

在每一个时间点 $t=\{1, 2, \cdots, T\}$ 中：

决策人选择一个行动集 A 上的概率分布 p^t。

对手选择一个代价向量 c^t：$A\to[-1, 1]$。

根据分布 p^t，选择一个行动 a^t，产生一个代价 $c^t(a^t)$。

决策人学习代价 c^t，即整个代价向量。[三]

[一] 本文中，“在线”意味着决策人必须在不知道未来的情况下做出一系列的决策。

[二] 把代价扩展到区间 $[-c_{\max}, c_{\max}]$ 的场景详见练习 17.1。

[三] 本章中的结论可以应用于老虎机模型中(会得到稍许差一点的结论以及更复杂的算法)。在老虎机问题中，决策者只学习选定行动的代价。

一个在线决策算法在时间点 t 上确定了一个概率分布 p^t，此概率分布是前$t-1$ 步里的代价向量 c^1，…，c^{t-1}以及实际行动 a^1，…，a^{t-1}的函数。在算法 $\mathcal{A}$ 中，对手在时间点 t 上确定了一个代价向量 c^t，此向量是前 t 步里的概率分布 p^1，…，p^t 以及前 $t-1$ 步里的实际行动 a^1，…，a^{t-1}的函数。我们通过遇到最坏对手的期望代价(基于实际行动)来评估一个在线决策算法的性能。模型里允许负代价的存在，其可被建模为决策人的收益。

17.1.2 定义和示例

在本节里，我们寻找一个“好”的在线决策算法。不过上述场景看起来有些不太公平。对手可以在决策人定好概率分布 p^t 后再选择代价向量 c^t。在如此不对称的情形下，我们又能得到什么有保证的结果呢？本节给出三个示例用以表述此场景下的种种限制。

第一个例子表明我们不可能获得和离线最优行动序列相近似的总代价。也就是说基准 $\sum_{t=1}^{T}\min_{a\in A} c^t(a)$ 太强了。

例 17.1(与最优行动序列相比较) *假设 $A=\{1, 2\}$，并固定一个在线决策算法。在每一天 t，对手按如下步骤选择代价向量 c^t：假设算法选择一个概率分布 p^t，如果在此分布下选择行动 1 的概率至少是 1/2，那么令 $c^t=(1, 0)$；否则的话令 $c^t=(0, 1)$。这样的对手将强制使得算法得到的期望代价至少为 $T/2$，然而在事先知晓代价向量 c^t 下，最优行动序列会产生 0 的代价。*

例 17.1 催生出如下重要的定义。与其把在线算法的期望代价与离线的最优行动序列的期望代价相比，还不如把它和在离线下选择某一固定行动产生的代价相比。也就是说，我们把基准 $\sum_{t=1}^{T}\min_{a\in A}c^t(a)$ 替换为 $\min_{a\in A}\sum_{t=1}^{T}c^t(a)$。

定义 17.2(遗憾) *固定代价向量 c^1，…，c^T。行动序列 a^1，…，a^T 产生的遗憾为*

$$\frac{1}{T}\left[\sum_{t=1}^{T}c^t(a^t)-\min_{a\in A}\sum_{t=1}^{T}c^t(a)\right] \tag{17.1}$$

定义 17.1 有时被称为外部遗憾[⊖]。第 18 章会讨论一个更严谨的概念：交换遗憾。

定义 17.3(无憾动力学) *称一个在线决策算法 $\mathcal{A}$ 是无憾的如果对于任意$\varepsilon>0$，都存在一个充分大的时间域 $T=T(\varepsilon)$使得对算法 $\mathcal{A}$ 中的任意对手，定义在 17.1 中的遗憾最多为 ε(在所有实施的行动上求期望)。*

⊖ 此值可为负数，但是在遇到最坏对手的时候其一定为正(例 17.5)。

定义 17.3 中，行动的数目 n 是固定的并且时间域 T 趋向于无穷。[⊖]

本章采用 17.3 定义的无憾标准来作为设计在线决策算法的目标。采用它的第一个原因是通过简单自然的学习算法(17.2 节)就能达到此目标。第二个原因是这个目标并不是平凡的：通过接下来的例子我们可以清楚地看到，需要一些技巧才能实现此目标。第三个原因是当过渡到 17.4 节中的多智能体博弈时，此无憾标准可以直接对应为达到粗糙相关均衡的条件(定义 13.5)。

一个自然的在线决策算法是跟风(Follow-The-Leader，FTL)算法：在每一个时间点 t，选择最小化累积代价 $\sum_{u=1}^{t-1} c^u(a)$ 的行动 a。下面的例子表明 FTL 不是一个无憾算法。更一般地，此例也排除掉了任何确定性的无憾算法。

例 17.4(随机化是无憾的必要条件)　固定一个确定性在线决策算法。在每一个时间点 t，算法选定一个行动 a^t。显然对手的策略是把此行动的代价设置为 1，把其他行动的代价设置为 0。最终，此算法的代价为 T，然而离线下最优行动产生的代价为 T/n。尽管只有两个行动，对于任意大的 T 来说，算法的最差遗憾至少为 1/2。

针对随机算法，接下来的例子说明随着 T 的增长，遗憾的变化是有限的。

例 17.5(遗憾的 $\sqrt{\ln n/T}$ 下界)　假设有两个行动($n=2$)，对手独立且随机地选择代价向量 c^t 为(1，0)或(0，1)。不管一个在线算法有多聪明或者多笨，对于这种随机选择的代价向量，它在每一步的期望代价必然是 1/2，其期望累积代价为 $T/2$。而离线下最优固定行动的期望累积代价仅为 $T/2-b\sqrt{T}$，其中 b 是与 T 独立的常数。此结果来自于如下事实：如果一个硬币公平的投掷 T 次，那么正面朝上的期望次数为 $T/2$，标准差为 $(1/2)\sqrt{T}$。

固定一个在线决策算法 $\mathcal{A}$，一个随机代价向量会使得算法 $\mathcal{A}$ 的期望遗憾至少为 $b/\sqrt{T}$，其中期望定义在所有随机代价向量和所有行动实现上。并且至少存在一个代价向量，和此对手博弈的话，算法 $\mathcal{A}$ 至少获得 $b/\sqrt{T}$ 的遗憾(在所有实施的行动上求期望)。

类似的结论表明，对于 n 个行动，在线决策算法的期望遗憾的减少程度不会超过 $b\sqrt{\ln n/T}$，其中 $b>0$ 是独立于 n 和 T 的常数(问题 17.1)。

17.2　乘性权重算法

本章最重要的结论是存在无憾算法。在第 18 章中，我们将表明仅仅是此结论都

⊖ 严格来讲，定义 17.3 考虑了一类在线决策算法，其中在行动集 A 固定的情况下，每个 T 对应于一个实例。对于决策人事先不知道 T 的场景，参见备注 17.8 和练习 17.2。

有一些非常棒的结果。更好的结论是甚至存在简单自然的无憾算法。虽然此算法不是人们行为的一个完全描述，但是算法背后的指导原则在人们学习和做决策中都能找到影子。针对最差情况下的期望遗憾，接下来要讨论的算法是最优的。此结论与例17.5中的下界最多只有常数级差异。

定理 17.6(无憾算法存在性) 对于包含 n 个行动的集合 A 以及一个时间域 $T \geq 4\ln n$，存在一个在线决策算法使得对于任何对手，算法的期望遗憾最多为 $2\sqrt{\ln n / T}$。

一个直接的推论是：使得期望遗憾下降到一个小的常数所需要的步骤数仅仅是行动个数的对数函数。

推论 17.7(对数级步骤数已足够) 对任意 $\varepsilon \in (0, 1]$，n 个行动的集合 A 以及时间域 $T \geq (4\ln n)/\varepsilon^2$，存在一个在线决策算法使得对于任意对手，期望遗憾最多为 ε。

特别地，定理 17.6 和推论 17.7 里的结论可由乘性权重(Multiplicative Weight, MW)算法获得[⊖]。此算法的设计遵循如下两个指导原则。

无憾算法指导原则

1. 行动的先前结果应该指导每一步中的行动选择策略，并且一个行动被选择的概率与其累积代价成反比。
2. 选择一个差行动的概率应该以指数级减少。

第一个指导原则对获得无憾算法来说至关重要，第二个指导原则能够使得算法获得最优的无憾界。

MW 算法为每一个行动维护一个权重，类似“可信性”。在每一个时间步骤里，算法按与当前权重成比例的概率选择一个行动。

乘性权重算法(MW 算法)

对任意 $a \in A$，初始化 $w^1(a) = 1$

for 每一个时间步骤 $t = 1, 2, \cdots, T$ **do**

　　令行动分布 $p^t = w^t / \Gamma^t$，其中 $\Gamma^t = \sum_{a \in A} w^t(a)$ 为所有权重和

　　给定代价向量 c^t，对每一个行动 $a \in A$，使用公式 $w^{t+1}(a) = w^t(a) \cdot (1 - \eta c^t(a))$ 更新权重

⊖ 此算法的变种在历史上被多次重新发现，见说明。

例如，如果所有可能的代价是−1、0 或者 1，那么每个行动 a 的权重要么维持不变(如果 $c^t(a)=0$)，要么乘以 $1-\eta$(如果 $c^t(a)=1$)或 $1+\eta$(如果 $c^t(a)=-1$)。参数 η 有时被称为“学习率”，是介于 0 和 1/2 的一个值。在定理 17.6 证明的结尾部分会具体给出 η 的值，其为 n 和 T 的函数。当 η 接近 0 时，分布 p^t 接近于均匀分布，因此较小的 η 鼓励探索；当 η 趋向于 1 的时候，分布 p^t 更偏向于选择到目前为止累积代价最小的行动，因此较大的 η 鼓励开发。此参数用于调节探索和开发过程。MW 算法实现起来很简单，唯一的要求是需要为每个行动维持一个权重。

* 17.3　定理 17.6 的证明

17.3.1　适应型对手与非适应型对手

给定一个在线决策算法(17.1 节)，如果代价向量 c^t 依赖于前 $t-1$ 步里的信息，那么称这样的对手为*适应型对手*。*非适应型对手*在算法开始即在任何行动被执行之前，就已经明确了每一步里的代价向量 c^1，…，c^T。

为了证明定理 17.6，我们仅需要考虑非适应型对手。原因是 MW 算法执行过程中的步骤与已经实现的行动无关，因为算法在每一步里选择的分布 p^t 是 c^1，…，c^{t-1}的确定性函数。因此，为了最大化 MW 算法的期望遗憾，一个对手不会根据当前步骤里的行动来确定代价向量。类似地，MW 算法里的对手也不需要根据 p^1，…，p^t 来刻画代价向量 c^t，因为这些分布由自己先前的代价向量 c^1，…，c^{t-1}唯一确定。

17.3.2　分析

给定大小为 n 的行动集 A 以及一个时间域 $T\geqslant 4\ln n$。同时固定一个非适应型对手，或者等价的固定一个代价序列 c^1，…，c^T。相应地，这些也进而确定了在 MW 算法里使用的概率分布 p^1，…，p^T。在 MW 算法里，$\Gamma^t=\sum_{a\in A}w^t(a)$ 表示在时间点 t 开始时的权重之和。证明的路线是把我们关心的两个量，MW 算法的期望代价和最优固定行动的期望代价，与中间量Γ^{T+1}联系起来。

第一步我们首先说明权重和Γ^t将会与算法中的期望代价共同演进(用到 MW 算法的特性)。用v^t 表示 MW 算法在时间点 t 时的期望代价，即

$$v^t=\sum_{a\in A}p^t(a)\cdot c^t(a)=\sum_{a\in A}\frac{w^t(a)}{\Gamma^t}\cdot c^t(a) \tag{17.2}$$

我们需要求出所有v^t 之和的上界。

为了理解Γ^{t+1}是作为Γ^t和期望代价的函数(17.2)，我们有

$$\begin{aligned}\Gamma^{t+1} &= \sum_{a\in A} w^{t+1}(a)\\ &= \sum_{a\in A} w^t(a)\cdot(1-\eta c^t(a))\\ &= \Gamma^t\cdot(1-\eta\nu^t)\end{aligned} \tag{17.3}$$

为了便于分析，我们会从上式中得出Γ^{t+1}的界。由于对所有实数 x，$1+x\leqslant e^x$都成立(图 17.1)，因此我们有$\Gamma^{t+1}\leqslant \Gamma^t\cdot e^{-\eta v^t}$，进而我们有

$$\begin{aligned}\Gamma^{T+1} &\leqslant \underbrace{\Gamma^1}_{=n}\prod_{t=1}^{T} e^{-\eta v^t}\\ &= n\cdot e^{-\eta\sum_{t=1}^{T} v^t}\end{aligned} \tag{17.4}$$

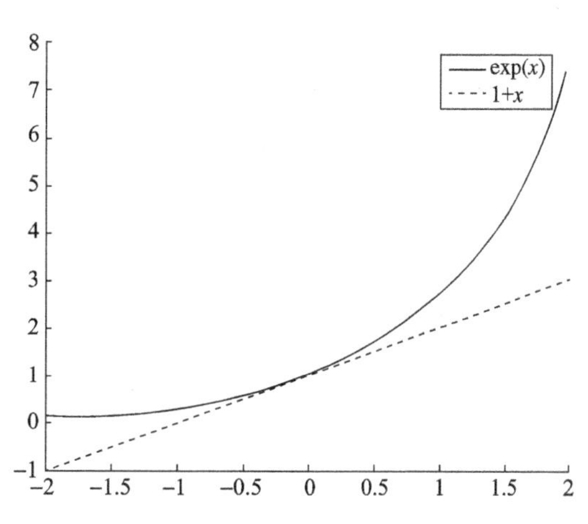

图 17.1　对所有实数 x，不等式 $1+x\leqslant e^x$成立

第二步，我们证明如果有一个好的固定行动，那么，在Γ^{T+1}中，此行动的权重所占的比例会很大。这也就表明了如果所有固定的行动都是差的，那么算法只能产生很大的代价。

用 OPT 表示经由最优固定行动 a^* 造成的累积代价 $\sum_{t=1}^{T} c^t(a^*)$ 。那么，由于权重非负，我们有

$$\begin{aligned}\Gamma^{T+1} &\geqslant w^{T+1}(a^*)\\ &= \underbrace{w^1(a^*)}_{=1}\prod_{t=1}^{T}(1-\eta c^t(a^*))\end{aligned} \tag{17.5}$$

再一次使用指数函数近似表达 $1+x$，这次使用如下式子。图 17.1 指出当 x 接近 0 的时候，这两个函数会很接近。我们可以通过泰勒展开式进行更精确地表达

$$\ln(1-x) = -x-\frac{x^2}{2}-\frac{x^3}{3}-\frac{x^4}{4}-\cdots$$

假设$|x|\leqslant 1/2$，把展开式里除了前两项外的项全去掉，然后把第二项翻倍用以补偿删去的项，由此可得$-x-x^2$的一个下界 $\ln(1-x)$。因此对于$|x|\leqslant 1/2$，有 $1-x\geqslant e^{-x-x^2}$ 。

由于 $\eta\leqslant 1/2$ 以及$|c^t(a^*)|\leqslant 1$，我们可以把此下界和式(17.5)结合起来得到

$$\Gamma^{T+1}\geqslant \prod_{t=1}^{T} e^{-\eta c^t(a^*)-\eta^2 c^t(a^*)^2} \geqslant e^{-\eta \mathrm{OPT}-\eta^2 T} \tag{17.6}$$

其中对于任意 t，我们用到了粗略估计$c^t(a^*)^2\leqslant 1$。

通过式(17.4)和式(17.6)，我们把 MW 算法里的累积期望代价 $\sum_{t=1}^{T} v^t$ 通过中间

量Γ^{T+1}与 OPT 里的累积代价连接起来了：

$$n \cdot e^{-\eta \sum_{t=1}^{T} v^t} \geqslant \Gamma^{T+1} \geqslant e^{-\eta \mathrm{OPT} - \eta^2 T}$$

两边取自然对数然后除以$-\eta$可得

$$\sum_{t=1}^{T} v^t \leqslant \mathrm{OPT} + \eta T + \frac{\ln n}{\eta} \tag{17.7}$$

最后，我们考虑如何确定自由变量η。在式(17.7)里有两个误差项，第一个对应于失准学习(η越大此值越大)，第二个对应于过度学习(η越小此值越大)。为了平衡这两项，我们选择$\eta = \sqrt{(\ln n/T)}$。因为$T \geqslant 4\ln n$，有$\eta \leqslant 1/2$，符合要求。由此可得 MW 算法的累积期望代价最多比最优固定行动的累积代价多$2\sqrt{T \ln n}$。定理 17.6 证明完毕。

备注 17.8(未知时间域) 上述证明里的η需要假设时间域T事先已知。对 MW 算法进行少量改动，我们也能确定此算法在T提前未知下的期望遗憾，此时定理 17.6 中的系数 2 会被替换为一个稍大的数(练习 17.2)。

17.4 无憾与粗糙相关均衡

现在我们从单智能体扩展到多智能体场景，研究有限博弈中的无憾动力学。

17.4.1 无憾动力学

我们以代价最小化博弈(13.1.1 节)为例来描述无憾动力学。此例和收益最大化博弈类似，只要把收益看成负的代价即可。

无憾动力学

对任意时间点$t=1, 2, \cdots, T$：

每个智能体i使用无憾算法独立地选择一个混合策略p_i^t(每个具体的行动对应于一个纯策略)。

每个智能体i获得一个代价向量c_i^t，给定其他智能体混合策略，$c_i^t(s_i)$为选择纯策略s_i时的期望代价：

$$c_i^t(s_i) = \boldsymbol{E}_{s_{-i}^t \sim \sigma_{-i}^t}[C_i(s_i, \boldsymbol{s}_{-i}^t)]$$

其中σ_{-i}^t为$\prod_{j \neq i} p_j^t$。

例如，如果每个智能体都使用 MW 算法，那么在每一轮中，每个智能体只是简单地更新每个纯策略的权重。在本例下，如果每个智能体有最多n个策略并且代价属于$[-c_{\max}, c_{\max}]$，那么无憾动力学仅需要运行$(4c_{\max}^2 \ln n)/\varepsilon^2$轮就能使得所有智能体的

期望代价不超过 ε(见定理 17.6 和练习 17.1)。

17.4.2 收敛到粗糙相关均衡

下一个结果虽然简单却很重要：无憾动力学中，多智能体共同演化历史的时间平均[⊖]将收敛到一组粗糙相关均衡(均衡概念层级结构中的最大集合(定义 13.5))。这个结论在静态均衡概念和自然的学习动力学的输出之间建立了基本的联系。

命题 17.9(无憾动力学收敛到 CCE) *假设在运行 T 轮无憾动力学后，代价最小化博弈里的每个智能体 $i=1, 2, \cdots, k$ 都有不超过 ε 的期望代价。用 $\sigma^t=\prod_{i=1}^{k} p_i^t$ 表示在第 t 轮时的联合行动分布，并用 $\sigma=\frac{1}{T}\sum_{t=1}^{T}\sigma^t$ 表示这些联合行动分布的时间平均值。那么 σ 在如下意义下为一个近似粗糙相关均衡，对任意的 i 和 i 的策略改变 s_i'，有*

$$\boldsymbol{E}_{\mathbf{s}\sim\sigma}[C_i(\mathbf{s})]\leqslant \boldsymbol{E}_{\mathbf{s}\sim\sigma}[C_i(s_i',\mathbf{s}_{-i})]+\varepsilon \tag{17.8}$$

证明：由 σ 的定义可知，对任意智能体 i，都有

$$\boldsymbol{E}_{\mathbf{s}\sim\sigma}[C_i(\mathbf{s})]=\frac{1}{T}\sum_{t=1}^{T}\boldsymbol{E}_{\mathbf{s}\sim\sigma^t}[C_i(\mathbf{s})] \tag{17.9}$$

以及

$$\boldsymbol{E}_{\mathbf{s}\sim\sigma}[C_i(s_i',\mathbf{s}_{-i})]=\frac{1}{T}\sum_{t=1}^{T}\boldsymbol{E}_{\mathbf{s}\sim\sigma^t}[C_i(s_i',\mathbf{s}_{-i})] \tag{17.10}$$

式(17.9)和式(17.10)的右端项分别为智能体 i 在每一轮中按照无憾算法和固定策略 s_i' 行动时的时间期望代价。由于每个智能体的遗憾不超过 ε，那么前项最多比后项多 ε。因此满足近似粗糙相关均衡的条件(17.8)。 ■

命题 17.9 给人一种感觉，粗糙相关均衡概念是一种特殊的计算简单的概念，因此可以作为智能体行为的相对合理的预测。

17.4.3 结束语

在对粗糙相关以及相关均衡惯常的理解中，需要一个第三方来从均衡分布里抽样出一个局势(13.1 节)。命题 17.9 则展示了这种相关性是如何从相互独立的智能体之间的重复博弈中内生出来的。其实这种相关性本质上来源于共享的博弈历史。

命题 17.9 中的近似均衡概念考虑了可列加的误差，然而定义 14.5 和 16.2 使用了相关误差。这样做的原因是为方便分析。

无憾动力学的一个候选形式是在每一轮里根据分布 $\sigma^t=\prod_{i=1}^{k} p_i^t$ 抽样出一个结果 $\mathbf{s}^t$，其中智能体 i 收到一个代价向量 c_i^t，并对任意纯策略 $s_i\in S_i$，有 $c_i^t(s_i)=C_i(s_i,$

⊖ 可以理解为多智能体联合行动概率分布的时间平均值，译文保持原著的字面翻译。

s_{-i}^{t})。当取 σ 为抽样结果集$\{s^1, \cdots, s^T\}$的均匀分布时，与命题 17.9 相类似的结论也成立，不过在证明和描述过程中需要把抽样误差考虑进去。在这些候选动力学里，当面对适应型对手(17.3.1 节)时，智能体使用无憾算法这个条件是必不可少的。

在第 14 章里，我们证明了(λ, μ)-平滑博弈(定义 14.2)的 POA 界对所有粗糙相关均衡都成立(定理 14.4)，并且在近似均衡里会温和退化(定理 14.6)。因此，命题 17.9 似乎表明此 POA 界应该也适用于无憾动力学里的时间平均期望目标函数值。实际上也确实如此(练习 17.3)。

推论 17.10(无憾动力学的 POA 界) *在无憾动力学运行 T 轮后，假设(λ, μ)-平滑博弈里的每个智能体(共 k 个)都有不超过 ϵ 的期望遗憾。用 $\sigma^t = \prod_{i=1}^{k} p_i^t$ 表示在第 t 轮里的联合行动分布并用 s^* 表示最优结果，那么有*

$$\frac{1}{T}\sum_{t=1}^{T}\boldsymbol{E}_{s\sim\sigma^t}[\text{cost}(\boldsymbol{s})] \leqslant \frac{\lambda}{1-\mu}\text{cost}(\boldsymbol{s}^*) + \frac{k\epsilon}{1-\mu}$$

当 $\epsilon\to 0$ 时，上述结果收敛到$\frac{\lambda}{1-\mu}$-平滑博弈的标准 POA 界(14.4 节)。

总结

- 在线决策算法的每一时间步骤里，算法首先选择一个在行动上的分布，然后对手公布针对每个行动的代价。
- 一个行动序列的遗憾定义为此序列的时间平均代价与最优固定行动产生的时间平均代价之差。
- 无憾算法能够保证当时间 T 趋向于无穷时，期望遗憾趋向于 0。
- 乘性权重算法是一个简单的无憾算法，并且此算法在最差情况下的期望遗憾是最优的。
- 在无憾动力学的每一轮里，每个智能体都独立地使用一个无憾算法选择一个混合策略。
- 无憾动力学里联合行动历史的时间平均会收敛到一组粗糙相关均衡。
- 平滑博弈里的 POA 界适用于由无憾动力学产生的时间平均期望目标函数值。

说明

乘性权重算法的众多版本以及定理 17.6 来自 Cesa-Bianchi 等(2007)。Cesa-Bianchi 和 Lugosi(2006)以及 Blum 和 Mansour(2007b)讨论了许多变种和扩展，包含老虎

机模型(决策者在每一时间点上只学习选择行动的代价)。上述文章，以及 Foster 和 Vohra(1999)，Arora 等(2012)，涵盖了在线决策算法、无憾算法、乘性权重算法的先导版本(比如“随机加权多数法” 和 “障碍法”)等的历史。一些关键的参考文献包含 Blackwell(1956)，Hannan(1957)，Littlestone 和 Warmuth(1994)，以及 Freund 和 Schapire(1997)。Hannan(1957)暗含了命题 17.9。问题 17.2 和 17.4 分别出自 Littlestone(1988)以及 Kalai 和 Vempala(2005)。

练习

练习 17.1 (H)把推论 17.7 扩展到在线决策问题上，并把$[-1, 1]$的行动代价区间替换为$[-c_{\max}, c_{\max}]$(所需时间步骤数减少 $c_{\max}^2$ 倍)。假设 $c_{\max}$ 的值是事先已知的。

练习 17.2 (H)乘性权重算法需要用已知的时间域 T 来设置学习率 η。修改算法使其不需要 T 作为已知信息。对任意大的 T 以及任意对手，修改后的算法应该有最多 $b\sqrt{(\ln n)/T}$的期望遗憾，其中 $b>0$ 是与 n 和 T 无关的常数。

练习 17.3 (H)证明推论 17.10。

练习 17.4 命题 17.9 证明了由无憾动力学生成的时间平均联合行动分布 $\frac{1}{T}\sum_{t=1}^{T}\sigma^t$ 是一个近似粗糙相关均衡，但是它并没有给出在第 t 轮中输出分布σ^t 的任何信息。证明分布σ^t 是一个近似粗糙均衡当且仅当它是一个近似纳什均衡(使用相同的可加误差项)。

问题

问题 17.1 考虑一个含有 n 个行动的在线决策问题。证明一个在线决策算法在最差情况下的期望遗憾不可能以超过 $b\sqrt{(\ln n)/T}$的速度衰减，其中 $b>0$ 是与 n 和 T 无关的常数。

问题 17.2 考虑一个在线决策问题。其中有 n 个 “专家”。(n 是 2 的幂次方)。

结合专家建议

在每一个时间点 $t=1, 2, \cdots, T$ 中执行：

每个专家给出一个针对二值事件的预测(例如，股票是涨还是跌)。

决策者选取一个对事件具体实现(0 或者 1)的分布 p^t。

> 公布事件的具体实现$r^t \in \{0, 1\}$。
>
> 根据分布 p^t 选择一个事件输出，如果输出与r^t 不同，称发生了一个错误。

假设有一个先知型的专家，其在每一轮里都做出了正确的预测。

(a) (H)一个确定性算法总是在 p^t 中把 0 或 1 的概率置为 1。证明在一个确定性算法中，最差情况下错误数量界的最小值一定是$\log_2 n$。

(b) 证明对于任意一个随机化算法，存在一个专家预测序列和事件实现，算法中错误数量的期望值至少为$(1/2)\log_2 n$。

(c) (H)证明存在一个随机化算法，对于任意一个专家预测序列和事件实现，错误数量的期望值最多为 $b \log_2 n$，其中 $b<1$ 为一个独立于 n 的常数。b 最小能取多少？

问题 17.3　(H)考虑一个 k 智能体代价最小化博弈，其中在两个不同的局势里不存在拥有相同代价 $C_i(\mathbf{s})$的智能体 i。证明命题 17.9 的逆命题：对博弈里的任意一个粗糙相关均衡 σ，存在一组无憾算法 $\mathcal{A}_1$，…，$\mathcal{A}_k$，当 T 趋向于无穷时，相应的无憾动力学的时间平均历史收敛到 σ。

问题 17.4　例 17.4 表明了跟风(Follow-The-Leader，FTL)算法以及任何确定性算法都不是无憾的。本问题勾勒了 FTL 算法的一个随机化版本，即扰动跟风(Follow-The-Perturbed-Leader，FTPL)算法。此算法的期望遗憾可以与乘性权重算法相媲美。算法通过一个随机化子程序来隐式地定义行动上的分布 p^t。

> **扰动跟风(FTPL)算法**
>
> **for** 任意行动 $a \in A$ **do**
>
> 　　独立地抽样一个几何随机变量(参数 η)[⊖]，用X_a表示此变量
>
> **for** 任意时间点 $t=1, 2, \cdots, T$ **do**
>
> 　　选择一个行动 a，此行动能最小化到目前为止的扰动累积代价
>
> $$-2X_a + \sum_{u=1}^{t-1} c^u(a)$$

固定一个非适应型对手，也即固定一个代价向量序列 c^1，…，c^T。为了

⊖ 等价地，以正面朝上的概率为 η 重复地掷一枚硬币，第一次出现正面所需的次数即为此变量(包含第一个正面)。

简化分析，假设在每一步 t 里，不存在任何一对行动的累积代价只相差一个整数。

(a) (H)证明在每一步 $t=1, 2, \cdots, T$ 里，t 之前的最小扰动累积代价与次小扰动累积代价的差超过 2 的概率为 $1-\eta$。

(b) (H)进行一场思想实验，考虑一个(不能实现的)算法，在此算法的每一步 t 里，结合当前的代价向量挑选一个最小化扰动累积代价 $-2X_a+\sum_{u=1}^{t} c^u(a)$ 的行动。证明此算法的遗憾最多为 $\max_{a \in A} X_a$。

(c) 证明 $\boldsymbol{E}[\max_{a \in A} X_a] \leqslant b\eta^{-1}\ln n$，其中 n 为行动的个数，$b>0$ 为独立于 η 和 n 的常数。

(d) (H)证明对于一个合适的 η，在最差情况下，FTPL 算法的期望遗憾最多为 $b\sqrt{(\ln n)/T}$，$b>0$ 为独立于 η 和 n 的常数。

(e) (H)如何修改 FTPL 算法及其分析过程，使得其在面对适应型对手时也能够获得和原算法相同的遗憾值。

第 18 章

Twenty Lectures on Algorithmic Game Theory

交换遗憾和最小最大化定理

第 17 章证明了粗糙相关均衡是计算简单的，即在任意有限博弈中，存在一些简单的且计算高效的学习过程能够快速收敛到一组粗糙相关均衡。不过当我们深入到均衡概念层级结构(见图 13.1)中的一个较小的集合时，我们还能得到什么结论呢？在 18.1 节和 18.2 节中，我们给出第二个同时也是更严谨的有关遗憾的概念，并且类似地，使用此概念我们证明相关均衡也是计算简单的。18.3 节和 18.4 节进一步引入混合策略纳什均衡概念，并且我们将证明在两人零和博弈里它是容易计算的。

18.1 交换遗憾和相关均衡

本章讨论练习 13.3 中定义的相关均衡，其与定义 13.4 等价。

定义 18.1(相关均衡) 如果对于任意智能体 $i\in\{1, 2, \cdots, k\}$ 以及一个交换函数 δ：$S_i\rightarrow S_i$，有

$$\boldsymbol{E}_{s\sim\sigma}[C_i(\boldsymbol{s})]\leqslant\boldsymbol{E}_{s\sim\sigma}[C_i(\delta(s_i),\boldsymbol{s}_{-i})]$$

那么称 σ 为一个相关均衡，其中 σ 为代价最小化博弈的输出集合 $S_1\times S_2\times\cdots\times S_k$ 上的分布。

每一个相关均衡都是一个粗糙相关均衡，不过反过来一般不成立(见 13.1.6 节)。

我们要问是否存在一个类似无憾动力学(17.4 节)的过程，此过程能收敛到一组相关均衡(和命题 17.9 类似的结论)？为了得到确切的答案，我们需要定义一个更合适同时也更严谨的有关遗憾的概念，用以比较在线决策算法和事前最佳交换函数所产生的期望代价。由于固定行动对应于常数交换函数，因此这应该是一个比事先最佳固定行动更强的基准。

17.1 节中引入了如下在线决策问题模型：在每一个时间点 $t=1, 2, \cdots, T$ 中，决策者确定一个在行动集合 A(n 个行动)上的分布 p^t，然后对手选择一个代价函数 c^t：$A\rightarrow[-1, 1]$，然后决策者根据 p^t 选择一个具体的行动 a^t，并产生一个代价 $c^t(a^t)$。

定义 18.2(交换遗憾) 固定代价向量 c^1，…，c^T。一组行动序列 a^1，…，a^T 的交换遗憾定义为

$$\frac{1}{T}\Big[\sum_{t=1}^{T}c^t(a^t)-\min_{\delta:A\to A}\sum_{t=1}^{T}c^t(\delta(a^t))\Big] \tag{18.1}$$

其中的最小化项里的变量为所有可能的交换函数 δ。[⊖]

定义 18.3(无交换遗憾算法) 如果对于任意 $\epsilon>0$，存在一个充分大的时间域 $T=T(\epsilon)$ 使得对于任意一个在线决策算法 $\mathcal{A}$ 的对手，决策者所得到的期望交换遗憾最多为 ϵ，那么我们称算法 $\mathcal{A}$ 为无交换遗憾的。

与定义 17.3 一样，行动个数 n 是固定的，同时时间域 T 趋向于无穷，并且允许算法 $\mathcal{A}$ 依赖于 T。

在无交换遗憾动力学的任意时间点 t 里，每个智能体 i 都独立地使用无交换遗憾算法选择一个混合策略 p_i^t。代价向量与无憾动力学里的定义一样，其中给定任意其他智能体 j 的混合策略 p_j^t 后，$c_i^t(s_i)$ 为智能体 i 选择纯策略 $s_i\in S_i$ 的期望代价。相关均衡和无交换遗憾动力学的联系与粗糙相关均衡和无憾(外部)动力学的联系一样。

命题 18.4(无交换遗憾动力学和相关均衡) 假设在无交换遗憾动力学里执行 T 轮后，代价最小化博弈里的每个智能体 $i=1,2,\cdots,k$ 的期望交换遗憾不超过 ϵ。令 $\sigma^t=\prod_{i=1}^{k}p_i^t$ 表示为第 t 轮里的联合行动分布，并用 $\sigma=\frac{1}{T}\sum_{t=1}^{T}\sigma^t$ 表示这些分布的时间历史平均。那么 σ 在如下意义下为一个近似相关均衡：对任意智能体 i 以及交换函数 δ：$S_i\to S_i$ 来说，都有

$$\boldsymbol{E}_{s\sim\sigma}[C_i(\boldsymbol{s})]\leqslant \boldsymbol{E}_{s\sim\sigma}[C_i(\delta(s_i),\boldsymbol{s}_{-i})]+\epsilon$$

定义 18.2～18.3 和命题 18.4 的描述很清晰，不过是否存在无交换遗憾算法呢？接下来的结论是一个把设计无交换遗憾算法归约到设计无外部遗憾算法的“黑盒归约”。

定理 18.5(黑盒归约) 如果存在一个无外部遗憾算法，那么就存在一个无交换遗憾算法。

结合定理 17.6 和 18.5，我们断言无交换遗憾算法是存在的。例如，将乘性权重算法(17.2 节)通过归约就会导出一个计算高效的无交换遗憾算法。同样，我们知道与粗糙相关均衡类似，相关均衡也会是计算简单的。

*18.2 定理 18.5 的证明

整个归约过程很自然，你能想到的几乎都可行。不过在证明的结束部分需要一个技巧。

⊖ 内部遗憾是一个紧密的相关概念，它的定义里使用事前最佳单次交换函数(从一个行动到另一个行动)，而不是最佳交换函数。一个行动序列的交换遗憾和内部遗憾最多相差 n 倍。

固定行动集 $A=\{1, 2, \cdots, n\}$。令M_1，…，M_n表示n个不同的无(外部)遗憾算法，比如n个乘性权重算法。每个算法都随时准备着产生一个在行动A上的分布并接受反馈过来的代价向量。大体来说，可以认为算法M_j负责防范智能体从行动j向其他行动进行有利的策略改变。为了方便起见，假设由M_j在时间点t上生成的行动概率分布只依赖于之前的代价向量c^1，…，c^{t-1}，而不依赖于之前的具体实现a^1，…，a^{t-1}。此假设使得我们只需要关注于非适应型对手即可(17.3.1 节)，或者等价地把代价向量序列c^1，…，c^T事先固定好。

如下的"主算法"M与M_1，…，M_n协同工作，另见图 18.1。

主算法

for $t=1, 2, \cdots, T$ **do**

　　接收从算法M_1，…，M_n中生成的在行动集A上的概率分布q_1^t，…，q_n^t

　　计算并输出一个一致分布p^t

　　接收对手的代价向量c^t

　　反馈给每个算法M_j一个代价向量$p^t(j)\cdot c^t$

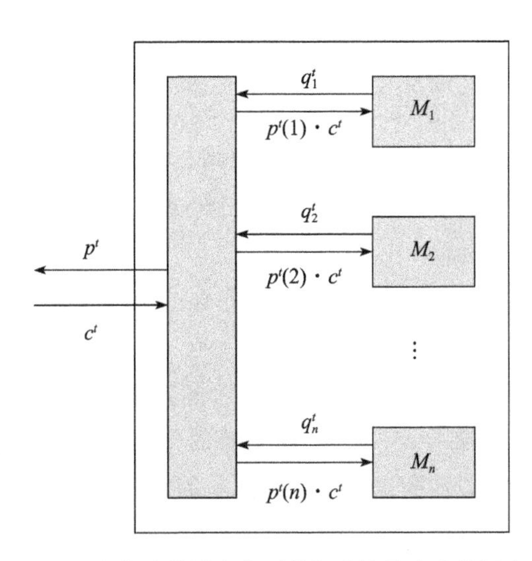

图 18.1 从交换遗憾最小化到外部遗憾最小化的黑盒归约

我们在证明的结尾部分讨论如何经由分布q_1^t，…，q_n^t来计算一致分布p^t。这是整个归约的关键技巧所在。在每一个时间点结束后，真实代价向量c^t被分配到无憾算法里，并按照算法的当前相关性(即$p^t(j)$)进行了缩放。

我们希望利用算法M_j提供的无外部遗憾特性来推导出主算法M的无交换遗憾特性。首先我们看看利用一致分布p^1，…，p^T已经得到了什么以及还需要些什么。

固定代价向量序列 c^1，…，c^T。主算法中的时间平均期望代价为

$$\frac{1}{T}\sum_{t=1}^{T}\sum_{i=1}^{n}p^t(i)\cdot c^t(i) \tag{18.2}$$

在固定一个交换函数 δ：$A \to A$ 的情况下，时间平均期望代价为

$$\frac{1}{T}\sum_{t=1}^{T}\sum_{i=1}^{n}p^t(i)\cdot c^t(\delta(i)) \tag{18.3}$$

我们的目标是对于任意交换函数 δ，证明式(18.2)最多为式(18.3)再加上一个随 T 增大而减少的项(当 T 趋向于无穷时，此项为 0)。

从任意算法M_j 的角度来考虑。在M_j 中，行动是根据推荐分布q_j^1，…，q_j^T 来确定并且真正的代价向量为 $p^1(j)\cdot c^1$，…，$p^T(j)\cdot c^T$。因此，算法M_j 认为它的时间平均期望代价为

$$\frac{1}{T}\sum_{t=1}^{T}\sum_{i=1}^{n}q_j^t(i)\cdot(p^t(j)c^t(i)) \tag{18.4}$$

由于M_j 是一个无憾算法，它感知的代价(18.4)最多为在任一固定行动 $k\in A$ 下的代价(最多相差一个R_j，其随 T 趋向于无穷而趋向于 0)。也就是说，式(18.4)的上界为

$$\frac{1}{T}\sum_{t=1}^{T}p^t(j)c^t(k)+R_j \tag{18.5}$$

现在固定一个交换函数 δ。把式(18.4)和式(18.5)之间的不等式在 j 上全加起来，其中在式(18.5)中 k 被实例化为 $\delta(j)$，得到

$$\frac{1}{T}\sum_{t=1}^{T}\sum_{i=1}^{n}\sum_{j=1}^{n}q_j^t(i)p^t(j)c^t(i) \tag{18.6}$$

最多为

$$\frac{1}{T}\sum_{t=1}^{T}\sum_{j=1}^{n}p^t(j)c^t(\delta(j))+\sum_{j=1}^{n}R_j \tag{18.7}$$

表达式(18.7)与式(18.3)等价，最多相差一项 $\sum_{j=1}^{n}R_j$ (当 T 趋向于无穷时，此项趋近于 0)。的确，通过把代价向量 c^t 分散到各个无外部遗憾算法M_1，…，M_n中，我们来保证此性质。

最后，我们通过选择使式(18.2)和式(18.6)协调的一致分布 p^1，…，p^T 来完成剩下的归约部分。对任意 $t=1$，2，…，T，我们说明如何通过选择一致分布 p^t 使得对于任意行动 $i\in A$，有

$$p^t(i)=\sum_{j=1}^{n}q_j^t(i)p^t(j) \tag{18.8}$$

其中式(18.8)的左边和右边的部分分别是式(18.2)和式(18.6)中 $c^t(i)$前的系数。

本次归约中的关键技巧是把等式(18.8)当成是一个马尔可夫链的稳态分布。更精确地，给定算法M_1，…，M_n中的分布q_1^t，…，q_n^t，在时间点 t 中，构造如下马尔

可夫链(图18.2)：状态集合为$A=\{1, 2, \cdots, n\}$，对任意i，$j\in A$，状态j到i的转移概率为$q_j^t(i)$。也就是说，分布q_j^t表示了从状态j出发后的转移概率。概率分布p^t满足式(18.8)当且仅当它是此马尔可夫链的稳态分布。由于至少存在一个这样的分布，且可以使用特征值计算方法高效地求出(见说明)。上述即完成了定理18.5的证明。

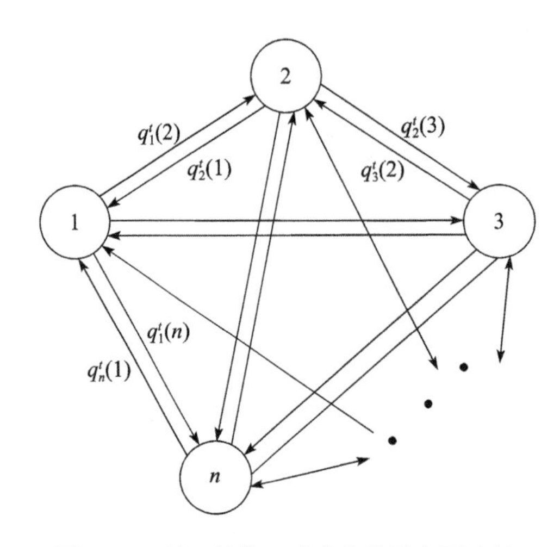

图18.2 用于计算一致分布的马尔可夫链

备注18.6(一致分布的解释) 给定算法的推荐分布q_1^t，…，q_n^t，一致分布p^t的选择来自于证明的构造部分。然而它也有一个自然的解释，即它可以看作一个迭代决策过程的极限分布。考虑让某个算法M_{j_1}给出一个推荐策略。它根据它的分布$q_{j_1}^t$给出了一个推荐j_2。然后让算法M_{j_2}根据分布$q_{j_2}^t$给出推荐策略j_3，依次类推。这个随机过程可以有效地收敛到定理18.5证明中的马尔可夫链的稳态分布。

18.3 零和博弈的最小最大化定理

本章接下来把目光转移到两个智能体的博弈。像通常一样，我们称一个智能体为一个选手，并且使用博弈中的收益最大化体系(备注13.1)。

18.3.1 两人零和博弈

如果在一个两人博弈中，对于任意博弈局势，一个选手的收益始终等于另一个选手收益的负数，那么称此博弈是零和的。这属于纯竞争的博弈，因为一个人的收益就等于另一个人的损失。一个两人零和博弈可以用一个单独的矩阵$\mathbf{A}$来明确表示。其中两个选手的策略组合对应于矩阵中的行和列。元素a_{ij}表明行选手在输出(i, j)里的收益，此也表示列选手在此输出中的收益的负数。因此，行选手和列选手分别偏好更大和更小的数字。我们可以假设所有的收益都落在－1 和 1 之间，如果有必要的话可以再调整收益范围。

举例而言，如下矩阵描述了在石头-剪刀-布博弈中的收益(1.3 节)。

	石头	布	剪刀
石头	0	−1	1
布	1	0	−1
剪刀	−1	1	0

一般而言，纯策略纳什均衡(定义 13.2)在两人零和博弈中不存在，因此在分析此类博弈时，更关注于混合策略纳什均衡(定义 13.3)，即每个选手根据一个混合策略来独立随机地选择一个行动。使用 $\boldsymbol{x}$ 和 $\boldsymbol{y}$ 分别表示行和列的一个混合策略。

如果收益矩阵 $\boldsymbol{A}$ 是 $m\times n$ 的，并且行策略是 $\boldsymbol{x}$，列策略是 $\boldsymbol{y}$，那么可以把行选手的期望收益写成

$$\sum_{i=1}^{m}\sum_{j=1}^{n}x_i\cdot y_i\cdot a_{ij}=\boldsymbol{x}^{\mathrm{T}}\boldsymbol{A}\boldsymbol{y}^{\ominus}$$

列选手的收益为此式的负数。因此，混合策略纳什均衡可以精确地由($\hat{\boldsymbol{x}}$，$\hat{\boldsymbol{y}}$)表示，其中对任意混合行策略 $\boldsymbol{x}$，有$\hat{\boldsymbol{x}}^{\mathrm{T}}\boldsymbol{A}\,\hat{\boldsymbol{y}}\geqslant\boldsymbol{x}^{\mathrm{T}}\boldsymbol{A}\,\hat{\boldsymbol{y}}$以及对任意混合列策略 $\boldsymbol{y}$，有$\hat{\boldsymbol{x}}^{\mathrm{T}}\boldsymbol{A}\,\hat{\boldsymbol{y}}\leqslant\hat{\boldsymbol{x}}^{\mathrm{T}}\boldsymbol{A}\boldsymbol{y}$。

18.3.2 最小最大化定理

在一个两人零和博弈里，你会偏好于在对手公布他的混合策略前或后公布自己的混合策略吗？直觉上，这是一个对先行动者不利的博弈，因为第二个选手可以参考第一个选手的策略来行动。最小最大化定理是一个令人惊讶的结论，它表明我们可以不用关心谁先行动。

定理 18.7(最小最大化定理) 对任意两人零和博弈 $\boldsymbol{A}$，

$$\max_{\boldsymbol{x}}(\min_{\boldsymbol{y}}\boldsymbol{x}^{\mathrm{T}}\boldsymbol{A}\boldsymbol{y})=\min_{\boldsymbol{y}}(\max_{\boldsymbol{x}}\boldsymbol{x}^{\mathrm{T}}\boldsymbol{A}\boldsymbol{y})\tag{18.9}$$

式(18.9)的左边表示行选手先行动，列选手次之。在给定行选手选择的策略后，列选手会以最优的方式行动，并且行选手也会考虑到此点来进行行动。在式子的右边，两位选手的行动顺序刚好相反。最小最大定理断言：在最优行动策略下，每个选手在这两种情况下的期望收益是一样的。式(18.9)中的这个收益被称为博弈 $\boldsymbol{A}$ 的价值(value)。

最小最大化定理等价于如下描述：任意两人零和博弈都有至少一个混合策略纳什均衡(练习 18.3)。同样，它也表明了如下“交叉配对”性质(练习 18.4)：如果($\boldsymbol{x}^1$，$\boldsymbol{y}^1$)和($\boldsymbol{x}^2$，$\boldsymbol{y}^2$)是两人零和博弈中的混合策略纳什均衡，那么($\boldsymbol{x}^1$，$\boldsymbol{y}^2$)和($\boldsymbol{x}^2$，$\boldsymbol{y}^1$)也是。

⊖ 符号“T”表示矩阵的转置。

* 18.4 定理 18.7 的证明

在一个两人零和博弈中，先行总是不利的：对于先行的行选手来说，如果$\hat{\boldsymbol{x}}$是一个最优混合策略，那么当他是后行者时，$\hat{\boldsymbol{x}}$总是一个可供选择的策略。因此式(18.9)的左边最大为式子的右边。我们接下来关注反方向的不等式。

固定一个收益落在[－1，1]区间的两人零和博弈 $\boldsymbol{A}$ 以及一个参数为 $\varepsilon \in (0, 1]$。假设我们运行足够多轮(T)的无憾动力学(17.4 节)，使得两位选手都有最多不超过 ε 的期望(外部)遗憾。例如，如果两位选手都使用乘性权重算法，那么运行 $T=(4\ln(\max\{m, n\}))/\varepsilon^2$ 轮就已经足够了，其中 m 和 n 为矩阵 $\boldsymbol{A}$ 的维度(推论 17.7)。[⊖]

分别用 $\boldsymbol{p}^1, \cdots, \boldsymbol{p}^T$ 和 $\boldsymbol{q}^1, \cdots, \boldsymbol{q}^T$ 表示行选手和列选手根据无憾算法使用的混合策略。给定对手在第 t 轮里的混合策略，t 轮后每个无憾算法给出的收益向量就是每个策略的期望收益。这也就意味着行选手和列选手的收益向量分别为 $\boldsymbol{A}\boldsymbol{q}^t$ 和 $(\boldsymbol{p}^t)^{\mathrm{T}}\boldsymbol{A}$。

令

$$\hat{\boldsymbol{x}} = \frac{1}{T}\sum_{t=1}^{T}\boldsymbol{p}^t$$

表示行选手的时间平均混合策略；

$$\hat{\boldsymbol{y}} = \frac{1}{T}\sum_{t=1}^{T}\boldsymbol{q}^t$$

表示列选手的时间平均混合策略；并令

$$v = \frac{1}{T}\sum_{t=1}^{T}(\boldsymbol{p}^t)^{\mathrm{T}}\boldsymbol{A}\boldsymbol{q}^t$$

表示行选手的时间平均期望收益。

从行选手的角度来看。因为他的期望遗憾最多为 ε，那么对于任意一个固定的纯策略 i 的向量 $\boldsymbol{e}_i$，都有

$$\boldsymbol{e}_i^{\mathrm{T}}\boldsymbol{A}\hat{\boldsymbol{y}} = \frac{1}{T}\sum_{t=1}^{T}\boldsymbol{e}_i^{\mathrm{T}}\boldsymbol{A}\boldsymbol{q}^t \leqslant \frac{1}{T}\sum_{t=1}^{T}(\boldsymbol{p}^t)^{\mathrm{T}}\boldsymbol{A}\boldsymbol{q}^t + \varepsilon = v + \varepsilon \tag{18.10}$$

由于行上的任意混合策略 $\boldsymbol{x}$ 都可以表示为在 $\boldsymbol{e}_i$ 上的概率分布，不等式(18.10)以及其中的线性关系意味着对于任意混合策略 $\boldsymbol{x}$，有

$$\boldsymbol{x}^{\mathrm{T}}\boldsymbol{A}\hat{\boldsymbol{y}} \leqslant v + \varepsilon \tag{18.11}$$

从列选手的角度考虑也有对称的结论，由于他的期望遗憾同样不超过 ε，这表明对于列上的任意混合策略 $\boldsymbol{y}$，我们有

$$\hat{\boldsymbol{x}}^{\mathrm{T}}\boldsymbol{A}\boldsymbol{y} \geqslant v - \varepsilon \tag{18.12}$$

⊖ 在第 17 章中，乘性权重算法和其结论是针对代价最小博弈问题的。当把收益看作负的代价时，上述博弈可以直接过渡到当前场景。

因此，

$$\begin{aligned}\max_x(\min_y \boldsymbol{x}^{\mathrm{T}}\boldsymbol{A}\boldsymbol{y}) &\geqslant \min_y \hat{\boldsymbol{x}}^{\mathrm{T}}\boldsymbol{A}\boldsymbol{y} \\ &\geqslant v-\varepsilon \qquad (18.13)\\ &\geqslant \max_x \boldsymbol{x}^{\mathrm{T}}\boldsymbol{A}\,\hat{\boldsymbol{y}}-2\varepsilon \qquad (18.14)\\ &\geqslant \min_y(\max_x \boldsymbol{x}^{\mathrm{T}}\boldsymbol{A}\boldsymbol{y})-2\varepsilon\end{aligned}$$

其中式(18.13)和式(18.14)分别来自式(18.12)和式(18.11)。取极限 $\varepsilon\to 0(T\to\infty)$ 就完成了最小最大化定理的证明。

总结

- 一个行动序列的交换遗憾是指此序列的时间平均代价与事先最佳交换函数得到的时间平均代价之差。
- 一个无交换遗憾算法能够保证当时间趋向于无穷时，期望交换遗憾趋向于 0。
- 存在一个从无交换遗憾算法设计到无(外部)遗憾算法的黑盒归约。
- 在无交换遗憾动力学里，联合演化历史的时间平均会收敛到一组相关均衡。
- 如果对于任意一个两人博弈的局势，一个选手的收益是对手的负数，那么就称此博弈是零和的。
- 最小最大化定理是指，如果一个选手在两人零和博弈里进行最优行动，那么不管此选手在何时(对手公布自身的策略之前或者之后)公布自己的混合策略，其所得到的期望收益都是一样的。

说明

无交换遗憾算法和相关均衡之间的紧密联系出自 Foster 和 Vohra(1997)以及 Hart 和 Mas-Colell(2000)。定理 18.5 出自 Blum 和 Mansour(2007a)。有关马尔可夫链的背景可以参见 Karlin 和 Taylor(1975)。最小最大化定理(定理 18.7)的第一个证明出自 von Neumann(1928)。von Neumann 和 Morgenstern(1944)受到 Ville(1938)的启发给出了一个更简单的证明。根据 von Neumann 的建议(见 Dantzig(1982))，Dantzig(1951)，Gale 等(1951)以及 Adler(2013)使得最小最大化定理与线性规划对偶性之间的紧密联系得以阐清。使用无憾算法来证明最小最大化定理的方法出自 Freund 和 Schapire(1999)；一个类似的结果也隐式包含在 Hannan(1957)中。Cai 等(2016)调查了最小最大化定理在更广泛的博弈里的扩展。问题 18.2 和 18.3 分别出自 Freund 和 Schapire(1999)以及 Gilboa 和 Zemel(1989)。

练习

练习 18.1　(H)证明对于任意大的 T，一个长度为 T 的行动序列的交换遗憾可以比它的外部遗憾至少多 T。

练习 18.2　在定理18.5中的黑盒归约里，假设任意无憾算法 M_1，…，M_n 都是乘性权重算法(17.2节)，其中 n 表示行动的个数。那么相应的主算法里的交换遗憾是多少?(表示为 n 和 T 的函数。)

练习 18.3　用 $\mathbf{A}$ 表示两人零和博弈里行选手的收益矩阵。证明一对混合策略 $\hat{\boldsymbol{x}}$，$\hat{\boldsymbol{y}}$ 能够形成一个混合策略纳什均衡当且仅当他们是一个最小最大化对(minimax pair)，即

$$\hat{\boldsymbol{x}} \in \arg\max_{\boldsymbol{x}}(\min_{\boldsymbol{y}} \boldsymbol{x}^{\mathrm{T}}\mathbf{A}\boldsymbol{y})$$

且

$$\hat{\boldsymbol{y}} \in \arg\min_{\boldsymbol{y}}(\max_{\boldsymbol{x}} \boldsymbol{x}^{\mathrm{T}}\mathbf{A}\boldsymbol{y})$$

练习 18.4　(H)证明如果($\boldsymbol{x}_1$，$\boldsymbol{y}_1$)和($\boldsymbol{x}_2$，$\boldsymbol{y}_2$)是两人零和博弈中的混合策略纳什均衡，那么($\boldsymbol{x}_1$，$\boldsymbol{y}_2$)和($\boldsymbol{x}_2$，$\boldsymbol{y}_1$)也是此博弈的混合策略纳什均衡。

练习 18.5　在两人博弈里，如果存在常数 a 使得两选手的收益和在任意局势下都等于 a，称此博弈为常和(constant-sum)的。试问最小最大化定理(定理18.7)是否在所有常和博弈里都成立?

练习 18.6　(H)如果在任意局势下三人的收益和都为0，则称一个三人博弈是零和的。试证：任意一个两人博弈都可以作为特例包含于一个三人零和博弈中。

问题

问题 18.1　(H)给出一个两人博弈(非零和)，其中由无憾动力学生成的一组联合演化历史的时间平均不一定收敛到一个混合策略纳什均衡。

问题 18.2　固定一个收益落在[−1，1]区间的两人零和博弈 $\mathbf{A}$ 以及一个参数 $\varepsilon \in (0, 1]$。假设在每一个时间点 $t=1$，2，…，T 上，行选手先行动并使用乘性权重算法选择一个混合策略 $\boldsymbol{p}^t$，列选手后行动并根据 $\boldsymbol{p}^t$ 选择一个最优反应 $\boldsymbol{q}^t$。假设 $T \geqslant (4\ln m/\varepsilon^2)$，其中 m 为矩阵 $\mathbf{A}$ 的行数。

(a) 从行选手的角度证明他的时间平均期望收益 $\frac{1}{T}\sum_{t=1}^{T}(\boldsymbol{p}^t)^{\mathrm{T}}\mathbf{A}\boldsymbol{q}^t$ 至少为

$$\min_{\boldsymbol{y}}(\max_{\boldsymbol{x}} \boldsymbol{x}^{\mathrm{T}}\mathbf{A}\boldsymbol{y}) - \varepsilon$$

(b) 从列选手的角度证明行选手的时间平均期望收益最大为

$$\max_{x}(\min_{y} \boldsymbol{x}^{\mathrm{T}}\boldsymbol{A}\boldsymbol{y})$$

(c) 使用(a)和(b)给出定理 18.7 的另一个证明。

问题 18.3 此问题和下一个问题都假设大家对线性规划有所了解。这两个问题说明了目前我们所有计算简单的均衡概念都能用线性规划来刻画。

考虑一个含 k 个智能体的代价最小化博弈，其中每一个智能体都有最多 m 个策略。我们可以把在此博弈局势上的一个概率分布看作空间上的一个点 $\boldsymbol{z}\in\mathbb{R}^{O}$，其中对于任意局势 $\boldsymbol{s}$，有 $z_s\geqslant 0$ 且 $\sum_{s\in O} z_s = 1$ 。

(a) (H)给出一个最多有 km 个关于 $\boldsymbol{z}$ 成线性的不等式的系统，使得此博弈里的粗糙相关均衡可以精确地表示为满足所有不等式的一个解。

(b) 给出一个最多有 km^2 个关于 $\boldsymbol{z}$ 成线性的不等式的系统，使得博弈里的相关均衡可以精确地表示为满足所有不等式的一个解。

问题 18.4 (H)证明一个两人零和博弈里的混合策略纳什均衡可以由一对线性规划的最优解来刻画。

第19章

Twenty Lectures on Algorithmic Game Theory

纯策略纳什均衡和$\mathcal{PLS}$完全性

本书最后两节将探讨学习动力学和高效算法在收敛性和均衡计算问题上的局限性，并针对均衡计算问题提出$\mathcal{NP}$完全问题的一种类比。本章19.1节将回顾我们之前得到的良好结论，19.2节将对计算复杂性理论进行引导，19.3节将基于这些基础，证实拥塞博弈中的纯策略纳什均衡的计算是一个困难的问题。

本章及下一章需要读者具备多项式时间算法和$\mathcal{NP}$完全问题的基本知识。

19.1 什么情况下均衡是计算可行的

19.1.1 计算可行性回顾

第16～18章中，我们证明了四个令人满意的关于均衡的计算可行性的结论，通过这些结论我们知道，简单且自然的动力系统能够快速地收敛到一个近似均衡。具体可以参考图19.1。这些结论保证了这些均衡概念的预测能力。

四个计算可行的结论

1.(推论17.7和命题17.9)在任意一个博弈中，按照无憾动力学进行联合交互的时间平均历史很快就收敛到一个近似的粗糙相关均衡(CCE)。
2.(命题18.4和定理18.5)在任意一个博弈中，按照无交换遗憾动力学进行联合交互的时间平均历史很快就收敛到一个近似的相关均衡(CE)。
3.(推论17.7和定理18.7)在任意一个两人零和博弈中，按照无憾动力学进行联合交互的时间平均历史很快就收敛到一个近似的混合策略纳什均衡(MNE)。
4.(定理16.3)在任意一个单位路由博弈中，所有智能体都有相同的起始节点和目标节点，基于ϵ-最优反应动力学的多种变种很快就收敛到一个近似的纯策略纳什均衡(PNE)。

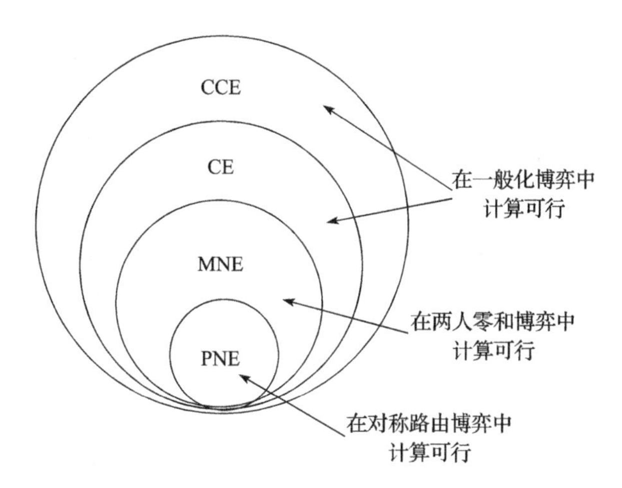

图 19.1 不同级别的均衡概念的计算可行性。"计算可行"的意思是简单且自然的动力系统能够快速收敛到一个近似的均衡，并且，针对精确的均衡计算存在多项式时间的算法

我们能够证明比上图更强的计算可行性结论吗？例如，在一般化的两人博弈中，简单的动力学能快速收敛到一个近似的混合策略纳什均衡吗？或者，在一般化的单元路由博弈中，简单的动力学能快速收敛到一个近似的纯策略纳什均衡吗？

19.1.2 动力学和算法

考虑到计算的困难性，我们需要将我们所立足的概念进行弱化。我们之前考虑的计算困难性是指：

在一类给定的博弈中，是否存在简单且自然的动力学系统，能够快速地收敛到一种均衡？

现在我们将其弱化，重新考虑的计算困难性是：

是否存在一个算法，能够对一类博弈快速计算出某种均衡？

从技术上来讲，"快速"是指：算法达到收敛所需要的循环次数(或者计算机执行基本操作所需要的数目)是不高于一个多项式的，这个多项式是构建所有智能体代价或收益所需要的变量数目的函数㊀。例如，为了定义任意含有 k 个智能体且每个智能体有 n 个策略的博弈的支付(每种博弈局势下有 k 个支付)，我们需要kn^k 个参数。博弈的特例往往具有更加简练的形式，参数数量比kn^k 少很多。例如，在 k 个智能体和 m 条边组成的单元自私路由博弈中，我们只需要 mk 个参数就可以用来描述所有智能体的代价函数(即每个智能体 $i\in\{1, 2, \cdots, k\}$的每条边 e 的代价函数是 $c_e(i)$)。

针对近似均衡的计算，一种算法就是模拟动力学，直到它(近似)收敛。因为动力

㊀ 严谨地讲，我们应该调查这些代价或收益函数的构建所需要的最基本的比特操作的数目。我们略过关于这个问题的更深入讨论。

学的每一轮都可以在多项式时间内被模拟完成，并且只需要多项式轮的迭代就可以收敛，所以这样的算法可以在多项式时间内完成。19.1.1节所涉及的四种计算可行性结论就是这样的情况，这是因为无憾和无交换遗憾动力学都可以使用计算高效的子程序来实现。由于上面的第二个目标比第一个目标要弱，因此第二个算法有更多不可实现的结果。

19.1.1节所述的四种情况中，也存在不基于自然动力学的精确均衡的算法，且可在多项式时间内收敛(参见问题18.3、18.4和19.1)。但这些精确的算法似乎并没有考虑到智能体的学习。

19.1.3　计算困难性的结论

在一般化的双人博弈中，并不存在能快速收敛到近似混合策略纳什均衡的学习过程；在一般化的单元自私路由博弈中，并不存在能快速收敛到近似纯策略纳什均衡学习过程。不仅如此，我们甚至都不知道该如何设计多项式时间的算法来计算这些均衡。那么这些困难到底是因为什么呢？是因为我们目前的理论和技术不成熟？还是由于这些问题天然就不可能实现？我们该如何去证明均衡的计算究竟有多困难？

以上这些问题属于计算复杂性理论的范畴。为什么我们很容易设计出一个多项式时间级的最小生成树算法，但是却很难设计出多项式时间级的旅行商算法？是不是旅行商问题天然就不存在高效的算法？如果不存在，我们又如何证明它不存在？如果我们不能证明，为什么我们却又屡屡在实际问题中发现该类问题的计算是困难的？以上这些问题是使用$\mathcal{NP}$完全理论来进行处理的。在本章和下一章的内容中，我们假设读者具备关于$\mathcal{NP}$完全理论的基本知识。我们将针对均衡计算问题，创造一个类似于$\mathcal{NP}$完全性的理论。

19.2　局部搜索问题

在本节中，我们暂时绕开均衡计算问题，先来探讨一类针对局部搜索问题[㊀]进行推理的复杂性理论。该理论将会为单元自私路由博弈中纯策略纳什均衡的计算困难性提供证据。简单来说，这种博弈中纯策略纳什均衡的计算等价于公式(13.7)定义的势函数的局部最小化的计算。

19.2.1　经典示例：最大割问题

学习局部搜索的一个经典例子就是最大割问题。最大割问题的输入是一张无向图$G=(V, E)$，其中每条边$e\in E$的权重是w_e($w_e\geqslant 0$)。该问题的可行解是一个割(X,

㊀　局部搜索问题可参考经典的人工智能教材。——译者注

$\overline{X}$)，即图的顶点集 V 划分为两部分。该问题的目标是将割边的权重之和最大化，割边就是那些一个顶点在集合 X 中，另一个顶点在集合 $\overline{X}$ 中的边[⊖]。最大割问题是 $\mathcal{NP}$ 困难的，如果 $\mathcal{P}\neq\mathcal{NP}$，则该问题不存在多项式时间的算法。

局部搜索是一种很自然的启发式算法，它适用于很多 $\mathcal{NP}$ 困难问题，包括最大割问题。局部搜索的算法非常简单。

最大割问题的局部搜索算法

初始化任意一个割(X，$\overline{X}$)

while 存在更优的局部移动 **do**

　　进行任意一个这样的局部移动

这里*局部移动*的意思是，将一个点 v 从割的一侧移动到另一侧。例如，如果将节点 v 从集合 X 移动到 $\overline{X}$，则目标函数的增量为

$$\underbrace{\sum_{u\in X:(u,v)\in E} w_{uv}}_{\text{新产生的割边}} - \underbrace{\sum_{u\in \overline{X}:(u,v)\in E} w_{uv}}_{\text{新产生的非割边}} \tag{19.1}$$

如果以上公式中的差是正数，那么这样的一个局部移动就是*更优的*。如果找不到更优的局部移动，局部搜索算法就结束了，结束时产生的结果就是*局部最优*。局部最优不一定是全局最优(参见图 19.2)。

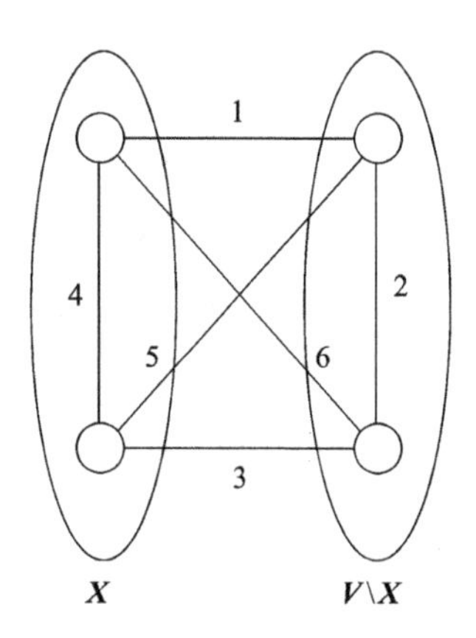

图 19.2　在图中的最大割问题里，局部最优不等于全局最优。割(X，$V\setminus X$)的目标函数值为 15，且任意一个局部移动都会导致目标函数值的降低。而全局最优值为 17

我们可以将局部搜索算法可视化，展示为图 19.3 中的有向图 H 上的一个行走。对于最大割问题，它的输入是一个图 G，那么相对应的，在可视化的有向图 H 中，

⊖ 图的割往往要求两侧的点集都非空这一额外限制条件。但是空割并不会改变最大割问题。

每条有向边表示一个更优的局部移动。这些局部移动间不应该有环，所以图 H 是一个有向无环图。图 H 中没有出边的节点(吸收点)表示局部最优。局部搜索算法在图 H 中不断地沿着出边进行行走，直到进入一个吸收点为止。

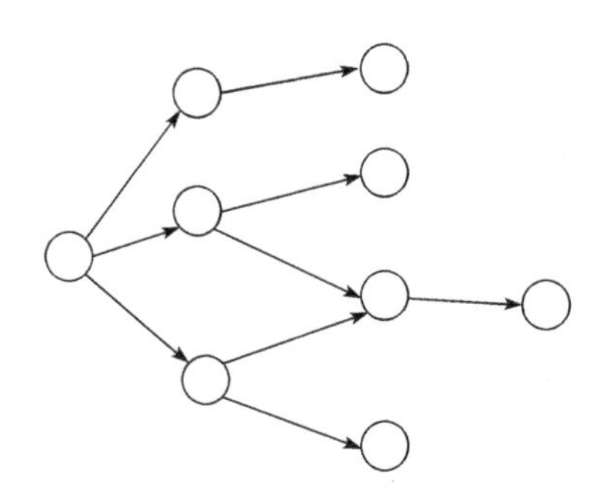

图 19.3 局部搜索可以被描绘成在一个有向无环图上的行走。有向无环图上的节点代表可行解，边代表更优的局部移动，吸收点代表局部最优

由于局部最优只会多于全局最优，所以局部最优更容易被寻找到。例如，考虑在所有边权均为 1 的图上进行最大割的问题。这时计算一个全局的最大割仍然是一个 $\mathcal{NP}$ 难问题，但是计算一个局部最优比较容易。因为在这种设定下，目标函数的值只能取自集合$\{0, 1, 2, \cdots, |E|\}$，所以循环最多只需要进行$|E|$次就可以找到局部最优。

但是，针对任意非负边权图上的最大割问题中局部最优的计算，目前并没有基于局部搜索的多项式时间算法。我们是如何知道这一点的呢？针对以上论断，一个最强的证明应该是“无条件的”，即在不依靠任何未被证明的前提或假设的情况下，直接证明这类问题并不存在多项式时间的算法。但是目前尚无人知晓如何完成这样“无条件的”证明。实际上，这样的一个“无条件的”证明能将 $\mathcal{P}$ 问题和 $\mathcal{NP}$ 划分开来。退一步的目标是：证明这个问题是 $\mathcal{NP}$ 困难问题，并确认只有在 $\mathcal{P}=\mathcal{NP}$ 的情况下，才存在多项式时间的算法。在第 20 章中，我们将会解释为什么这仍然是一个过高的目标。我们将为局部搜索问题创造一种类似于 $\mathcal{NP}$ 完全性的分析方法。作为副产品，我们还会得到在局部搜索问题中，在最坏情况下实现局部最优时所需要的迭代次数的无条件下界。

19.2.2 $\mathcal{PLS}$：抽象局部搜索问题

本节和下一节将证明：最大割问题中局部最优的计算和任何其他局部搜索问题同样困难。这个论断涉及 $\mathcal{NP}$ 完全性的核心思想。$\mathcal{NP}$ 完全性表示的是一个问题和所有多项式时间可验证的问题具有相同的计算困难度。对于那些“最困难的”局部搜索问题，我们并不期待能有算法比局部搜索算法有显著提升。这个思想是和 $\mathcal{NP}$ 完全问题相对应的。考虑到 $\mathcal{NP}$ 完全问题，我们不期待能有比蛮力搜索好很多的算法存在。

上面提到的"任何其他局部搜索问题"是什么意思？作为类比，回想 $\mathcal{NP}$ 问题指的是，对某个特定问题给定一个验证器，它能够在多项式时间内完成对某个解的验证。例如，一个逻辑公式中的每个变量该如何赋真值，或者一个图中的汉密尔顿圈问题。从某种意义上讲，一个高效的验证器，实际上就是在所有可能的解中执行蛮力搜索所必需的最基本组件，而 $\mathcal{NP}$ 就是能够使用蛮力搜索来完成的问题的集合。类似地，对于局部搜索，所需要的最基本组件是哪些呢？

一个抽象局部搜索问题可以是一个最大化问题或者最小化问题。抽象局部搜索问题应该能用以下三个多项式时间的算法来实现。

抽象局部搜索问题的基本组件

1. 第一个多项式时间的算法：输入是一个局部搜索问题的情境，输出是任意一个可行解。
2. 第二个多项式时间的算法：输入是一个局部搜索问题的情境和它的一个可行解，输出是这个解的目标函数值。
3. 第三个多项式时间的算法：输入是一个局部搜索问题的情境和它的一个可行解，这个算法要么报告当前的解就是局部最优解，要么产生一个具有更好目标函数值的解。[㊀]

例如，在最大割问题中，第一个算法会输出任意一个最大割。第二个算法会计算所有割边的权重之和。第三个算法会检查所有的 $|V|$ 个局部移动。如果所有这些局部移动都不是更优的，那么该算法将输出"已局部最优"；否则，该算法将选择一个更优的局部移动并输出新的割结果。

每一个抽象局部搜索问题的程序都具备上述三个组件。在一个具体的实例情境下，一个通用的局部搜索程序使用第一个算法来得到一个初始解，然后迭代地运行第三个算法，直到局部最优解出现[㊁]。可行解的目标函数值是严格地不断改善的，直至最优解被找到；且可行解的数量是有限的，所以这三个组件组成的程序最终会停止[㊂]。例如，对于最大割问题，以上局部搜索程序可以视为在一张有向无环图上的行走

㊀ 我们忽略掉一些具体细节。例如，所有的算法都应该检查给定的输入是否对一个情境进行了合法的编码。当一个算法的表现有错误时，有一些简便的检测方法，比如运行时间过长或者输出了一些无效结果。例如，我们可以将第三个算法的输出表示为"局部最优"，除非它返回了一个比之前更好的可行解并且被第二个算法在多项式阶的步骤内验证。这些细节保证了使用以上这三个算法作为"黑盒"的一般化局部搜索程序总能在局部最优处停下来。

㊁ 第二个算法的目的是确保第三个算法的输出是可靠的，并且保证第三个算法产生的每一个新的解都好于原来的解。如果第三个算法没能算出一个更好的解，则将当前解诠释为一个"局部最优"。

㊂ 这三种算法都是在多项式时间内运行的，这隐含着要求可行解具有多项式阶的描述长度。所以，最多只会有指数级个可行解。

(图19.3)。第一个算法找到起始节点，第三个算法沿着一系列的出边来行走。因为可行解的数目可以是输入大小的指数级的，这样的局部搜索算法可能会需要比多项式更高的迭代次数。

抽象局部搜索问题的目标是计算一个局部最优，它的等价目标是在其所对应的有向无环图上找到一个吸收点。这个目标可以通过运行通用局部搜索算法来完成，但是任何其他可以计算局部最优的正确算法也都可以使用。$\mathcal{PLS}$是指所有这些抽象局部搜索问题的集合[⊖]。你所见过的大多数甚至全部的局部搜索问题都可以被归为$\mathcal{PLS}$问题。

19.2.3　$\mathcal{PLS}$完全性

我们的目标是要证明，对一个最大割问题计算局部最优是和所有其他的局部搜索问题同样困难的。上一节中，我们重点探讨了何为“所有其他局部搜索问题”。现在开始，我们开始规范化地阐述“同样困难”这一词为何意。我们将使用$\mathcal{NP}$完全性理论中的多项式时间归约来实现这一规范化阐述。

从一个问题$L_1 \in \mathcal{PLS}$到问题$L_2 \in \mathcal{PLS}$的归约由两个多项式时间的算法组成。这两个算法有如下所示的性质。

$\mathcal{PLS}$归约

1. 算法$\mathcal{A}_1$将L_1问题的每一个实例情境$x \in L_1$映射到L_2问题中的一个实例情境$\mathcal{A}_1(x) \in L_2$。
2. 算法$\mathcal{A}_2$将实例情境$\mathcal{A}_1(x)$的每一个局部最优映射到实例情境x的局部最优。

归约的定义保证了如果我们能够在多项式时间内给出L_2类问题的解，根据算法$\mathcal{A}_1$和$\mathcal{A}_2$，我们也能够在多项式时间内给出L_1问题的解(图19.4)。

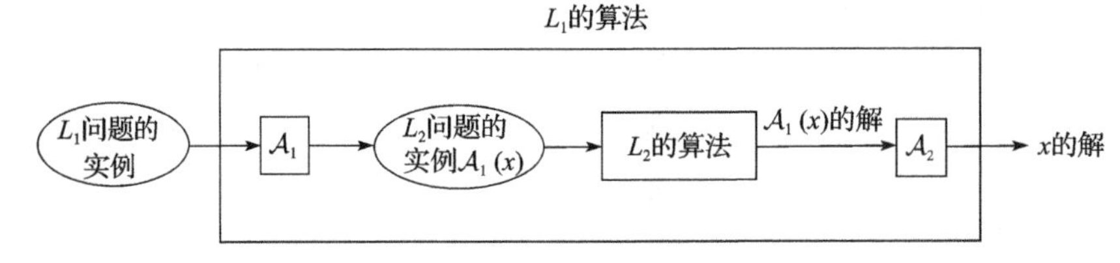

图19.4　从L_1到L_2的归约。这个归约通过解决一个$\mathcal{PLS}$问题L_2来实现解决一个$\mathcal{PLS}$问题L_1

定义19.1($\mathcal{PLS}$完全问题)　如果一个问题$L \in \mathcal{PLS}$且所有在$\mathcal{PLS}$集合中的问题都能归约到L，则称L是一个$\mathcal{PLS}$完全问题。

通过定义19.1可知，$\mathcal{PLS}$完全问题存在多项式时间的算法，当且仅当所有的

⊖　$\mathcal{PLS}$是“polynomial local search”的缩写，即多项式级的局部搜索。——译者注

$\mathcal{PLS}$ 问题都能在多项式时间内被解决。[⊖]

$\mathcal{PLS}$ 完全问题是一个同时对所有的局部搜索问题进行表示的问题。如果我们没有关于 $\mathcal{NP}$ 完全性的卓越理论，我们可能不会相信 $\mathcal{PLS}$ 完全问题的存在。但是就像 $\mathcal{NP}$ 完全问题一样，$\mathcal{PLS}$ 完全问题是存在的。不仅如此，许多自然而且和实际息息相关的问题，包括最大割问题，都是 $\mathcal{PLS}$ 完全问题。

定理 19.2(最大割问题是 $\mathcal{PLS}$ 完全的) *对于一般化的、边权非负的最大割问题，计算局部最优是一个 $\mathcal{PLS}$ 完全问题。*

这个定理的证明比较困难，已经超出了本书的范畴(见说明部分)。

我们已经提到过一个有条件的结论就是，除非所有的 $\mathcal{PLS}$ 问题都可以在多项式时间内被解决，$\mathcal{PLS}$ 完全问题就不存在多项式时间的算法，不管是基于局部搜索还是其他方法。不论是不是所有的 $\mathcal{PLS}$ 都能在多项式时间内被解决，定理 19.2 的证明都意味着，在最坏情况下，具体的局部搜索算法的时间复杂度是指数级的。

定理 19.3(局部搜索的下界) *对于一般化的、边权非负的最大割问题，如果使用局部搜索来实现局部最优，无论在每一次迭代中如何做出局部移动，所需的迭代次数都可以是(节点数目 $|V|$ 的)指数级的。*

19.3 计算拥塞博弈的纯策略纳什均衡

19.3.1 计算纯策略纳什均衡是 $\mathcal{PLS}$ 问题

在 13.2.3 节中，我们介绍了拥塞博弈，它是单元自私路由博弈的一种很自然的泛化。在拥塞博弈中，策略是所有边集的一个子集，而不再必须是一条路径。那么一个拥塞博弈可以描述为以下形式：一个资源集合 E(即单元自私路由博弈中的边)，对于任意一个智能体 $i=1, 2, \cdots, k$，都有一个清晰描述的策略集合 $S_i \subseteq 2^E$(即单位自私路由博弈中的 $o_i - d_i$ 路径)，以及每一个资源 $e \in E$ 的可能代价 $c_e(1), \cdots, c_e(k)$。在一个博弈局势 $\mathbf{s}$ 下，智能体 i 的总代价 $C_i(\mathbf{s})$仍然是他所使用的所有资源的代价之和，即 $\sum_{e \in s_i} c_e(n_e(\mathbf{s}))$，其中 $n_e(\mathbf{s})$表示的是在局势 $\mathbf{s}$ 下使用资源 e 的智能体的数目。

关于单元自私路由博弈的结论(定理 12.3、13.6 和 16.3)推广到拥塞博弈中仍然成立，而且证明方式仍然相同。每一个拥塞博弈都是一个势博弈(参见 13.3 节)，其势函数是

$$\Phi(\mathbf{s}) = \sum_{e \in E} \sum_{i=1}^{n_e(\mathbf{s})} c_e(i) \tag{19.2}$$

⊖ 大多数研究者相信 $\mathcal{PLS}$ 完全问题不能在多项式时间内被解决，虽然这并不像对 $\mathcal{P} \neq \mathcal{NP}$ 有那么强的信心。

以上势函数对于每一个博弈局势 $\mathbf{s}$，每一个智能体 i，以及 i 的单方面转换到的新策略 s_i'，都满足

$$\Phi(s_i', \mathbf{s}_{-i}) - \Phi(\mathbf{s}) = C_i(s_i', \mathbf{s}_{-i}) - C_i(\mathbf{s}) \tag{19.3}$$

我们断言，对于一个拥塞博弈计算纯策略纳什均衡是一个 $\mathcal{PLS}$ 问题。这是因为拥塞博弈问题中的最优反应动力学(参见 16.1 节)与局部搜索问题的势函数是一致的。要证明这个断言的话，我们需要描述 $\mathcal{PLS}$ 问题定义中的三个多项式时间的算法。第一个算法的输入是一个拥塞博弈，包括智能体的策略集合以及资源代价函数，输出是任意一个博弈局势。第二个算法的输入是拥塞博弈和一个局势 $\mathbf{s}$，输出是一个势函数(19.2)的值。第三个算法检查给定的局势是否是纯策略纳什均衡，这样的检查是通过分析每个智能体单方面偏离均衡是否会导致损失来实现的[1]。如果这个局势是纯策略纳什均衡，那么第三个算法将会报告达到了"局部最优"；否则，执行新的一次最优反应动力学，并返回新的博弈局势。根据公式(19.3)可知，这个新的博弈局势会有更小的势函数值。

19.3.2 纯策略纳什均衡的计算是 $\mathcal{PLS}$ 完全问题

计算拥塞博弈中的纯策略纳什均衡是和任何其他局部搜索问题同样困难的。[2]

定理 19.4(纯策略纳什均衡的计算是 $\mathcal{PLS}$ 完全问题) *对拥塞博弈计算纯策略纳什均衡是一个 $\mathcal{PLS}$ 完全问题。*

证明：因为归约是可传递的，我们只需要实现从某一个 $\mathcal{PLS}$ 完全问题到拥塞博弈中纯策略纳什均衡计算问题的归约即可。我们已经知道最大割问题中计算局部最优是一个 $\mathcal{PLS}$ 完全问题(定理 19.2)，现在我们给出一个从它到拥塞博弈中计算纯策略纳什均衡的归约。

归约过程中的第一个多项式时间算法 $\mathcal{A}_1$ 的输入是一个图 $G=(V, E)$，图的边权 $\{w_e\}_{e\in E}$ 非负。这个算法将构建如下的拥塞博弈。

1. 智能体对应图上的点 V。

2. 图上的每条边 $e\in E$ 有两个资源，r_e 和 $\bar{r}_e$。

3. 智能体 v 有两个策略，每一个都由 $|\delta(v)|$ 个资源组成，其中 $\delta(v)$ 是在图 G 中连接到节点 v 的边的集合，并且有 $\{r_e\}_{e\in\delta(v)}$ 和 $\{\bar{r}_e\}_{e\in\delta(v)}$。

4. 边 $e=(u, v)$ 上的资源 r_e 或 $\bar{r}_e$ 只能被智能体 u 或 v 使用。如果只有一个智能体使用，则该资源的代价为 0，如果两个智能体都使用，则该资源的代价为 w_e。

以上算法的构建可以在多项式时间内完成。

---

[1] 在这样的博弈中，每个智能体的策略集都在输入中清晰给出了，所以这个算法是多项式时间内能完成的。

[2] 计算所有纳什均衡或者计算一个有额外约束条件的纳什均衡只会使问题变得更难(参见练习 19.3)。计算某一个任意的纯策略纳什均衡更简单可行一些。

关键在于，给定的最大割问题中的局部最优与上面构建出的这个拥塞博弈的纯策略纳什均衡是一一对应关系。拥塞博弈中的 $2^{|V|}$ 种局势与图 G 上的割是双射的。一个博弈局势就对应了一个割$(X, \overline{X})$，博弈中的每一个智能体都对应于图中的一个节点 $v\in X$(或者 $v\in\overline{X}$)，每一个智能体所选择的策略是将连接到它的边上的资源列为 r_e (或者$\overline{r}_e$)。

这样的双射将总割边权重之和为 $w(X, \overline{X})$的割$(X, \overline{X})$映射到博弈局势，并且博弈局势的势函数值等于 $W-w(X, \overline{X})$，其中 $W=\sum_{e\in E}w_e$，即图中所有边权之和。固定一个割$(X, \overline{X})$，对于被它割断的边 e，其上的两个资源 r_e 和$\overline{r}_e$ 中每一个都只被一个智能体使用，所以它对公式(19.2)的贡献为 0。对于没有被这个割割断的边 e，r_e 和$\overline{r}_e$ 其中一个被两个智能体使用，另一个没有智能体使用。在这种情况下，一部分对公式(19.2)的贡献为 w_e，另一部分的贡献为 0。可知博弈局势的势函数的值就等于图中没有被割断的那些边的权重之和，即 $W-w(X, \overline{X})$。

具有更高权重的割就对应着更低的势函数值，所以图 G 上局部最优的割与最小化的势函数是一一对应的。根据公式(19.3)，势函数的局部最小化又与拥塞博弈中的纯策略纳什均衡是一一对应的。

归约过程的第二个算法 $\mathcal{A}_2$ 只需要将由算法 $\mathcal{A}_1$ 找到的拥塞博弈的一个纯策略纳什均衡进行转换，翻译成图 G 上的一个最大割问题的局部最优解即可。 ■

定理 19.4 的证明中的归约为最大割问题中优化的局部移动和拥塞博弈中有利的偏离策略建立起了一一对应的关系。所以，最大割问题中局部搜索所需要的迭代次数的无条件下界就能够被移植到拥塞博弈中，构成最优反应动力学收敛所需要的迭代次数的无条件下界。

推论 19.5(最优反应动力学的下界)　*对于 k 个智能体的拥塞博弈，无论在每次迭代中如何选择智能体的偏离策略，使用最优反应动力学计算纯策略纳什均衡都会需要 k 的指数级的迭代次数。*

一般来说，使用归约来证明推论 19.5 中的下界会更加方便一些。

19.3.3　对称拥塞博弈

在本章的最后一部分，我们给出另外一个归约，它可以帮助我们将定理 19.4 和推论 19.5 扩展到对称拥塞博弈中。在对称拥塞博弈中，每一个智能体的策略空间是相同的，且每一个智能体的初始节点和目标节点是相同的，它是单位自私路由博弈的一种泛化。㊀

㊀ 对称单元自私路由博弈的纯策略纳什均衡可以在多项式时间内求解(见问题 19.1)，所以，它很可能不是 $\mathcal{PLS}$ 完全问题。

定理 19.6(对称博弈的 $\mathcal{PLS}$ 完全性) 对称拥塞博弈中的纯策略纳什均衡计算是 $\mathcal{PLS}$ 完全问题。

证明：根据定理 19.4，计算一般化的拥塞博弈中的纯策略纳什均衡是一个 $\mathcal{PLS}$ 完全问题。我们将这样的问题归约到在对称拥塞博弈中计算纯策略纳什均衡的问题。给定一个一般化的拥塞博弈，其中有 E 个资源和 k 个智能体，智能体的策略集是 S_1，…，S_k，归约过程的第一个多项式时间算法 $\mathcal{A}_1$ 会构建一个“对称”的博弈版本。在这个对称的博弈中，智能体不变，新的资源集合是 $E \cup \{r_1, \cdots, r_k\}$。原始集合 E 中的边所关联到的资源的代价函数不变。如果一个新加入的资源 r_i 只被一个智能体使用，则它的代价函数是 0；如果它被多个智能体使用，则它的代价函数是无穷大。每一个智能体 i 的策略集合新加上了资源 r_i，并且每一个智能体都可以使用这个扩张了的策略集合中的任意策略。也就是说，所有智能体有一个公共的策略集 $\{s_i \cup \{r_i\}: i \in \{1, 2, \cdots, k\}, s_i \in S_i\}$。智能体选择包含资源 r_i 的策略可以视为在原始博弈中选择智能体 i 这一身份。关键在于，在这个新构建的对称拥塞博弈中，在纯策略纳什均衡下，每个智能体选择的都是原始博弈中单独一个智能体的身份。这是因为如果智能体共享新引入的那些资源的话，代价将是巨大的。算法 $\mathcal{A}_2$ 可以很容易地将这样一个纯策略纳什均衡映射到原始的拥塞博弈中的纯策略纳什均衡，从而完成归约。 ■

类似推论 19.5，定理 19.6 的证明能告诉我们最优反应动力学收敛所需要的迭代次数的无条件下界(见练习 19.4)。

推论 19.7(最优反应动力学的下界) 对于 k 个智能体的对称拥塞博弈，无论在每一次迭代中如何选择智能体的偏离策略，使用最优反应动力学计算纯策略纳什均衡都会需要 k 的指数级的迭代次数。

定理 16.3 告诉我们，在对称拥塞博弈中，ϵ-最优反应动力学可以快速收敛。为什么这个结论不与定理 19.6 和推论 19.7 相互冲突呢？这是因为 ϵ-最优反应动力学只会收敛到一个近似的纯策略纳什均衡，而定理 19.6 讨论的是纯策略纳什均衡是计算困难的[⊖]。因此，定理 19.6 和推论 19.7 给出了精确纯策略纳什均衡和近似纯策略纳什均衡在计算可行性上的区别，也给出了对称拥塞博弈中的最优反应动力学和 ϵ-最优反应动力学在收敛性上的区别。

总结

- 在任意博弈中，自然且简单的动力学能快速收敛到近似粗糙相关均衡(CCE)和近似相关均衡(CE)；在两人零和博弈中，它们能快速收敛到近似混合策略纳

⊖ 我们对于定理 19.6 的证明同样违背了定理 16.3 中的假设。但是这个证明可以进行修改，使其适用于定理 16.3 中的假设条件。

什均衡；在对称拥塞博弈中，它们能快速收敛到近似纯策略纳什均衡(PNE)。

- 为(近似)均衡的计算设计一个快速的算法要比证明简单的动力学能快速收敛这一目标要弱。
- $\mathcal{PLS}$ 是抽象局部搜索问题的集合，它包括了计算局部最大割问题以及计算拥塞博弈中的纯策略纳什均衡的问题。
- 如果所有在 $\mathcal{PLS}$ 集合中的问题都能归约到某一个问题，则称这个问题是一个 $\mathcal{PLS}$ 完全问题。
- 对 $\mathcal{PLS}$ 完全问题存在多项式时间的算法，当且仅当每一个 $\mathcal{PLS}$ 问题都可以在多项式时间内被解决。大多数研究者认为 $\mathcal{PLS}$ 完全问题不能在多项式时间内被解决。
- 对拥塞博弈计算纯策略纳什均衡是一个 $\mathcal{PLS}$ 完全问题，即使是对于它的特殊情况对称拥塞博弈也是这样的。
- 在拥塞博弈中，最优反应动力学收敛到一个纯策略纳什均衡会需要指数式级的迭代次数，即使是对于它的特殊情况对称拥塞博弈也是这样的。

说明

Garey 和 Johnson(1979)这篇论文是对于 $\mathcal{NP}$ 完全性理论很好的入门材料；还可以参考 Roughgarden(2010b)中与算法博弈论相关的例子。$\mathcal{PLS}$ 复杂度集合的定义参照 Johnson 等(1988)，此文中提供了 $\mathcal{PLS}$ 完全问题的示例，并证明了在这些问题中，使用局部搜索来计算局部最优时，最坏情况下所需要的迭代次数的无条件下界。Schäffer 和 Yannakakis(1991)证明了定理 19.2 和 19.3。19.3 节的所有结论以及问题 19.1a 都来自于 Fabrikant 等(2004)。问题 19.1b 来自于 Fotakis(2010)。Fabrikant 等(2004)还证实了在单元自私路由博弈中计算纯策略纳什均衡是一个 $\mathcal{PLS}$ 完全问题。Skopalik 和 Vöcking(2008)证实了在一般化的单元自私路由博弈中，定理 19.4 和推论 19.5 对于计算 ϵ-纯策略纳什均衡和 ϵ-最优反应动力学仍然成立。Papadimitriou 和 Roughgarden(2008)解决了在多项式时间内精确和近似计算相关均衡的问题(见练习 19.1、19.2)。Jiang 和 Leyton-Brown(2015)探讨了简洁型博弈，例如拥塞博弈的相关均衡的解法。Hart 和 Nisan(2013)探讨了一般化博弈的近似和精确相关均衡的解法。

练习

练习 19.1　假设针对一个线性规划问题，如果其最优解存在，则可以在该问题描述参数规模的多项式时间内计算出来。基于这个假设和问题 18.3，给出一个通用代价最小化博弈中相关均衡的算法。你的算法应该在该博弈描述参数规模的多项式时间内运行完。

练习 19.2　(H)练习 19.1 是否意味着，对于拥塞博弈计算相关均衡，可以在该博弈描述的多项式时间内完成？

练习 19.3　(H)证明以下问题是 $\mathcal{NP}$ 完全问题：给定一个通用拥塞博弈和一个实数值目标 τ，判定该博弈是否存在一个代价最多是 τ 的纯策略纳什均衡。

练习 19.4　解释为什么定理 19.6 中的归约能推出推论 19.7。

练习 19.5　给定一个通用单元自私路由博弈，其中初始节点为 o_1，…，o_k，目标节点为 d_1，…，d_k，现在增加新的初始节点 o 和目标节点 d 以及新的有向边(o, o_1)，…，(o, o_k)和(d_1, d)，…，(d_k, d)，当只有一个智能体使用这条边时，权重为 0，当有两个或多个智能体使用时，权重为无穷大。通过这样加点和边的方式，构建一个对称的通用单元自私路由博弈。

定理 19.6 的证明中完成了一个从通用单元自私路由博弈的 PNE 计算到对称通用单元自私路由博弈的 PNE 计算的归约。思考为什么上面这种思路不能完成类似于定理 19.6 的证明中的归约？

问题

问题 19.1　本问题研究的是一个有着相同初始节点 o 和相同目标节点 d 的单元自私路由博弈网络。

(a) (H)证明该问题的 PNE 可以在这个博弈描述参数规模的多项式时间内被计算出来。假设边上的代价函数是非减的。

(b) (H)假设该网络是一系列从 o 到 d 的并行边的集合，而并没有其他节点。证明定理 13.6 的逆定理：每一个均衡流都将势函数(13.6)最小化。

(c) 通过实例证明，在有共同初始节点和共同目标节点的通用的网络中，(b)中结论不成立。

混合策略纳什均衡和 $\mathcal{PPAD}$ 完全性

本章继续讨论学习动力学收敛到均衡的局限性以及多项式时间算法计算均衡的局限性。本章将关注混合策略纳什均衡(Mixed Nash Equilibria，MNE)。$\mathcal{PPAD}$ 完全性与 $\mathcal{PLS}$ 完全性类似，它告诉我们在一般化的双人博弈中混合策略纳什均衡是计算困难的。这意味着第 18 章中得到的针对双人零和博弈的好结果无法被扩展到更一般化的博弈中。

20.1 节给出在双矩阵博弈中计算混合策略纳什均衡这一问题的规范化定义。20.2 节解释了为什么 $\mathcal{NP}$ 完全性不适用于该问题的计算困难性分析，也不适于 $\mathcal{PLS}$ 问题的困难性分析。20.3 节给出了复杂度集合 $\mathcal{PPAD}$ 的规范化定义，在这个集合下，计算混合策略纳什均衡是一个完全问题。20.4 节中，依据 Sperner 引理描述了一个经典的 $\mathcal{PPAD}$ 问题。20.5 节揭示了为什么对双矩阵博弈计算混合策略纳什均衡是一个 $\mathcal{PPAD}$ 问题。20.6 节讨论了 $\mathcal{PPAD}$ 完全问题的分支。

20.1 双矩阵博弈的混合策略纳什均衡的计算

一个双人博弈(不一定是零和的)就叫作双矩阵博弈。一个双矩阵博弈可以描述为两个 $m\times n$ 的收益矩阵 $\boldsymbol{A}$ 和 $\boldsymbol{B}$，其中一个是行参与者的，一个是列参与者的。在零和博弈中，$\boldsymbol{B}=-\boldsymbol{A}$。我们考虑双矩阵博弈中混合策略纳什均衡的计算，即两人的策略 $\hat{\boldsymbol{x}}$ 和 $\hat{\boldsymbol{y}}$ 对于行参与者的所有混合策略 $\boldsymbol{x}$，满足以下公式

$$\hat{\boldsymbol{x}}^{\mathrm{T}}\boldsymbol{A}\hat{\boldsymbol{y}} \geqslant \boldsymbol{x}^{\mathrm{T}}\boldsymbol{A}\hat{\boldsymbol{y}} \tag{20.1}$$

且对于列参与者的所有混合策略 $\boldsymbol{y}$，满足

$$\hat{\boldsymbol{x}}^{\mathrm{T}}\boldsymbol{B}\hat{\boldsymbol{y}} \geqslant \hat{\boldsymbol{x}}^{\mathrm{T}}\boldsymbol{B}\boldsymbol{y} \tag{20.2}$$

虽然研究者付出了巨大的努力，但是对双矩阵博弈的混合策略纳什均衡的计算，尚无多项式时间算法。本章将构建一个合适的复杂度理论，用以论证该问题可能本质上就是计算困难的。我们的目标是证明该问题是一个合适的复杂度集的完全问题。但是究竟是哪个复杂度集呢？20.2 节将会揭示为什么传统的 $\mathcal{NP}$ 完全性不适用于均衡的计算问题。20.3 节将给出具体的解决方案。

20.2 全 $\mathcal{NP}$ 搜索问题

20.2.1 $\mathcal{NP}$ 搜索问题

$\mathcal{NP}$ 问题的定义出自一个验证器：即给定一个实例情境和这个实例情境下的一个可能的解，这个解能在多项式时间内被验证器接受或拒绝。如果验证器接受了某个输入，那么就称该输入为实例情境的一个“证据”。传统上来讲，$\mathcal{NP}$ 问题是一类决策性问题[一]，也就是说根据实例情境是否至少有一个“证据”，正确答案应该为“是”或“否”。

均衡计算问题不是决策性问题，因为均衡计算的输出必须是一个非常明确的均衡，而不是简单的“是”或“否”。为了解决这一定义上的问题，我们将使用复杂度集合 $\mathcal{FNP}$(Functional $\mathcal{NP}$)。这是一类函数性的 $\mathcal{NP}$ 问题，该问题类似于 $\mathcal{NP}$ 问题，但是当答案是“是”的时候，还要产出导致“是”答案的一个证据。这类问题也被称为搜索问题。

一个 $\mathcal{FNP}$ 的算法的输入是一个 $\mathcal{NP}$ 问题的实例情境，例如逻辑公式或者一个无向图。算法的任务是，如果该实例情境存在证据的话，就输出该实例情境的一个证据，例如，一个正确的逻辑公式的赋值或者一个汉密尔顿圈。如果该实例情境不存在证据，则算法应输出“否”。$\mathcal{FP}$ 是 $\mathcal{FNP}$ 问题的子集，$\mathcal{FP}$ 问题可以在多项式时间内求解。

在 19.2.3 节中，我们使用两个多项式时间的算法实现了从一个搜索问题 L_1 到另一个搜索问题 L_2 的归约。第一个算法 $\mathcal{A}_1$ 将 L_1 问题的一个实例情境 $x\in L_1$ 映射到 L_2 问题的一个实例情境 $\mathcal{A}_1(x)\in L_2$，算法 $\mathcal{A}_2$ 将实例情境 $\mathcal{A}_1(x)$的一个证据映射到实例情境 x 的一个证据(或者从“否”映射到“否”)。[二]

19.2 节中的 $\mathcal{PLS}$ 问题集是 $\mathcal{FNP}$ 问题的一个子集。局部最优解就是 $\mathcal{PLS}$ 问题的一个证据，且 $\mathcal{PLS}$ 问题描述中的第三个算法是该证据的验证器。实际上，$\mathcal{PLS}$ 问题的第三个算法所做的明显比一个 $\mathcal{NP}$ 验证器要多。当这个算法的输入是一个非局部最优解时，算法不仅仅简单地输出“否”，而是给出另外一个具有更好目标函数值的解。

计算双矩阵博弈的混合策略纳什均衡也属于 $\mathcal{FNP}$ 问题。这个论点的核心之处在于一个高效的解决方案，该方案能快速地检查博弈的混合策略组合是否是混合策略纳什均衡。虽然均衡的条件(20.1)和(20.2)涉及无穷多个混合策略，但是我们只需要检查向纯策略的偏离(参考练习 13.1)，而这可以在多项式时间内完成。[三]

[一] 很多算法类教材也称其为“判定性问题”。本书使用“决策性问题”一词。——译者注

[二] $\mathcal{NP}$ 问题的思想适用于 $\mathcal{FNP}$ 问题。例如，可满足性问题(SAT)的决策问题版是 $\mathcal{NP}$ 完全的，这表明了 SAT 问题的函数版是 $\mathcal{FNP}$ 完全的。

[三] 严谨地讲，我们也需要论证存在一个混合策略纳什均衡，它可以在多项式时间内被描述完成。

20.2.2 具有证据的 $\mathcal{NP}$ 搜索问题

混合策略纳什均衡的计算是不是 $\mathcal{FNP}$ 完全的呢？如果和所有 $\mathcal{FNP}$ 问题同样困难，这将意味着混合策略纳什均衡将会是计算困难的。有趣的是，$\mathcal{FNP}$ 完全性给出的结果是很令人惊讶的。

定理 20.1（混合策略纳什均衡的计算不是 $\mathcal{FNP}$ 完全的） 对于双矩阵博弈计算混合策略纳什均衡不是 $\mathcal{FNP}$ 完全的，除非 $\mathcal{NP}=co\mathcal{NP}$。

虽然 $\mathcal{NP}=co\mathcal{NP}$ 并不直接意味着 $\mathcal{P}=\mathcal{NP}$，但研究者们相信它们都不太可能成立。例如，如果 $\mathcal{NP}=co\mathcal{NP}$，那么不可满足性问题（$co\mathcal{NP}$ 完全的）就具有简洁的证明。证明一个命题逻辑的公式是可满足的是一个相对简单的问题，因为只需要给出一个可以满足该公式的真值即可。但是相比而言，证明一个公式针对真值表中的所有行都不能满足，则需要指数级的真值检查次数。大多数研究者相信这是很难办到的，即 $\mathcal{NP}\neq co\mathcal{NP}$。如果这个结论是真的，那么定理 20.1 意味着计算双矩阵博弈的混合策略纳什均衡不是 $\mathcal{FNP}$ 完全的。

证明：假设有一个归约，类似于 19.2.3 节中的 $\mathcal{PLS}$ 的归约。这个归约将函数型 SAT 问题归约到计算双矩阵博弈中的混合策略纳什均衡。按照定义，这个归约应有两部分组成：

1. 一个多项式时间的算法 $\mathcal{A}_1$，它将每一个 SAT 公式 ϕ 映射到一个双矩阵博弈 $\mathcal{A}_1(\phi)$。

2. 一个多项式时间的算法 $\mathcal{A}_2$，它将博弈 $\mathcal{A}_1(\phi)$ 的每一个混合策略纳什均衡映射到 SAT 公式 ϕ 的一个可满足性赋值；如果没有这样的可满足性赋值，则将该混合策略纳什均衡映射到字符串“no”。图 20.1 展示了这两个算法。

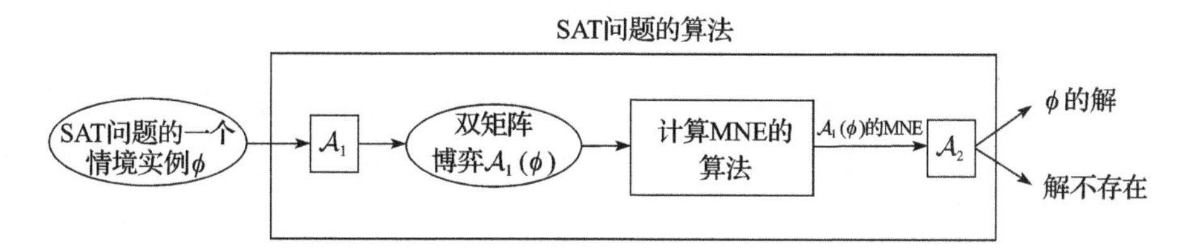

图 20.1 从 SAT 问题到双矩阵博弈混合策略纳什均衡的计算问题的归约。这种归约将导致不可满足性问题具有多项式时间的验证器

我们的论断是：如果这两个算法 $\mathcal{A}_1$ 和 $\mathcal{A}_2$ 存在，则意味着 $\mathcal{NP}=co\mathcal{NP}$。为了证明这个论断，考虑一个无法满足的 SAT 公式 ϕ 和博弈 $\mathcal{A}_1(\phi)$ 的任意一个混合策略纳什均衡 $(\hat{x}, \hat{y})$[⊖]。如果按照假设，以上归约算法 $\mathcal{A}_1$ 和 $\mathcal{A}_2$ 存在，则这个均衡应该能够

⊖ 需要强调的一点是，根据定理 20.5，$\mathcal{A}_1(\phi)$ 至少有一个混合策略纳什均衡（见练习 20.1）。

快速地证实 ϕ 是不可满足的，而如果证实了这一点，则又意味着 $\mathcal{NP}=co\mathcal{NP}$。假设某个均衡($\hat{x}$, $\hat{y}$)能够证实 ϕ 不可满足，用于完成以上证明的验证器需要执行两个工作：(1)使用算法 $\mathcal{A}_1$ 来计算一个博弈 $\mathcal{A}_1(\phi)$，并验证($\hat{x}$, $\hat{y}$)是博弈 $\mathcal{A}_1(\phi)$ 的一个混合策略纳什均衡；(2)使用算法 $\mathcal{A}_2$ 来验证 $\mathcal{A}_2(\hat{x}, \hat{y})$就是字符串"no"。这样的验证器的执行时间是 ϕ 和($\hat{x}$, $\hat{y}$)的多项式级的。如果这个假定均衡解($\hat{x}$, $\hat{y}$)能够通过以上两个验证过程，就意味着 ϕ 是不可满足的。 ■

定理 20.1 的证明实际上是在告诉我们：$\mathcal{FNP}$ 完全问题和那些至少存在一个证据的问题之间是不契合的。一个函数型 SAT 问题是一个 $\mathcal{FNP}$ 完全问题，这类问题可能不存在任何证据；但是，混合策略纳什均衡的计算这样的问题都含有至少一个证据。对于 SAT 问题的答案可能是"否"，而混合策略纳什均衡计算的答案却总是一个确切的均衡。

具有至少一个证据的 $\mathcal{FNP}$ 问题子集叫作 $\mathcal{TFNP}$，即"全函数型 $\mathcal{NP}$"问题。定理 20.1 的证明可以有更一般化的结论，即如果所有 $\mathcal{TFNP}$ 都是 $\mathcal{FNP}$ 完全问题，则 $\mathcal{NP}=co\mathcal{NP}$。尤其是，因为每一个 $\mathcal{PLS}$ 问题都至少有一个证据(局部搜索总会在某一个局部最优处停下来)，所以 $\mathcal{PLS}$ 问题是 $\mathcal{TFNP}$ 问题的子集。所以，除非 $\mathcal{NP}=co\mathcal{NP}$，所有 $\mathcal{PLS}$ 问题，包括计算拥塞博弈的纯策略纳什均衡，都不会是 $\mathcal{FNP}$ 完全问题。

定理 20.2($\mathcal{PLS}$ 问题不是 $\mathcal{FNP}$ 完全的) *除非 $\mathcal{NP}=co\mathcal{NP}$，所有 $\mathcal{PLS}$ 问题都不是 $\mathcal{FNP}$ 完全的。*

20.2.3 语法的复杂度集与语义的复杂度集

由于双矩阵博弈的混合策略纳什均衡的计算是 $\mathcal{TFNP}$ 的一员，这就排除了它是 $\mathcal{FNP}$ 完全的(除非 $\mathcal{NP}=co\mathcal{NP}$)。现在的目标就是证明它是 $\mathcal{TFNP}$ 完全的，是和其他任何 $\mathcal{TFNP}$ 问题同样困难的。

遗憾的是，$\mathcal{TFNP}$ 完全性仍然是一个过高的目标。这是因为 $\mathcal{TFNP}$ 好像并不含有完全性问题。为了解释这一点，考虑一个具有完全性问题的复杂度集，例如 $\mathcal{NP}$，也可以考虑 $\mathcal{P}$ 和 $\mathcal{PSPACE}$。这些复杂度集有什么共性呢？这些集合的构建是基于"语法"的，也就是说一个问题是否属于这样的集合，可以被一个实实在在的计算模型检验(例如多项式时间或多项式空间的确定性或非确定性图灵机)。从这个意义上讲，一个问题是否属于该集合，是有通用的原因的。

基于"语法"定义的复杂度集都有"通用的"完全性问题，其输入是基于接收机的对该问题进行的描述以及该问题的一个实例情境，其目标是为这个实例情境给出解。例如，通用的 $\mathcal{NP}$ 完全问题的输入是一个验证器，一个多项式时间上界，以及某个实例情境的编码，它的目标是决定是否存在一个证据，这个证据使得验证器在给定的时间内能够接收该实例情境。

TFNP 并不具备以上所述的性质，即并没有一个实实在在的计算模型来检验一个问题是否属于 TFNP。TFNP 是基于“语义”的[⊖]。例如，计算双矩阵博弈的混合策略纳什均衡属于 TFNP 的原因是该问题的拓扑性质保证了 MNE 的存在性(参见 20.5 节)。另外一个 TFNP 问题是因子分解：给定一个正整数，输出它的因子分解。在这个问题下，该问题属于 TFNP 是基于数论的原因。然而，博弈中 MNE 的存在性和整数的因子分解本质上是不是同一个通用 TFNP 问题的两种实例情境？这一点无人知晓。

20.2.4 我们该做什么

在 20.3 节定义了 TFNP 的一个子集 PPAD。这个集合描述了计算双矩阵博弈的混合策略纳什均衡的计算复杂度。图 20.2 推测出 PPAD 和我们所讨论过的其他复杂度集之间的关系。PPAD 的定义需要一定技巧，而且看起来并不是很自然。但是根据下面的结论，这种定义是合理的。

复杂度集	非正规的定义
FP	多项式时间可解的搜索问题
FNP	多项式时间可验证的证据
TFNP	一定存在证据
PLS	通过局部搜索可解
PPAD	通过有向图上的寻路可解

a）复杂度集合概要

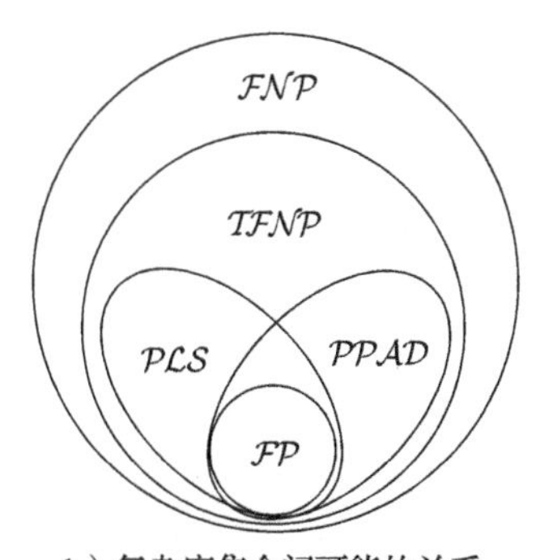

b）复杂度集合间可能的关系

图 20.2 复杂度集的概括。根据定义，我们有 $PLS \cup PPAD \subseteq TFNP \subseteq FNP$。集合 FP 中的所有问题都可以被看作 PLS 或 PPAD 的一种退化

定理 20.3(计算混合策略纳什均衡是 PPAD 完全的) 计算双矩阵博弈的混合策略纳什均衡是 PPAD 完全的。

定理 20.3 的证明很长而且很复杂(见总结部分)。本章剩余的部分将着重于 PPAD 的定义和其背后的直觉，我们还会解释为什么计算双矩阵博弈的混合策略纳什均衡是 PPAD 问题。

⊖ 该类问题还有其他的一些有趣的例子，例如 $NP \cap coNP$(见练习 20.2)。

*20.3 $\mathcal{PPAD}$: $\mathcal{TFNP}$的一个语法子集

我们的目标是：通过证明双矩阵博弈的 MNE 的计算是某一个集合 $\mathcal{C}$ 的完全问题，来分析它的计算困难性，这里 $\mathcal{C}$ 应该是 $\mathcal{FP}$ 的一个超集。第 20.2 节中，我们说 $\mathcal{C}$ 应该是 $\mathcal{TFNP}$ 的一个子集且应该具有完全性问题。$\mathcal{C}$ 的定义应该是基于“语法”的。

我们已经知道 $\mathcal{PLS}$ 是 $\mathcal{TFNP}$ 的一个子集，看起来比 $\mathcal{FP}$ 更大，且具备完全性问题(见 19.2 节)。例如，最大割问题中计算局部最优就是 $\mathcal{PLS}$ 完全问题，而且并不知道是否在多项式时间内可解。$\mathcal{PLS}$ 问题的定义是基于“语法”的，因为每一个 $\mathcal{PLS}$ 问题都是被三个算法来定义的(见 19.2.2 节)。针对所有的 $\mathcal{PLS}$ 问题，它们都属于 $\mathcal{TFNP}$ 的共同原因是，通用的局部搜索程序都是使用三个算法作为“黑盒”，且能够保证最终能找到一个局部最优的证据。

双矩阵博弈的 MNE 计算的恰当的复杂度集是 $\mathcal{PPAD}$ ㊀。在正式定义之前，我们将其类比为 $\mathcal{PLS}$ 进行描述，这种类比在本质上是相似的，只在细节上有区别。$\mathcal{PPAD}$ 和计算混合策略纳什均衡之间的联系并不是直观的，这一点我们将在 20.5 节中着重阐述。

我们可以把局部搜索问题视为在有向无环图上对吸收点进行搜索的问题(图 19.3)。图上的节点对应于可行解，节点数目根据输入的不同是指数级增长的。通过在图上行走直到吸收点这样的操作方式，我们可以解决每一个 $\mathcal{PLS}$ 问题。

和 $\mathcal{PLS}$ 问题类似，$\mathcal{PPAD}$ 问题是那些可以使用通用寻路方法来解决的问题的集合。所有的 $\mathcal{PPAD}$ 问题都可以被视为一个有向图(图 20.3)，图上的节点是“解”，边是“移动”。$\mathcal{PLS}$ 和 $\mathcal{PPAD}$ 的本质区别在于：$\mathcal{PLS}$ 对应的图是有向无环图，而 $\mathcal{PPAD}$ 对应的图是有向图，且所有节点上的出度不超过 1，入度也不超过 1。另外根

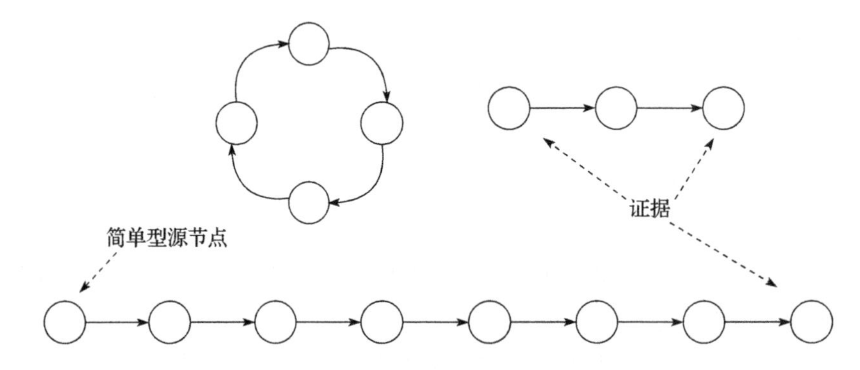

图 20.3　一个 $\mathcal{PPAD}$ 问题对应于一个有向图，图中节点的出度不超过 1，入度也不超过 1

㊀ $\mathcal{PPAD}$ 是“polynomial parity argument，directed version”的缩写，中文可理解为“多项式级的奇偶论证，有向图版本”。具体命名缘由可参考下一页内容，或参考本章所引用的论文。对于 parity argument，有些中文论文中也译为“奇偶校验”。——译者注

据定义，PPAD 对应的图有一个简单型源节点，即没有任何入边的点。如果从简单型源节点出发沿着出边遍历，就不会产生环，因为入度最多是 1 且简单型源节点没有入边。在这样的图上，从源节点出发，一定能到达一个吸收点。与 PLS 不同的是，PPAD 问题中没有目标函数，并且这个图可以具有环。根据定义，PPAD 问题的证据就是图上的吸收点，或者那些非简单型的源节点。

与 PLS 类似，PPAD 的定义是基于“语法”的，可以用以下三个算法来诠释。

PPAD 问题的组件

1. 第一个多项式时间算法的输入是一个实例情境。输出是两个不同的解，分别对应于简单型源节点和它的下一跳节点。
2. 第二个多项式时间算法的输入是一个实例情境，以及一个既不是简单型源节点也不是它的下一跳节点的解 x。输出是，要么返回另一个解，即 x 的上一跳节点 y，要么声明“无上一跳节点”。
3. 第三个多项式时间算法的输入是一个实例情境和一个不是简单型源节点的解 x。输出是，要么返回另一个解，即 x 的下一跳节点 y，要么声明“无下一跳节点”。

这三个算法定义了一个有向图。图上的点对应着可能的解。当且仅当第二个算法输出 x 为 y 的上一跳，且第三个算法中 y 为 x 的下一跳时，有向边 (x, y) 存在。第一个算法还定义了从简单型源节点到它的下一跳的有向边；这保证了简单型源节点不能作为吸收点出现。该图上的每一个节点的出度和入度都不超过 1。在这个图上，除了简单型源节点，所有那些出度或入度为 0 的节点都是原始问题的证据。㊀

所有 PPAD 问题都至少有一个证据，并且这些证据都可以通过以上这种三步的寻路算法来计算出来。这个流程从简单型源节点出发，沿边的方向依次遍历，直至到达一个吸收点(即一个证据)㊁。从这个意义上讲，PPAD 问题有通用的描述和计算模型，它们是属于 TFNP 的。

那么 PPAD 问题和混合策略纳什均衡的计算有什么关系呢？为了理解 PPAD 这个复杂度集，我们下一节先讨论一个经典的 PPAD 的实例情境。

*20.4 经典的 PPAD 问题实例：Sperner 引理

本节探讨一个很明显符合 PPAD 的计算问题实例。20.5 节将更进一步说明这个

㊀ 在 PPAD 问题的定义中，有一些对算法错误进行的简单检查。例如，如果第三个算法没有在给定的多项式阶步骤内停止，或者输出是简单型源节点或它的下一跳，那么算法的输出就被标注为“无下一跳节点”。

㊁ 第二个算法的目的是保证第三个算法不会造假，并保证第三个算法不会产生大于 1 的入度。

实例与双矩阵博弈中混合策略纳什均衡的计算的关系。

考虑在平面中有一个可被再切分的三角形(见图 20.4)。一个合法的点着色是上方的顶点着红色，左方的顶点着绿色，右侧的顶点着蓝色。在边界上的每一个点的颜色都应该选取这条边界的两个顶点其中之一的颜色。三角形内部的节点可以使用三种颜色中的任意一种。如果在一个小的三角形中，三种颜色全都出现，就称这个小三角形是三色的。

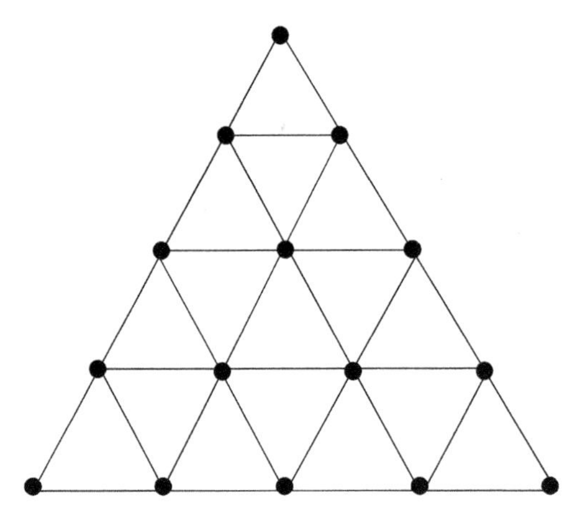
图 20.4　平面上一个可以被再切分的三角形

Sperner 引理断言，对每一种合理着色，至少存在一个三色三角形。[㊀]

定理 20.4(Sperner 引理)　*对于一个可以再切分的三角形，每一种合法着色下，都有奇数个三色三角形存在。*

证明：定义一个图 G，其节点对应于每一个小三角形，外加一个源节点代表大三角形外面的区域。如果两个小三角形有一条公共边，且此公共边有一个红色顶点和一个绿色顶点，那么在图 G 上，这两个小三角形所对应的节点间就有一条边。这样，每一个三色的小三角形都对应图 G 上一个度为 1 的节点。如果一个小三角形中有一个绿色顶点和两个红色顶点，或者两个红色顶点和一个绿色顶点，那这个小三角形对应图 G 上一个度为 2 的节点。图 G 上源节点的度就是大三角形左侧边上同时具有红、绿两种节点的线段的数目，而这个数是奇数。根据握手定理，任意无向图上奇数度节点的数目都是偶数个，所以最终三色三角形的数目是奇数个。■

Sperner 定理的证明告诉我们，在一个合适的图上从一个简单型源节点出发的寻路问题关联到三角形的三着色问题。所以，在可再切分的、合法着色的三角形上进行三着色的问题是 $\mathcal{PPAD}$ 问题。[㊁]

*20.5　混合策略纳什均衡和 $\mathcal{PPAD}$

$\mathcal{PPAD}$ 是 $\mathcal{FNP}$ 中可以通过一个特殊的寻路过程进行求解的那个子集，那么计算

㊀ 该结论和证明可以扩展到高维空间上。在 $\mathbb{R}^n$ 中，每一个被 $n+1$ 种颜色合法着色的可再切分单纯形(subdivided simplex)都包含奇数个全色子单纯形(panchromatic subsimplices)，在每一个全色子单纯形中，每条边都着不同色。

㊁ 我们省略掉了一些细节。$\mathcal{PPAD}$ 问题的图是有向图，而定理 20.4 的证明中定义的图 G 是无向图。但是有简单的方法能使图 G 变为有向图。另外，$\mathcal{PPAD}$ 问题中的简单型源节点的出度是 1，而图 G 中的源节点的度是 $2k-1$，k 是正整数。为了解决这个问题，可以通过将 G 中的源节点拆分成 k 个节点，包括一个出度为 1 的源节点和 $k-1$ 个入度和出度为 1 的节点。

混合策略纳什均衡与 *PPAD* 有什么关系？它们有两个基本的联系。

20.5.1 Sperner 引理和纳什定理

Sperner 引理(定理 20.4)是纳什定理的核心。

定理 20.5(纳什定理) *任意一个有限博弈都含有至少一个混合策略纳什均衡。*

从纳什定理到 Sperner 引理的归约有两步。第一步是使用 Sperner 引理证明布劳威尔不动点定理。布劳威尔不动点定理告诉我们，如果连续函数 f 是从一个紧凸集 C 到自己的映射(其中 C 是 $\mathbb{R}^n$ 的子集)，那 f 至少有一个不动点 $x \in C$ 使得 $f(x)=x$。[㊀]

考虑一个特殊情境，C 是 $\mathbb{R}^2$ 下的一个单纯形。假设函数 f 是连续的。像图 20.4 一样，将 C 切分成小的三角形。对于小三角形的顶点 x，如果点 $f(x)$ 比点 x 距离 C 的左侧极点更远，那么将顶点 x 着绿色；如果点 $f(x)$ 比点 x 距离 C 的上侧极点更远，那么将顶点 x 着红色；如果点 $f(x)$ 比点 x 距离 C 的右侧极点更远，那么将顶点 x 着蓝色；如果 $f(x)$ 到两个极点的距离都变远了，那么两种颜色任选其一。(如果 $f(x)$ 到任何极点的距离都没有变远，那么 x 就直接是一个不动点，无须证明。)现在这个问题就转变为一个子三角形上的合理着色问题。根据 Sperner 引理，至少存在一个三角形，这个三角形的三个顶点分别被函数 f 拽向不同的极点。考虑将小三角形不断地再划分下去，我们就得到了更小的三角形三着色问题。因为 C 是紧的，所以这些小三角形的中心将逐渐收敛到 C 中的一个点 x^*。因为函数 f 是连续的，在极限情况下，$f(x^*)$ 到三个极点的距离都是和 x^* 一样的。这意味着 x^* 是函数 f 的一个不动点。[㊁]

现在简述纳什定理(定理 20.5)是如何归约到布劳威尔不动点定理的。考虑一个 k 个智能体的博弈，策略空间是 S_1，…，S_k，收益函数是 π_1，…，π_k。相关的紧凸集是 $C=\Delta_1\times\cdots\times\Delta_k$，其中 Δ_i 是一个单纯形，表示 S_i 上的混合策略。我们想定义一个连续函数 $f:C\to C$，它是从混合策略组合到混合策略组合的映射。函数 f 的不动点就是博弈的混合策略纳什均衡。我们对 f 的各个组件分别定义，有 $f_i:C\to\Delta_i$。一个自然的想法就是使得 f_i 是智能体 i 应对其他智能体的混合策略组合时的最优反应。这样的方法不能产生连续的，甚至不能产生良好定义的函数。我们使用规范化的方案如下

$$f_i(x_i,\boldsymbol{x}_{-i}) = \underset{x_i' \in \Delta_i}{\operatorname{argmax}}\, g_i(x_i',\boldsymbol{x}) \tag{20.3}$$

其中

㊀ 当你搅动一碗咖啡时，咖啡中至少有一个点位置不会变。

㊁ 布劳威尔不动点定理可以扩展到 $\mathbb{R}^n$ 空间中的所有紧凸集。首先，因为 Sperner 引理能够被扩展到高维空间上，使用同样的论证方法，可知布劳威尔不动点定理在任意维度的单纯形上仍然成立。其次，通过射线投影可知，任意一对相同维度下的紧凸子集 C_1 和 C_2 都是同胚的，也就是说，存在一个双射函数 $h:C_1\to C_2$，且 h 和 h^{-1} 为连续函数。同胚性保证了不动点定理成立(见练习 20.4)。

$$g_i(x_i',\boldsymbol{x}) = \underbrace{\mathop{\boldsymbol{E}}_{s_i\sim x_i',\boldsymbol{s}_{-i}\sim \boldsymbol{x}_{-i}}[\pi_i(\boldsymbol{s})]}_{\text{在}x_i'\text{上线性}} - \underbrace{\|x_i'-x_i\|_2^2}_{\text{严格凸的}} \tag{20.4}$$

函数 g_i 的第一个项即是最优反应，第二项是一个惩罚项，即不鼓励智能体 i 在混合策略上进行大的变动。因为函数 g_i 在 x_i' 上是严格凸的，所以 f_i 的定义良好。函数 $f=(f_1, \cdots, f_k)$是连续的(练习 20.5)。根据定义，每一个 MNE 都是 f 函数的一个不动点。反之，假设 $\boldsymbol{x}$ 不是一个 MNE，即智能体 i 可以通过偏离策略 x_i 到 x_i' 来增加他的期望收益。通过简单的计算就可以知道，对于足够小的 $\varepsilon>0$，都有 $g_i((1-\varepsilon)x_i+\varepsilon x_i', \boldsymbol{x})>g_i(x_i, \boldsymbol{x})$，所以 $\boldsymbol{x}$ 不是 f 函数的一个不动点(见练习 20.6)。

以上纳什定理的证明中，我们将使用寻路算法来计算全着色子单纯形的问题改编成计算有限博弈中的混合策略纳什均衡的问题。这说明了 MNE 的计算是属于 $\mathcal{PPAD}$ 的。

20.5.2　Lemke-Howson 算法

还可以通过另一种方式证明 MNE 的计算是属于 $\mathcal{PPAD}$ 的，即使用 Lemke-Howson 算法。对于该算法的描述超出了本书的范畴。其精髓是，Lemke-Howson 算法将双矩阵博弈的 MNE 的计算归约到一个寻路问题，就像单纯形算法将线性规划的最优解问题归约到在可行域的边界上进行寻路的问题。Lemke-Howson 算法和单纯形算法最大的差别在于 Lemke-Howson 算法没有使用目标函数。已知的对于 Lemke-Howson 算法收敛性的证明都是使用类似 Sperner 引理证明中的基于奇偶论证的方式。这些收敛性的证明告诉我们，计算双矩阵博弈的混合策略纳什均衡属于 $\mathcal{PPAD}$。

20.5.3　结语

以上两节所述的 $\mathcal{PPAD}$ 和 MNE 的两种关联是不能相互比较的。Lemke-Howson 算法只适用于双人博弈，但是它讨论的是，对双矩阵博弈计算精确的 MNE 是属于 $\mathcal{PPAD}$ 的。而 Sperner 引理所使用的寻路算法适用于任意的有限数量参与者的博弈，但是它只告诉我们计算近似 MNE 是属于 $\mathcal{PPAD}$ 的。[⊖]

不论哪种情况，我们的结论都是：计算双矩阵博弈的混合策略纳什均衡是 $\mathcal{PPAD}$ 的。定理 20.3 告诉我们，MNE 的计算和其他任何可以通过通用寻路方法来求解的问题同样困难(要求是有向图，具有一个简单型源节点，且出度和入度最高为 1)。这至少说明了 $\mathcal{PPAD}$ 是分析 MNE 计算困难性的合适的复杂度集。

例如，定理 20.3 意味着，对有限的连续函数计算一个近似的不动点是一个 $\mathcal{PPAD}$ 问题，可以归约到一个计算 MNE 的问题，而这又是 20.5.1 节中所阐述的归约的反向形式。

⊖ 实际上，对于 3 个或者更多个参与者的博弈，精确混合策略纳什均衡的计算似乎是比 $\mathcal{PPAD}$ 中的所有问题都更加困难的(见说明部分)。

20.6 讨论

对定理 20.3 的一种有争议性的诠释是：纳什均衡的这种计算困难使得我们不能用它来做通用型的行为预测。如果没有博弈 MNE 的多项式时间的算法，那我们也就不能期待博弈的参与者们能够快速找到 MNE。

计算困难性并不是纳什均衡的首要缺陷。例如，MNE 的非唯一性已经限制了它的预测能力。但是定理 20.3 给出的关于其计算困难性的结论很适合理论计算机科学来跟进。

如果我们不分析博弈的纳什均衡，那么应该分析什么呢？定理 20.3 告诉我们，可以关注那些计算简单的博弈和均衡概念。例如，我们从无憾动力学的收敛性保障受到启发，从而找出了博弈的相关均衡或粗糙相关均衡所满足的特性。

那 $\mathcal{PPAD}$ 问题究竟有多困难呢？这个基本的问题还没有被调查清楚。由于尚没有证明 $\mathcal{PPAD}$ 问题是否是多项式时间可解的，我们就需要将 $\mathcal{PPAD}\not\subseteq\mathcal{FP}$ 这一假设与比 $\mathcal{P}\neq\mathcal{NP}$ 更强的假设关联起来。例如，我们是否可以将 $\mathcal{PPAD}$ 问题的计算困难性建立在密码学的假设之上（例如单向函数的存在性[⊖]）？

总结

- 尚无用于计算双矩阵博弈中混合策略纳什均衡的多项式时间算法。
- $\mathcal{TFNP}$ 是 $\mathcal{NP}$ 搜索问题（$\mathcal{FNP}$）中一定含有证据的那类子集，它包含了所有的 $\mathcal{PLS}$ 问题和双矩阵博弈的混合策略纳什均衡的计算问题。
- 所有 $\mathcal{TFNP}$ 问题都不是 $\mathcal{FNP}$ 完全问题，除非 $\mathcal{NP}=co\mathcal{NP}$。
- $\mathcal{TFNP}$ 问题可能并不含有完全问题。
- $\mathcal{PPAD}$ 问题是 $\mathcal{TFNP}$ 问题的一个子集，且其证据可以通过在一个有向图上进行寻路计算出来，这个有向图应该具有源节点，并且所有节点的出度和入度最高是 1。
- 计算双矩阵博弈的混合策略纳什均衡是 $\mathcal{PPAD}$ 完全问题。

说明

$\mathcal{TFNP}$ 的定义和定理 20.1 参考 Megiddo 和 Papadimitriou(1991)。定理 20.2 来

[⊖] 单向函数是否存在仍是一个未知的猜想。实际上，单向函数的存在会实现 $\mathcal{P}\neq\mathcal{NP}$ 的证明。在密码学中，一般假设单向函数存在。

自于 Johnson 等(1988)。复杂度集 $\mathcal{PPAD}$ 以及其他 $\mathcal{TFNP}$ 的“语法”子集参考 Papadimitriou(1994)。Daskalakis 等(2009a)给出了定理 20.3 证明的体系，并且证明了三人博弈中的近似 MNE 计算是 $\mathcal{PPAD}$ 完全问题。陈汐和邓小铁(Chen 和 Deng(2009))证明了二人双矩阵博弈中纳什均衡的计算也是 $\mathcal{PPAD}$ 完全问题。相关的综述参考 Roughgarden(2010b)、Papadimitriou(2007)和 Daskalakis 等(2009b)。Sperner 引理(引理 20.4)来自于 Sperner(1928)。我们对纳什定理(定理 20.5)的证明沿袭了 Geanakoplos(2003)的方法，是 Nash(1951)的一种变种。Lemke-Howson 算法来自于 Lemke 和 Howson(1964)，von Stengel(2002)给出了详细的解释。Etessami 和 Yannakakis(2010)证明了三人以上博弈中精确 MNE 的计算是一个 $\mathcal{FIXP}$ 完全问题，这个复杂度集合比 $\mathcal{PPAD}$ 严格大。Bitansky 等(2015)和 Rosen 等(2016)讨论了将 $\mathcal{PPAD}$ 完全性建立在密码学假设之上。

问题 20.2 告诉我们双矩阵博弈的近似 MNE 的计算可以在类多项式时间内完成，参考 Lipton 等(2003)[⊖]。Rubinstein(2016)证明了，基于一些可信的假设，针对计算近似 MNE，并不存在明显快速的算法。问题 20.3 来自于 Brown 和 von Neumann(1950)和 Gale 等(1950)。

练习

练习 20.1 (H)假设每一个存在解的性线方程组 $\boldsymbol{Cx}=\boldsymbol{d}$ 都含有至少一个解，这个解的描述长度(比特位长度)是 $\boldsymbol{C}$ 和 $\boldsymbol{d}$ 的多项式级的。

证明每一个双矩阵博弈($\boldsymbol{A}$，$\boldsymbol{B}$)都有一个混合策略纳什均衡，这个均衡的描述长度是收益矩阵 $\boldsymbol{A}$ 和 $\boldsymbol{B}$ 的多项式级的。

练习 20.2 (H)考虑如下问题：给定一个非确定性算法 $\mathcal{A}_1$(即接收“是”类型的实例)，以及一个反非确定性算法 $\mathcal{A}_2$(即接收“否”类型的实例)，同时给定一个多项式时间界，以及一个情境实例的编码，要求找到一个 $\mathcal{A}_1$ 或 $\mathcal{A}_2$ 其中一个能在所述时间内接收该情境实例的证据。

为什么这个泛化的问题在 20.2.3 节所述内容的意义上，不是一个 $\mathcal{NP}\cap co\mathcal{NP}$ 的完全问题?

练习 20.3 本练习说明了布劳威尔不动点定理中的所有假设的必要性。

(a) 列举一个从一个紧区间到它本身的(非连续)函数 f，且该函数无不动点。

⊖ 这个结果中的近似性是指加法性近似。对于定义 14.5 和定义 16.2 中的乘法性近似，Daskalakis(2013)证明了，为双矩阵博弈计算近似混合策略纳什均衡是 $\mathcal{PPAD}$ 完全问题，所以不太可能具有类多项式时间的算法。

(b) 列举一个从两个紧区间的并集到这个集合本身的连续函数 f，且该函数无不动点。

(c) 列举一个从一个有界开区间到它本身的连续函数 f，且该函数无不动点。

练习 20.4 假设 C_1 和 C_2 是 $\mathbb{R}^n$ 的子集且是同胚的，也就是说存在一个双射函数 $h:C_1 \to C_2$，且 h 和 h^{-1} 都是连续的。求证：如果每一个从 C_1 到自身的连续函数有一个不动点，那么每一个从 C_2 到自身的函数也有一个不动点。

练习 20.5 证明公式(20.3)和式(20.4)中定义的函数是连续的。

练习 20.6 假设在混合策略组合 $\boldsymbol{x}$ 中，智能体 i 可以通过单方面从策略 x_i 偏离到 x_i' 来增加它的期望收益。证明 $g_i((1-\varepsilon)x_i+\varepsilon x_i', \boldsymbol{x})>g_i(x_i, \boldsymbol{x})$ 对于所有足够小的 $\varepsilon>0$ 均成立，其中 g_i 是公式(20.4)中定义的函数。

问题

问题 20.1 (H)假设一个线性方程组存在一个多项式时间的算法，该算法能够决定该系统是否有解，并且如果有解则计算出一个解。使用这样的算法作为计算双矩阵博弈混合策略纳什均衡的一个子程序，计算过程的时间复杂度上界是 $2^n \cdot p(n)$，其中 p 是某个多项式函数，n 是矩阵行和列之积。

问题 20.2 令$(\boldsymbol{A}, \boldsymbol{B})$为一个双矩阵博弈，其中每一个参与者最多有 n 个策略，且所有的收益都在[0, 1]之间。一个 ε-近似混合策略纳什均衡(ε-MNE)是混合策略的一个对$(\hat{\boldsymbol{x}}, \hat{\boldsymbol{y}})$，并且对于所有的行混合策略 $\boldsymbol{x}$ 有

$$\hat{\boldsymbol{x}}^{\mathrm{T}}\boldsymbol{A}\hat{\boldsymbol{y}} \geqslant \boldsymbol{x}^{\mathrm{T}}\boldsymbol{A}\hat{\boldsymbol{y}}-\varepsilon$$

且对于所有列混合测策略 $\boldsymbol{y}$ 有

$$\hat{\boldsymbol{x}}^{\mathrm{T}}\boldsymbol{B}\hat{\boldsymbol{y}} \geqslant \boldsymbol{x}^{\mathrm{T}}\boldsymbol{B}\boldsymbol{y}-\varepsilon$$

(a) (H)固定 $\varepsilon\in(0, 1)$，令$(\boldsymbol{x}^*, \boldsymbol{y}^*)$为$(\boldsymbol{A}, \boldsymbol{B})$的一个 MNE，定义 $K=(b\ln n)/\varepsilon^2$，其中 $b>0$ 是一个足够大的常数且与 n 和 ε 无关。令(r_1, c_1), …, (r_K, c_K)表示根据$(\boldsymbol{x}^*, \boldsymbol{y}^*)$生成的 K 个独立同分布的博弈局势样本。令$\hat{\boldsymbol{x}}$和$\hat{\boldsymbol{y}}$表示相应的边缘经验分布。例如，分量$\hat{\boldsymbol{x}}_i$的定义是当 r_l 是第 i 行时，(r_l, c_l)所占的比例。求证：如果(r_1, c_1), …, (r_K, c_K)的比例很高，则$(\hat{\boldsymbol{x}}, \hat{\boldsymbol{y}})$是一个 ε-MNE。

(b) (H)给出一个计算双矩阵博弈的 ε-MNE 算法，要求该算法的运行时间最多是 $2^{2K} \cdot p(n)$，其中 K 的定义和(a)中一样。

(c) 扩展你的算法和分析，计算一个 ε-MNE，要求在这个均衡下的期望总收益要接近于精确 MNE 能实现的最大期望收益。你的运行时间应该保持不变。

问题 20.3 如果在一个双矩阵博弈中，参与者的策略集一样 $\boldsymbol{B}=\boldsymbol{A}^{\mathrm{T}}$，则称这个博弈是对称的。对称博弈的例子包括剪刀-石头-布(18.3.1 节)和交通灯博弈(13.1.4 节)。纳什定理和 Lemke-Howson 算法都适用于对称博弈，并且表明每一个对称博弈都有一个对称 MNE，其中两个参与者使用相同的混合策略(即$\hat{\boldsymbol{x}}=\hat{\boldsymbol{y}}$)。

(a) (H)按照 19.2.3 节的方式给出一个归约，将一个通用双矩阵博弈中的 MNE 计算问题归约到一个对称双矩阵博弈中的对称 MNE 计算问题。

(b) 给出一个归约，将一个通用双矩阵博弈中的 MNE 计算问题归约到一个对称双矩阵博弈中的任意 MNE 计算问题。

(c) (H)给出一个归约，将一个通用双矩阵博弈中的 MNE 计算问题归约到一个对称双矩阵博弈中的不对称 MNE 计算问题，或者，如果没有不对称 MNE，则报告“无解”。

10 个最重要的知识点

1. **二价单物品拍卖。**这是我们第一个关于“理想化”拍卖的例子，它不仅是占优策略激励相容(DSIC)的，社会福利最大化的，而且是计算高效的(定理 2.4)。单物品拍卖已经展示了在设计上的微小改变将会对参与者的行为造成巨大且复杂的影响，例如一价拍卖和二价拍卖在支付规则上的不同所造成的影响。
2. **迈尔森引理。**对于单参数问题，设计 DSIC 机制可以归约为设计分配规则(定理 3.7)。实际应用包括理想型关键字搜索拍卖(3.5 节)，近似多项式时间的最优背包拍卖(定理 4.2)，并且由该引理可知，在给定估值分布下，最大化期望收益可以归约为最大化期望虚拟福利(定理 5.4)。
3. **Bulow-Klemperer 定理。**在单物品拍卖中，增加一个竞拍者和在已知估值分布下进行最优拍卖效果一样好(定理 6.5)。这个结论结合预知不等式(定理 6.1)，是得到以下结论的重要线索：简单的先验独立拍卖效果可以和最优拍卖差不多好。
4. **VCG 机制。**在一般的情境下，要求参与者支付他们产生的外部性可以得到一个满足 DSIC 的最大化福利机制(定理 7.3)。VCG 机制在许多现实世界的应用场景下不是很实用，比如无线频谱拍卖(第 8 章)。这就激励我们寻找像同时升价拍卖一样更加简单的非直接拍卖形式(8.3 节)。
5. **不含钱机制设计。**许多优美且应用广泛的机制都是不使用金钱的。例子包括首位交易环机制(定理 9.7 和 9.8)、肾脏交换机制(定理 10.1)以及盖尔-沙普利稳定匹配机制(定理 10.5、10.7 和 10.8)。
6. **自私路由。**最坏情况下的自私路由总是很简单——类 Pigou 示例的网络就能够最大化无秩序代价(POA)(定理 11.1 和 11.2)。因此，只有当代价函数的非线性程度很高时，自私路由的 POA 才会很大。另外有确凿的实验证据表明超额配置的网络可以使网络性能提高。
7. **鲁棒 POA 界。**讲义中所有的 POA 界证明都是参数平滑的(定义 14.2)。正因如此，它们就可以使用相对宽松和容易处理的均衡概念比如粗糙相关均衡(定理 14.4)。
8. **势博弈。**在博弈的很多种类中，包含路由、寻址和网络代价分摊博弈，选手们都隐式地在优化势函数的方向努力。任意势博弈都至少有一个纯策略纳什均衡(定理 13.7)并且最优反应动力学总能够收敛(命题 16.1)。势函数在证明像 POA 这类界的时候也很有用(定理 15.1 和 15.3)。
9. **无憾算法。**无憾算法是存在的，其中一些简单的例子存在最优遗憾界，比如乘性权重算法(定理 17.6)。如果一个重复博弈中的选手采用一个无憾或者无交换遗憾算法来选择他的混合策略，那么联合博弈历史的时间平均将会分别收敛到一组粗糙相关均衡(命题 17.9)或者相关均衡(命题 18.4)。这两个均衡概念都是计算简单的，就如两人零和博弈里的混合策略纳什均衡一样(定理 18.7)。

10. **均衡计算的复杂度。**一般来讲，纳什均衡的计算似乎是计算困难的。$\mathcal{PLS}$ 完全性(19.2 节)和 $\mathcal{PPAD}$ 完全性(20.3 节)分别是在纯策略纳什均衡和混合策略纳什均衡计算的意义上对 $\mathcal{NP}$ 完全性进行类比。

部分练习及问题提示

问题2.1(c)：假设 $c=1/4$，使用前半部分的竞拍者来实现校正。

问题 3.1(b)：从竞拍者 i 的角度思考，并瞄准广告位 j。

问题 3.1(d)：首先证明，在一个局部无嫉妒的报价组合中，必须按照单位点击量估值非递增的顺序来对竞拍者进行排序。

问题 3.1(e)：使用公式(3.8)。什么样的报价能够在 GSP 中产生这些支付？使用(d)部分的结论来证明这些报价形成了一个纳什均衡。

问题 3.2(b)：重点是检查收益目标拍卖的支付规则满足迈尔森的支付公式。

练习 4.7：佳士得和苏富比拍卖是怎么样的？

问题 4.2(b)：如果 S^* 是最优解(物品的估值组合是 $\boldsymbol{v}$)，S 是计算得到的解(在 $\tilde{\boldsymbol{v}}$ 下最优)，那么 $\sum_{i\in S} v_i \geqslant m\sum_{i\in S}\tilde{v}_i \geqslant m\sum_{i\in S^*}\tilde{v}_i \geqslant \sum_{i\in S^*}(v_i - m)$ 。

问题 4.2(e)：尝试多个不同的 m 值，并用(c)中的结论。在什么情况下，使用两个单调分配规则中的更好的一个会产生另外一个单调的分配规则？

问题 4.3(a)：将该问题归约到图的最大独立集的计算问题(见 Garey 和 Johnson (1979))。

问题 4.3(c)：当贪心算法错误地选择了某个竞拍者，它可以阻碍多少其他的竞拍者？

练习 5.6：分布的期望是无穷的，违反了 5.1.3 节的假设。

问题 5.2：利用问题 5.1(c)。

问题 5.3(c)：首先扩展(a)部分，将 $b_i(v_i)$ 设为：在 v_i 是最高估值的条件下，次高估值的期望值。

练习 6.1(b)：估值分布服从于两个不同均匀分布的竞拍者就可以满足。

练习 6.2：定义 t 使得 $\Pr[\pi_i > t$，对于所有的 $i] \leqslant \frac{1}{2} \leqslant \Pr[\pi_i \geqslant t$，对于所有的 $i]$。表明两个对应策略中至少有一个满足要求，即或者选择奖励至少为 t 的策略，或者选择第一个值超过 t 的策略。

练习 6.4：利用 Bulow-Klemperer 定理。当一个竞拍者被移除时，利用定理 5.2 来限定最优期望收益减少的值。

问题 6.1(a)：取 $n=2$。

问题 6.2(b)：利用向下封闭来推出由 $\mathcal{M}^*$ 得到的结果。

问题 6.2(c)：利用(a)部分。

问题 6.3(b)：给定牌价 p_1，…，p_n，考虑单物品拍卖，其中每个竞拍者 i 的保留价为 p_i，同时把物品分配给剩下所有竞拍者中 $v_i - p_i$ 值最大的那位。

问题 6.3(c)：把牌价 p_1，…，p_n 设为和定理 6.4 证明过程中一样的牌价[⊖]。证明在以下形式的单物品拍卖中获得的期望收益更少：对每个竞拍者分别设置一个保留价 p_i，并把物品分配给剩余竞拍者(如果还有的话)中 p_i 值最小的那个。利用预知不等式(定理 6.1 和备注 6.2)来确定拍卖的虚拟福利和期望收益的下界。

问题 6.4(b)：取定理 6.5 中 $n=1$ 的例子来推导，当只有一个竞拍者和一个物品时，通过一个随机服从于 F 的牌价 p 获得的期望收益至少是 F 下垄断价格 p^* 获得的期望收益的一半。利用相应规律来证明，对于每个 $t \geqslant 0$，以上结论对价格 $\max\{p, t\}$ 和 $\max\{p^*, t\}$ 都成立。那么竞拍者 $i \neq j$ 为给定的最优机制带来的期望收益是多少呢？

练习 7.5：利用二部图的最大权重匹配可以在多项式时间内完成。

问题 7.1(b)：将 VCG 支付(式(7.2))加和并化简，得到式(7.4)左边的积分，且积分与竞价无关。

问题 7.3(b)：利用次可加性。

问题 7.3(c)：利用问题 7.2。练习 7.5 也与之相关。

练习 8.1：首先计算最大化所有竞拍者的效益之和，然而删除掉里面有关价格的项。

练习 8.2：使用与披露问题一样的示例即可。

问题 8.3：对于熟悉线性规划对偶理论的读者而言，一个分配对应于一个二部图的最大权重匹配，而价格对应于一组最优对偶解，均衡条件对应于互补松弛条件。相应地，使用 VCG 机制的支付来定义物品的价格，并用最优匹配的结构来验证均衡条件。

练习 9.3：构造一个案例使得其中某个竞拍者可以延迟地报告需求缩减从而使得另外某个竞拍者支付得更多，如此的话，对于未来的物品就会导致较低的价格。

练习 9.4(c)：考虑一个现实场景，其中每个 B_i/v_i 都相对较大但仍然远小于 m。

问题 9.1(b)：首先证明对于任意一个这样的确定性 DSIC 拍卖，存在一个简单的在估值集上的分布使得拍卖的期望社会福利最多为期望最高估值的 c/n 倍。解释为什么这就是确定性以及随机性拍卖所期望的下界。

问题 9.3(c)：通过两种不同的方式泛化(b)中的机制。一种不太明显的方式是用一些额外的“虚拟峰值”增补到上报的峰值集合里。

练习 10.1：把集合 E_i/F_i 里的一条边加回来，使其要么对在 i 被匹配之前的顶点没有影响，要么确保 i 一定会被匹配。

练习 10.6：如果医院 w 偏好于和 v(申请人最优的稳定匹配)而不是 v' 进行匹配(其他

[⊖] 注意：作为一个非单参数场景，你不能假设期望收益等于期望虚拟福利(比照定理 5.2)。

稳定匹配 M'），那么(v, w)构成了 M'里的一个阻塞对。

问题 10.1：首先考虑一个这样的虚报，其与真实的偏好列表只在两个挨着的医院上不同。然后通过归纳法扩展到任意虚报情形下。

练习 11.1：证明在类 Pigou 网络中限定 $a=r=1$ 不失一般性。在这样的网络中，POA 随着 b 而减小。

练习 11.2：可以直接计算，也可以转而通过证明如何用仿射代价函数代替网络的凹代价函数使得 POA 只能减小。

练习 11.3(c)：将代价函数为多项式函数的网络变成一个 POA 相同但代价函数是单项式的网络。

练习 11.4(a)：从一个类 Pigou 网络的例子开始，用许多平行的边（代价函数 c 满足 $c(0)=\beta$）来模拟代价函数为常数函数 $c(x)=\beta$ 的边。

练习 11.4(b)：令 $\overline{\mathcal{C}}$ 表示 $\mathcal{C}$ 中代价函数的非负标量积集合。将(a)的结论应用到 $\overline{\mathcal{C}}$ 并用多条边的路径来模拟标量积。

问题 11.2(b)：布雷斯悖论。

问题 11.2(c)：这其实是定理 11.2 和练习 11.1 一个相对比较直接的结论。

问题 11.3(b)：向一个有 6 个顶点的网络加两条边。

练习 12.2(c)：仿照定理 11.2 的证明。在式(11.10)中，利用 α_β 代替 $\alpha(\mathcal{C})$ 再加上 β-超量的假设来完成证明。

练习 12.6：检查所有 y 和 z 都很小的例子。当 y 或者 z 变大时会发生什么？

问题 12.1：证明，当代价函数为仿射函数时，即使右边再多出 1/4，不等式(12.4)依然成立。

问题 12.3(a)：两个有用的最小可能工期的下界是 $\max_{i=1}^{k} w_i$ 和 $\sum_{i=1}^{k} w_i/m$。

练习 13.4：按照边来进行证明。

问题 13.1：对所有智能体 i 考虑 $k=m$ 和 $w_i=1$ 的特殊情况。使用著名的占用问题（例如 balls into bins）的相关性质（这些性质可以在 Mitzenmacher 和 Upfal(2005) 以及 Motwani 和 Raghavan(1996) 找到）。

问题 13.3：对于必要性，可以令 C_1^i，…，C_k^i 等于势函数。

问题 13.4(a)：资源 E 对应团队博弈的局势。将团队博弈中智能体 i 的每个策略 s_i 映射到 E 中 i 选择 s_i 的局势子集。除了被所有智能体使用的资源，其他资源的代价都为 0。

问题 13.4(b)：资源 E 对应智能体 i 和其他智能体的策略 $\mathbf{s}_{-i}$。将虚博弈中智能体 i 的策略 s_i 映射到由 $\mathbf{s}_{-i}$ 或当 i 使用除 s_i 之外的策略时的 $\mathbf{s}_{-j}$。除了被每个智能体都使用的资源，其他所有资源的代价都是 0。（这样的代价函数可能是递减的，这在拥塞博弈中是允许的。）

练习 14.1：利用性质(P2)。

练习 14.5：按照 14.4.1 节的推导过程。

问题 14.1(c)：证明每个这样的博弈关于(b)中的最优局势是(2，0)-平滑的(见备注 14.3)。

问题 14.2(b)：证明每个这样的博弈关于所有竞拍者的竞价为其估值一半时的最优局势是$\left(\frac{1}{2}, 1\right)$-平滑的。

问题 14.3(a)：考虑两个竞拍者和两个物品的情况，其中 $v_{11}=v_{22}=2$，$v_{12}=v_{21}=1$。

问题 14.3(b)：固定每个竞拍者 i 都至少得到一个物品 $j(i)$时的最优局势。证明每个这样的博弈关于每个竞拍者 i 对物品 $j(i)$竞价 $v_{ij(i)}$，且对其他物品竞价 0 时的最优局势都是(1，1)-平滑的。

练习 15.6：证明式(15.4)的一个更强的版本。

问题 15.3：一般化练习 13.4 并且仿照定理 15.1 的证明。

练习 16.1：两个拥有三个策略的智能体就足以说明情况。

练习 16.4：创建一个如图 16.1 的有向图并且把图中节点进行拓扑排序。

问题 16.2：重新证明引理 16.5，这次同样使用此点：智能体 i 而不是 j 被选中并且智能体 j 有偏移到 s_i' 的选项。

问题 16.3(b)：三个智能体足以说明情况。

问题 16.3(c)：从智能体数目的角度归纳证明。添加新智能体到归纳定义的 PNE 之后，说明最优反应动力学在最多 k 轮后收敛到一个 PNE。

练习 17.1：把此问题归约到代价在[−1，1]里的特例。

练习 17.2：在每次到达一个 2 次幂的时间点 t 时，以一个新的对 T 的猜测重新启动算法。

练习 17.3：使用式(16.11)的时间平均版本。

问题 17.2(a)：对于上界，遵循潜在剩余先知的大多数人的意见(多数票规则)。

问题 17.2(c)：从潜在剩余的先知里，随机选择一个专家并遵循其建议。

问题 17.3：把 σ 预先设置在算法 $\mathcal{A}_1$，…，$\mathcal{A}_k$ 里。为了确保每个 $\mathcal{A}_i$ 都是无憾算法，当某个智能体 j 不使用算法 $\mathcal{A}_j$ 时，把其算法转换为乘性权重算法。

问题 17.4(a)：当有需要的时候，通过掷硬币逐步抽样出 X_a，一旦具有最小扰动累积代价的行动 a^* 被识别出时，停止抽样。只有当 X_{a^*} 没有被完全确定时才重新进行求和计算。如果接下来的硬币为“背面朝上”，你能得到些什么？

问题 17.4(b)：首先考虑一个特例，其中对于任意 a，$X_a=0$。迭代地把一个总是选择事后最优行动的序列转化为一个推荐的算法得出的行动序列。从时间 T 往前推导，证明代价随着每一次的这种转化而减低。

问题 17.4(d)：使用(a)来证明，在每一步里，除了使用概率 η 外，FTPL 算法选择与

(b)中的算法相同的行动。

问题 17.4(e)：在每一时间点上，使用新的扰动。

练习 18.1：从石头-剪刀-布里获取灵感。

练习 18.4：使用练习 18.3。

练习 18.6：给定任意两人博弈，添加一个“虚拟选手”使得此博弈变为零和。

问题 18.1：两个有两个策略的智能体足以说明情况。

问题 18.3(a)：对某个智能体 i 和策略 $s_i' \in S_i$，每个不等式都有如下形式 $\sum_{s \in O} z_s \cdot C_i(\boldsymbol{s}) \leqslant \sum_{s \in O} z_s \cdot C_i(s_i', \boldsymbol{s}_{-i})$ 。

问题 18.4：使用练习 18.3 并刻画最小最大化对。为了计算行选手的一个策略，求解一个混合策略 $\boldsymbol{x}$ 以及最大的实数 ζ：对任意列选手有可能采取的纯(相应也是混合的)策略，行选手的期望收益在采取策略 $\boldsymbol{x}$ 时至少为 ζ。

练习 19.2：不。描述一个 k 个智能体、m 条边的拥塞博弈只需要 km 个参数，但是问题(18.3)中的线性规划是 k 的指数级的。

练习 19.3：使用定理 19.4 证明中的归约。

问题 19.1(a)：将计算势函数(式(13.6))的全局最小化问题归约到最小费用流问题(见 Cook 等(1998))。

问题 19.1(b)：直接处理，或者使用最小费用流，它是以在残留图中的改善环不存在这一事实为特点的。

练习 20.1：考虑$(\boldsymbol{A}, \boldsymbol{B})$的某个混合策略纳什均衡，并且假设行参与者(列参与者)只在第 R 行(第 C 列)中为正的概率。求解一个线性等式系统，得到一个混合策略纳什均衡的概率，其中，行(列)参与者只在 $R(C)$上进行随机。

练习 20.2：如果只有 $\mathcal{A}_1$ 和 $\mathcal{A}_2$ 的描述，你如何确定总存在这样的证据？如果不存在，你又如何解决 $\mathcal{NP} \cap co\mathcal{NP}$ 中的问题？

问题 20.1：使用练习 20.1 中的解决方法。

问题 20.2(a)：使用 Chernoff-Hoeffding 界来证明每一个纯策略的期望收益在$(\boldsymbol{x}^*, \boldsymbol{y}^*)$和$(\hat{\boldsymbol{x}}, \hat{\boldsymbol{y}})$下几乎一样。关于 Chernoff-Hoeffding 界，参见 Mitzenmacher 和 Upfal(2005)，以及 Motwani 和 Raghavan(1996)。

问题 20.2(b)：使用问题 20.1 中的解法。$\hat{\boldsymbol{x}}$ 和 $\hat{\boldsymbol{y}}$ 中有多少分量是非 0 的？

问题 20.3(a)：给定一个双矩阵博弈$(\boldsymbol{A}, \boldsymbol{B})$，令博弈并行进行两次，使用支付矩阵 $\begin{bmatrix} \boldsymbol{0} & \boldsymbol{A} \\ \boldsymbol{B}^{\mathrm{T}} & \boldsymbol{0} \end{bmatrix}$和它的转置矩阵。

问题 20.3(c)：证明(a)中生成的对称博弈含有非对称 MNE。

参 考 文 献

Abdulkadiroğlu, A. and Sönmez, T. (1999). House allocation with existing tenants. *Journal of Economic Theory*, 88(2):233–260.

Adler, I. (2013). The equivalence of linear programs and zero-sum games. *International Journal of Game Theory*, 42(1):165–177.

Aggarwal, G., Goel, A., and Motwani, R. (2006). Truthful auctions for pricing search keywords. In *Proceedings of the 7th ACM Conference on Electronic Commerce (EC)*, pages 1–7.

Alaei, S., Hartline, J. D., Niazadeh, R., Pountourakis, E., and Yuan, Y. (2015). Optimal auctions vs. anonymous pricing. In *Proceedings of the 56th Annual Symposium on Foundations of Computer Science (FOCS)*, pages 1446–1463.

Aland, S., Dumrauf, D., Gairing, M., Monien, B., and Schoppmann, F. (2011). Exact price of anarchy for polynomial congestion games. *SIAM Journal on Computing*, 40(5):1211–1233.

Andelman, N., Feldman, M., and Mansour, Y. (2009). Strong price of anarchy. *Games and Economic Behavior*, 65(2):289–317.

Anshelevich, E., Dasgupta, A., Kleinberg, J., Tardos, É., Wexler, T., and Roughgarden, T. (2008a). The price of stability for network design with fair cost allocation. *SIAM Journal on Computing*, 38(4):1602–1623.

Anshelevich, E., Dasgupta, A., Tardos, É., and Wexler, T. (2008b). Near-optimal network design with selfish agents. *Theory of Computing*, 4(1):77–109.

Archer, A. F. and Tardos, É. (2001). Truthful mechanisms for one-parameter agents. In *Proceedings of the 42nd Annual Symposium on Foundations of Computer Science (FOCS)*, pages 482–491.

Arora, S., Hazan, E., and Kale, S. (2012). The multiplicative weights update method: a meta-algorithm and applications. *Theory of Computing*, 8(1):121–164.

Asadpour, A. and Saberi, A. (2009). On the inefficiency ratio of stable equilibria in congestion games. In *Proceedings of the 5th International Workshop on Internet and Network Economics (WINE)*, pages 545–552.

Ashlagi, I., Fischer, F. A., Kash, I. A., and Procaccia, A. D. (2015). Mix and match: A strategyproof mechanism for multi-hospital kidney exchange. *Games and Economic Behavior*, 91:284–296.

Aumann, R. J. (1959). Acceptable points in general cooperative n-person games. In Luce, R. D. and Tucker, A. W., editors, *Contributions to the Theory of Games*, volume 4, pages 287–324. Princeton University Press.

Aumann, R. J. (1974). Subjectivity and correlation in randomized strategies. *Journal of Mathematical Economics*, 1(1):67–96.

Ausubel, L. M. (2004). An efficient ascending-bid auction for multiple objects. *American Economic Review*, 94(5):1452–1475.

Ausubel, L. M. and Milgrom, P. (2002). Ascending auctions with package bidding. *Frontiers of Theoretical Economics*, 1(1):1–42.

Ausubel, L. M. and Milgrom, P. (2006). The lovely but lonely Vickrey auction. In Cramton, P., Shoham, Y., and Steinberg, R., editors, *Combinatorial Auctions*, chapter 1, pages 57–95. MIT Press.

Awerbuch, B., Azar, Y., Epstein, A., Mirrokni, V. S., and Skopalik, A. (2008). Fast convergence to nearly optimal solutions in potential games. In *Proceedings of the 9th ACM Conference on Electronic Commerce (EC)*, pages 264–273.

Awerbuch, B., Azar, Y., and Epstein, L. (2013). The price of routing unsplittable flow. *SIAM Journal on Computing*, 42(1):160–177.

Awerbuch, B., Azar, Y., Richter, Y., and Tsur, D. (2006). Tradeoffs in worst-case equilibria. *Theoretical Computer Science*, 361(2–3):200–209.

Azar, P., Daskalakis, C., Micali, S., and Weinberg, S. M. (2013). Optimal and efficient parametric auctions. In *Proceedings of the 24th Annual ACM-SIAM Symposium on Discrete Algorithms (SODA)*, pages 596–604.

Beckmann, M. J., McGuire, C. B., and Winsten, C. B. (1956). *Studies in the Economics of Transportation.* Yale University Press.

Bertsekas, D. P. and Gallager, R. G. (1987). *Data Networks.* Prentice-Hall. Second Edition, 1991.

Bhawalkar, K., Gairing, M., and Roughgarden, T. (2014). Weighted congestion games: Price of anarchy, universal worst-case examples, and tightness. *ACM Transactions on Economics and Computation*, 2(4):14.

Bilò, V., Flammini, M., and Moscardelli, L. (2016). The price of stability for undirected broadcast network design with fair cost allocation is constant. *Games and Economic Behavior.* To appear.

Bitansky, N., Paneth, O., and Rosen, A. (2015). On the cryptographic hardness of finding a Nash equilibrium. In *Proceedings of the 56th Annual Symposium on Foundations of Computer Science (FOCS)*, pages 1480–1498.

Blackwell, D. (1956). Controlled random walks. In Noordhoff, E. P., editor, *Proceedings of the International Congress of Mathematicians 1954*, volume 3, pages 336–338. North-Holland.

Blum, A., Hajiaghayi, M. T., Ligett, K., and Roth, A. (2008). Regret minimization and the price of total anarchy. In *Proceedings of the 39th Annual ACM Symposium on Theory of Computing (STOC)*, pages 373–382.

Blum, A. and Mansour, Y. (2007a). From external to internal regret. *Journal of Machine Learning Research*, 8:1307–1324.

Blum, A. and Mansour, Y. (2007b). Learning, regret minimization, and equilibria. In Nisan, N., Roughgarden, T., Tardos, É., and Vazirani, V., editors, *Algorithmic Game Theory*, chapter 4, pages 79–101. Cambridge University Press.

Blume, L. (1993). The statistical mechanics of strategic interaction. *Games and Economic Behavior*, 5(3):387–424.

Blumrosen, L. and Nisan, N. (2007). Combinatorial auctions. In Nisan, N., Roughgarden, T., Tardos, É., and Vazirani, V., editors, *Algorithmic Game Theory*, chapter 11, pages 267–299. Cambridge University Press.

Börgers, T. (2015). *An Introduction to the Theory of Mechanism Design*. Oxford University Press.

Braess, D. (1968). Über ein Paradoxon aus der Verkehrsplanung. *Unternehmensforschung*, 12(1):258–268.

Brandt, F., Conitzer, V., Endriss, U., Lang, J., and Procaccia, A. D., editors (2016). *Handbook of Computational Social Choice*. Cambridge University Press.

Briest, P., Krysta, P., and Vöcking, B. (2005). Approximation techniques for utilitarian mechanism design. In *Proceedings of the 36th Annual ACM Symposium on Theory of Computing (STOC)*, pages 39–48.

Brown, J. W. and von Neumann, J. (1950). Solutions of games by differential equations. In Kuhn, H. W. and Tucker, A. W., editors, *Contributions to the Theory of Games*, volume 1, pages 73–79. Princeton University Press.

Bulow, J. and Klemperer, P. (1996). Auctions versus negotiations. *American Economic Review*, 86(1):180–194.

Bulow, J. and Roberts, J. (1989). The simple economics of optimal auctions. *Journal of Political Economy*, 97(5):1060–1090.

Cai, Y., Candogan, O., Daskalakis, C., and Papadimitriou, C. H. (2016). Zero-sum polymatrix games: A generalization of minmax. *Mathematics of Operations Research*, 41(2):648–655.

Caragiannis, I., Kaklamanis, C., Kanellopoulos, P., Kyropoulou, M., Lucier, B., Paes Leme, R., and Tardos, É. (2015). On the efficiency of equilibria in generalized second price auctions. *Journal of Economic Theory*, 156:343–388.

Cesa-Bianchi, N. and Lugosi, G. (2006). *Prediction, Learning, and Games*. Cambridge University Press.

Cesa-Bianchi, N., Mansour, Y., and Stolz, G. (2007). Improved second-order bounds for prediction with expert advice. *Machine Learning*, 66(2–3):321–352.

Chakrabarty, D. (2004). Improved bicriteria results for the selfish routing problem. Unpublished manuscript.

Chawla, S., Hartline, J. D., and Kleinberg, R. D. (2007). Algorithmic pricing via virtual valuations. In *Proceedings of the 8th ACM Conference on Electronic Commerce (EC)*, pages 243–251.

Chawla, S., Hartline, J. D., Malec, D., and Sivan, B. (2010). Multiparameter mechanism design and sequential posted pricing. In *Proceedings of the 41st Annual ACM Symposium on Theory of Computing (STOC)*, pages 311–320.

Chekuri, C. and Gamzu, I. (2009). Truthful mechanisms via greedy iterative packing. In *Proceedings of the 12th International Workshop on Approximation Algorithms for Combinatorial Optimization Problems (APPROX)*, pages 56–69.

Chen, R. and Chen, Y. (2011). The potential of social identity for equilibrium selection. *American Economic Review*, 101(6):2562–2589.

Chen, X., Deng, X., and Teng, S.-H. (2009). Settling the complexity of computing two-player Nash equilibria. *Journal of the ACM*, 56(3):14.

Chien, S. and Sinclair, A. (2011). Convergence to approximate Nash equilibria in congestion games. *Games and Economic Behavior*, 71(2):315–327.

Christodoulou, G. and Koutsoupias, E. (2005a). On the price of anarchy and stability of correlated equilibria of linear congestion games. In *Proceedings of the 13th Annual European Symposium on Algorithms (ESA)*, pages 59–70.

Christodoulou, G. and Koutsoupias, E. (2005b). The price of anarchy of finite congestion games. In *Proceedings of the 36th Annual ACM Symposium on Theory of Computing (STOC)*, pages 67–73.

Christodoulou, G., Kovács, A., and Schapira, M. (2016). Bayesian combinatorial auctions. *Journal of the ACM*, 63(2):11.

Clarke, E. H. (1971). Multipart pricing of public goods. *Public Choice*, 11(1):17–33.

Cohen, J. E. and Horowitz, P. (1991). Paradoxical behaviour of mechanical and electrical networks. *Nature*, 352(8):699–701.

Cominetti, R., Correa, J. R., and Stier Moses, N. E. (2009). The impact of oligopolistic competition in networks. *Operations Research*, 57(6):1421–1437.

Cook, W. J., Cunningham, W. H., Pulleyblank, W. R., and Schrijver, A. (1998). *Combinatorial Optimization.* Wiley.

Correa, J. R., Schulz, A. S., and Stier Moses, N. E. (2004). Selfish routing in capacitated networks. *Mathematics of Operations Research*, 29(4):961–976.

Cramton, P. (2006). Simultaneous ascending auctions. In Cramton, P., Shoham, Y., and Steinberg, R., editors, *Combinatorial Auctions*, chapter 4, pages 99–114. MIT Press.

Cramton, P. and Schwartz, J. (2000). Collusive bidding: Lessons from the FCC spectrum auctions. *Journal of Regulatory Economics*, 17(3):229–252.

Cramton, P., Shoham, Y., and Steinberg, R., editors (2006). *Combinatorial Auctions.* MIT Press.

Crémer, J. and McLean, R. P. (1985). Optimal selling strategies under uncertainty for a discriminating monopolist when demands are interdependent. *Econometrica*, 53(2):345–361.

Dantzig, G. B. (1951). A proof of the equivalence of the programming problem and the game problem. In Koopmans, T. C., editor, *Activity Analysis of Production and Allocation*, Cowles Commission Monograph No. 13, chapter XX, pages 330–335. Wiley.

Dantzig, G. B. (1982). Reminiscences about the origins of linear programming. *Operations Research Letters*, 1(2):43–48.

Daskalakis, C. (2013). On the complexity of approximating a Nash equilibrium. *ACM Transactions on Algorithms*, 9(3):23.

Daskalakis, C., Goldberg, P. W., and Papadimitriou, C. H. (2009a). The complexity of computing a Nash equilibrium. *SIAM Journal on Computing*, 39(1):195–259.

Daskalakis, C., Goldberg, P. W., and Papadimitriou, C. H. (2009b). The complexity of computing a Nash equilibrium. *Communications of the ACM*, 52(2):89–97.

Devanur, N. R., Ha, B. Q., and Hartline, J. D. (2013). Prior-free auctions for budgeted agents. In *Proceedings of the 14th ACM Conference on Electronic Commerce (EC)*, pages 287–304.

Dhangwatnotai, P., Roughgarden, T., and Yan, Q. (2015). Revenue maximization with a single sample. *Games and Economic Behavior*, 91:318–333.

Diamantaras, D., Cardamone, E. I., Campbell, K. A., Deacle, S., and Delgado, L. A. (2009). *A Toolbox for Economic Design.* Palgrave Macmillan.

Dobzinski, S., Lavi, R., and Nisan, N. (2012). Multi-unit auctions with budget limits. *Games and Economic Behavior*, 74(2):486–503.

Dobzinski, S., Nisan, N., and Schapira, M. (2010). Approximation algorithms for combinatorial auctions with complement-free bidders. *Mathematics of Operations Research*, 35(1):1–13.

Dobzinski, S. and Paes Leme, R. (2014). Efficiency guarantees in auctions with budgets. In *Proceedings of the 41st International Colloquium on Automata, Languages and Programming (ICALP)*, pages 392–404.

Dubins, L. E. and Freedman, D. A. (1981). Machiavelli and the Gale-Shapley algorithm. *American Mathematical Monthly*, 88(7):485–494.

Dynkin, E. B. (1963). The optimum choice of the instant for stopping a Markov process. *Soviet Mathematics Doklady*, 4:627–629.

Edelman, B., Ostrovsky, M., and Schwarz, M. (2007). Internet advertising and the Generalized Second-Price Auction: Selling billions of dollars worth of keywords. *American Economic Review*, 97(1):242–259.

Epstein, A., Feldman, M., and Mansour, Y. (2009). Strong equilibrium in cost sharing connection games. *Games and Economic Behavior*, 67(1):51–68.

Etessami, K. and Yannakakis, M. (2010). On the complexity of Nash equilibria and other fixed points. *SIAM Journal on Computing*, 39(6):2531–2597.

Even-Dar, E., Kesselman, A., and Mansour, Y. (2007). Convergence time to Nash equilibrium in load balancing. *ACM Transactions on Algorithms*, 3(3):32.

Fabrikant, A., Papadimitriou, C. H., and Talwar, K. (2004). The complexity of pure Nash equilibria. In *Proceedings of the 35th Annual ACM Symposium on Theory of Computing (STOC)*, pages 604–612.

Facchini, G., van Megan, F., Borm, P., and Tijs, S. (1997). Congestion models and weighted Bayesian potential games. *Theory and Decision*, 42(2):193–206.

Federal Communications Commission (2015). Procedures for competitive bidding in auction 1000, including initial clearing target determination, qualifying to bid, and bidding in auctions 1001 (reverse) and 1002 (forward). Public notice FCC 15-78.

Foster, D. P. and Vohra, R. (1997). Calibrated learning and correlated equilibrium. *Games and Economic Behavior*, 21(1–2):40–55.

Foster, D. P. and Vohra, R. (1999). Regret in the on-line decision problem. *Games and Economic Behavior*, 29(1–2):7–35.

Fotakis, D. (2010). Congestion games with linearly independent paths: Convergence time and price of anarchy. *Theory of Computing Systems*, 47(1):113–136.

Fotakis, D., Kontogiannis, S. C., and Spirakis, P. G. (2005). Selfish unsplittable flows. *Theoretical Computer Science*, 348(2–3):226–239.

Fréchette, A., Newman, N., and Leyton-Brown, K. (2016). Solving the station repacking problem. In *Proceedings of the 30th AAAI Conference on Artificial Intelligence (AAAI)*.

Freund, Y. and Schapire, R. E. (1997). A decision-theoretic generalization of on-line learning and an application to boosting. *Journal of Computer and System Sciences*, 55(1):119–139.

Freund, Y. and Schapire, R. E. (1999). Adaptive game playing using multiplicative weights. *Games and Economic Behavior*, 29(1–2):79–103.

Gale, D., Kuhn, H. W., and Tucker, A. W. (1950). On symmetric games. In Kuhn, H. W. and Tucker, A. W., editors, *Contributions to the Theory of Games*, volume 1, pages 81–87. Princeton University Press.

Gale, D., Kuhn, H. W., and Tucker, A. W. (1951). Linear programming and the theory of games. In Koopmans, T. C., editor, *Activity Analysis of Production and Allocation*, Cowles Commission Monograph No. 13, chapter XIX, pages 317–329. Wiley.

Gale, D. and Shapley, L. S. (1962). College admissions and the stability of marriage. *American Mathematical Monthly*, 69(1):9–15.

Gale, D. and Sotomayor, M. (1985). Ms. Machiavelli and the stable matching problem. *American Mathematical Monthly*, 92(4):261–268.

Garey, M. R. and Johnson, D. S. (1979). *Computers and Intractability: A Guide to the Theory of NP-Completeness*. Freeman.

Geanakoplos, J. (2003). Nash and Walras equilibrium via Brouwer. *Economic Theory*, 21(2/3):585–603.

Gibbard, A. (1973). Manipulation of voting schemes: A general result. *Econometrica*, 41(4):587–601.

Gilboa, I. and Zemel, E. (1989). Nash and correlated equilibria: Some complexity considerations. *Games and Economic Behavior*, 1(1):80–93.

Goemans, M. X., Mirrokni, V. S., and Vetta, A. (2005). Sink equilibria and convergence. In *Proceedings of the 46th Annual Symposium on Foundations of Computer Science (FOCS)*, pages 142–151.

Goeree, J. K. and Holt, C. A. (2010). Hierarchical package bidding: A paper & pencil combinatorial auction. *Games and Economic Behavior*, 70(1):146–169.

Goldberg, A. V., Hartline, J. D., Karlin, A., Saks, M., and Wright, A. (2006). Competitive auctions. *Games and Economic Behavior*, 55(2):242–269.

Groves, T. (1973). Incentives in teams. *Econometrica*, 41(4):617–631.

Hajiaghayi, M. T., Kleinberg, R. D., and Parkes, D. C. (2004). Adaptive limited-supply online auctions. In *Proceedings of the 5th ACM Conference on Electronic Commerce (EC)*, pages 71–80.

Hannan, J. (1957). Approximation to Bayes risk in repeated play. In Dresher, M., Tucker, A. W., and Wolfe, P., editors, *Contributions to the Theory of Games*, volume 3, pages 97–139. Princeton University Press.

Harks, T. (2011). Stackelberg strategies and collusion in network games with splittable flow. *Theory of Computing Systems*, 48(4):781–802.

Harstad, R. M. (2000). Dominant strategy adoption and bidders' experience with pricing rules. *Experimental Economics*, 3(3):261–280.

Hart, S. and Mas-Colell, A. (2000). A simple adaptive procedure leading to correlated equilibrium. *Econometrica*, 68(5):1127–1150.

Hart, S. and Nisan, N. (2013). The query complexity of correlated equilibria. Working paper.

Hartline, J. D. (2016). Mechanism design and approximation. Book in preparation.

Hartline, J. D. and Kleinberg, R. D. (2012). Badminton and the science of rule making. *The Huffington Post*.

Hartline, J. D. and Roughgarden, T. (2009). Simple versus optimal mechanisms. In *Proceedings of the 10th ACM Conference on Electronic Commerce (EC)*, pages 225–234.

Hoeksma, R. and Uetz, M. (2011). The price of anarchy for minsum related machine scheduling. In *Proceedings of the 9th International Workshop on Approximation and Online Algorithms (WAOA)*, pages 261–273.

Holmstrom, B. (1977). *On Incentives and Control in Organizations*. PhD thesis, Stanford University.

Hurwicz, L. (1972). On informationally decentralized systems. In McGuire, C. B. and Radner, R., editors, *Decision and Organization*, pages 297–336. University of Minnesota Press.

Ibarra, O. H. and Kim, C. E. (1975). Fast approximation algorithms for the knapsack and sum of subset problems. *Journal of the ACM*, 22(4):463–468.

Jackson, M. O. (2008). *Social and Economic Networks*. Princeton University Press.

Jiang, A. X. and Leyton-Brown, K. (2015). Polynomial-time computation of exact correlated equilibrium in compact games. *Games and Economic Behavior*, 91:347–359.

Johnson, D. S., Papadimitriou, C. H., and Yannakakis, M. (1988). How easy is local search? *Journal of Computer and System Sciences*, 37(1):79–100.

Kalai, A. and Vempala, S. (2005). Efficient algorithms for online decision problems. *Journal of Computer and System Sciences*, 71(3):291–307.

Karlin, A. R. and Peres, Y. (2017). *Game Theory, Alive*. American Mathematical Society.

Karlin, S. and Taylor, H. (1975). *A First Course in Stochastic Processes*. Academic Press, second edition.

Kirkegaard, R. (2006). A short proof of the Bulow-Klemperer auctions vs. negotiations result. *Economic Theory*, 28(2):449–452.

Klemperer, P. (2004). *Auctions: Theory and Practice*. Princeton University Press.

Koutsoupias, E. and Papadimitriou, C. H. (1999). Worst-case equilibria. In *Proceedings of the 16th Annual Symposium on Theoretical Aspects of Computer Science (STACS)*, volume 1563 of *Lecture Notes in Computer Science*, pages 404–413.

Krishna, V. (2010). *Auction Theory*. Academic Press, second edition.

Lehmann, D., O'Callaghan, L. I., and Shoham, Y. (2002). Truth revelation in approximately efficient combinatorial auctions. *Journal of the ACM*, 49(5):577–602.

Lemke, C. E. and Howson, Jr., J. T. (1964). Equilibrium points of bimatrix games. *SIAM Journal*, 12(2):413–423.

Lipton, R. J., Markakis, E., and Mehta, A. (2003). Playing large games using simple strategies. In *Proceedings of the 4th ACM Conference on Electronic Commerce (EC)*, pages 36–41.

Littlestone, N. (1988). Learning quickly when irrelevant attributes abound: A new linear-threshold algorithm. *Machine Learning*, 2(4):285–318.

Littlestone, N. and Warmuth, M. K. (1994). The weighted majority algorithm. *Information and Computation*, 108(2):212–261.

Mas-Colell, A., Whinston, M. D., and Green, J. R. (1995). *Microeconomic Theory.* Oxford University Press.

McVitie, D. G. and Wilson, L. B. (1971). The stable marriage problem. *Communications of the ACM*, 14(7):486–490.

Megiddo, N. and Papadimitriou, C. H. (1991). On total functions, existence theorems and computational complexity. *Theoretical Computer Science*, 81(2):317–324.

Milchtaich, I. (1996). Congestion games with player-specific payoff functions. *Games and Economic Behavior*, 13(1):111–124.

Milgrom, P. (2004). *Putting Auction Theory to Work.* Cambridge University Press.

Milgrom, P. and Segal, I. (2015a). Deferred-acceptance auctions and radio spectrum reallocation. Working paper.

Milgrom, P. and Segal, I. (2015b). Designing the US Incentive Auction. Working paper.

Mirrokni, V. S. and Vetta, A. (2004). Convergence issues in competitive games. In *Proceedings of the 7th International Workshop on Approximation Algorithms for Combinatorial Optimization Problems (APPROX)*, pages 183–194.

Mitzenmacher, M. and Upfal, E. (2005). *Probability and Computing: Randomized Algorithms and Probabilistic Analysis.* Cambridge University Press.

Monderer, D. and Shapley, L. S. (1996). Potential games. *Games and Economic Behavior*, 14(1):124–143.

Motwani, R. and Raghavan, P. (1996). *Randomized Algorithms.* Cambridge University Press.

Moulin, H. (1980). On strategy-proofness and single peakedness. *Public Choice*, 35(4):437–455.

Moulin, H. and Shenker, S. (2001). Strategyproof sharing of submodular costs: Budget balance versus efficiency. *Economic Theory*, 18(3):511–533.

Moulin, H. and Vial, J. P. (1978). Strategically zero-sum games: The class of games whose completely mixed equilibria cannot be improved upon. *International Journal of Game Theory*, 7(3–4):201–221.

Mu'Alem, A. and Nisan, N. (2008). Truthful approximation mechanisms for restricted combinatorial auctions. *Games and Economic Behavior*, 64(2):612–631.

Myerson, R. (1981). Optimal auction design. *Mathematics of Operations Research*, 6(1):58–73.

Nash, Jr., J. F. (1950). Equilibrium points in N-person games. *Proceedings of the National Academy of Sciences*, 36(1):48–49.

Nash, Jr., J. F. (1951). Non-cooperative games. *Annals of Mathematics*, 54(2):286–295.

Nisan, N. (2015). Algorithmic mechanism design: Through the lens of multi-unit auctions. In Young, H. P. and Zamir, S., editors, *Handbook of Game Theory*, volume 4, chapter 9, pages 477–515. North-Holland.

Nisan, N. and Ronen, A. (2001). Algorithmic mechanism design. *Games and Economic Behavior*, 35(1–2):166–196.

Nisan, N., Roughgarden, T., Tardos, É., and Vazirani, V., editors (2007). *Algorithmic Game Theory*. Cambridge University Press.

Nobel Prize Committee (2007). Scientific background on the Sveriges Riksbank Prize in Economic Sciences in Memory of Alfred Nobel: Mechanism Design Theory. Prize Citation.

Olifer, N. and Olifer, V. (2005). *Computer Networks: Principles, Technologies and Protocols for Network Design*. Wiley.

Ostrovsky, M. and Schwarz, M. (2009). Reserve prices in Internet advertising auctions: A field experiment. Working paper.

Papadimitriou, C. H. (1994). On the complexity of the parity argument and other inefficient proofs of existence. *Journal of Computer and System Sciences*, 48(3):498–532.

Papadimitriou, C. H. (2007). The complexity of finding Nash equilibria. In Nisan, N., Roughgarden, T., Tardos, É., and Vazirani, V., editors, *Algorithmic Game Theory*, chapter 2, pages 29–51. Cambridge University Press.

Papadimitriou, C. H. and Roughgarden, T. (2008). Computing correlated equilibria in multi-player games. *Journal of the ACM*, 55(3):14.

Parkes, D. C. and Seuken, S. (2016). Economics and computation. Book in preparation.

Pigou, A. C. (1920). *The Economics of Welfare*. Macmillan.

Rabin, M. O. (1957). Effective computability of winning strategies. In Dresher, M., Tucker, A. W., and Wolfe, P., editors, *Contributions to the Theory of Games*, volume 3, pages 147–157. Princeton University Press.

Rassenti, S. J., Smith, V. L., and Bulfin, R. L. (1982). A combinatorial auction mechanism for airport time slot allocation. *Bell Journal of Economics*, 13(2):402–417.

Rochet, J. C. (1987). A necessary and sufficient condition for rationalizability in a quasi-linear context. *Journal of Mathematical Economics*, 16(2):191–200.

Rosen, A., Segev, G., and Shahaf, I. (2016). Can PPAD hardness be based on standard cryptographic assumptions? Working paper.

Rosenthal, R. W. (1973). A class of games possessing pure-strategy Nash equilibria. *International Journal of Game Theory*, 2(1):65–67.

Roth, A. E. (1982a). The economics of matching: Stability and incentives. *Mathematics of Operations Research*, 7(4):617–628.

Roth, A. E. (1982b). Incentive compatibility in a market with indivisible goods. *Economics Letters*, 9(2):127–132.

Roth, A. E. (1984). The evolution of the labor market for medical interns and residents: A case study in game theory. *Journal of Political Economy*, 92(6):991–1016.

Roth, A. E. and Peranson, E. (1999). The redesign of the matching market for American physicians: Some engineering aspects of economic design. *American Economic Review*, 89(4):748–780.

Roth, A. E. and Postlewaite, A. (1977). Weak versus strong domination in a market with indivisible goods. *Journal of Mathematical Economics*, 4(2):131–137.

Roth, A. E., Sönmez, T., and Ünver, M. U. (2004). Kidney exchange. *Quarterly Journal of Economics*, 119(2):457–488.

Roth, A. E., Sönmez, T., and Ünver, M. U. (2005). Pairwise kidney exchange. *Journal of Economic Theory*, 125(2):151–188.

Roth, A. E., Sönmez, T., and Ünver, M. U. (2007). Efficient kidney exchange: Coincidence of wants in markets with compatibility-based preferences. *American Economic Review*, 97(3):828–851.

Rothkopf, M., Teisberg, T., and Kahn, E. (1990). Why are Vickrey auctions rare? *Journal of Political Economy*, 98(1):94–109.

Roughgarden, T. (2003). The price of anarchy is independent of the network topology. *Journal of Computer and System Sciences*, 67(2):341–364.

Roughgarden, T. (2005). *Selfish Routing and the Price of Anarchy*. MIT Press.

Roughgarden, T. (2006). On the severity of Braess's Paradox: Designing networks for selfish users is hard. *Journal of Computer and System Sciences*, 72(5):922–953.

Roughgarden, T. (2010a). Algorithmic game theory. *Communications of the ACM*, 53(7):78–86.

Roughgarden, T. (2010b). Computing equilibria: A computational complexity perspective. *Economic Theory*, 42(1):193–236.

Roughgarden, T. (2015). Intrinsic robustness of the price of anarchy. *Journal of the ACM*, 62(5):32.

Roughgarden, T. and Schoppmann, F. (2015). Local smoothness and the price of anarchy in splittable congestion games. *Journal of Economic Theory*, 156:317–342.

Roughgarden, T. and Sundararajan, M. (2007). Is efficiency expensive? In *Proceedings of the 3rd Workshop on Sponsored Search.*

Roughgarden, T., Syrgkanis, V., and Tardos, É.. (2016). The price of anarchy in auctions. Working paper.

Roughgarden, T. and Tardos, É. (2002). How bad is selfish routing? *Journal of the ACM*, 49(2):236–259.

Rubinstein, A. (2016). Settling the complexity of computing approximate two-player Nash equilibria. Working paper.

Sack, K. (2012). 60 lives, 30 kidneys, all linked. *New York Times.* February 18.

Samuel-Cahn, E. (1984). Comparison of threshold stop rules and maximum for independent nonnegative random variables. *Annals of Probability*, 12(4):1213–1216.

Schäffer, A. A. and Yannakakis, M. (1991). Simple local search problems that are hard to solve. *SIAM Journal on Computing*, 20(1):56–87.

Shapley, L. and Scarf, H. (1974). On cores and indivisibility. *Journal of Mathematical Economics*, 1(1):23–37.

Shapley, L. S. and Shubik, M. (1971). The assignment game I: The core. *International Journal of Game Theory*, 1(1):111–130.

Sheffi, Y. (1985). *Urban Transportation Networks: Equilibrium Analysis with Mathematical Programming Methods.* Prentice-Hall.

Shoham, Y. and Leyton-Brown, K. (2009). *Multiagent Systems: Algorithmic, Game-Theoretic, and Logical Foundations.* Cambridge University Press.

Skopalik, A. and Vöcking, B. (2008). Inapproximability of pure Nash equilibria. In *Proceedings of the 39th Annual ACM Symposium on Theory of Computing (STOC)*, pages 355–364.

Smith, A. (1776). *An Inquiry into the Nature and Causes of the Wealth of Nations.* Methuen.

Sperner, E. (1928). Neuer Beweis für die Invarianz der Dimensionszahl und des Gebietes. *Abhandlungen aus dem Mathematischen Seminar der Universität Hamburg*, 6(1):265–272.

Varian, H. R. (2007). Position auctions. *International Journal of Industrial Organization*, 25(6):1163–1178.

Vazirani, V. V. (2001). *Approximation Algorithms.* Springer.

Vetta, A. (2002). Nash equilibria in competitive societies, with applications to facility location, traffic routing and auctions. In *Proceedings of the 43rd Annual Symposium on Foundations of Computer Science (FOCS)*, pages 416–425.

Vickrey, W. (1961). Counterspeculation, auctions, and competitive sealed tenders. *Journal of Finance*, 16(1):8–37.

Ville, J. (1938). Sur la theorie générale des jeux ou intervient l'habileté des joueurs. Fascicule 2 in Volume 4 of É. Borel, *Traité du Calcul des probabilités et de ses applications*, pages 105–113. Gauthier-Villars.

Vohra, R. V. (2011). *Mechanism Design: A Linear Programming Approach.* Cambridge University Press.

Vojnović, M. (2016). *Contest Theory.* Cambridge University Press.

von Neumann, J. (1928). Zur Theorie der Gesellschaftsspiele. *Mathematische Annalen*, 100:295–320.

von Neumann, J. and Morgenstern, O. (1944). *Theory of Games and Economic Behavior.* Princeton University Press.

von Stengel, B. (2002). Computing equilibria for two-person games. In Aumann, R. J. and Hart, S., editors, *Handbook of Game Theory with Economic Applications*, volume 3, chapter 45, pages 1723–1759. North-Holland.

Voorneveld, M., Borm, P., van Megen, F., Tijs, S., and Facchini, G. (1999). Congestion games and potentials reconsidered. *International Game Theory Review*, 1(3–4):283–299.

Wardrop, J. G. (1952). Some theoretical aspects of road traffic research. In *Proceedings of the Institute of Civil Engineers, Pt. II*, volume 1, pages 325–378.

Williamson, D. P. and Shmoys, D. B. (2010). *The Design of Approximation Algorithms.* Cambridge University Press.

推荐阅读

金融数据分析导论：基于R语言

作者：Ruey S.Tsay ISBN：978-7-111-43506-8 定价：69.00元

金融统计与数理金融：方法、模型及应用

作者：Ansgar Steland ISBN：978-7-111-57301-2 定价：85.00元

金融衍生工具数学导论（原书第3版）

作者：Salih Neftci ISBN：978-7-111-54460-9 定价：99.00元

数理金融初步（原书第3版）

作者：Sheldon M. Ross ISBN：978-7-111-41109-3 定价：39.00元

推荐阅读

计算复杂性：现代方法

作者：Sanjeev Arora 等 ISBN：978-7-111-51899-0 定价：129.00元

计算复杂性理论是理论计算机科学研究的核心。本书基本上包含了计算复杂性领域近30年来所有令人兴奋的成果，是对此领域感兴趣的读者的必读书籍。

—— 阿维·维德森（Avi Wigderson），普林斯顿大学数学学院高级研究所教授

本书综述了复杂性理论的所有重大成果，对学生和研究者来说是非常有用的资源。

—— 迈克尔·西普塞（Michael Sipser），麻省理工学院数学系教授

本书既描述了计算复杂性理论最近取得的成果，也描述了其经典结果。具体内容包括：图灵机的定义和基本的时间、空间复杂性类，概率型算法，交互式证明，密码学，量子计算，具体的计算模型的下界（判定树、通信复杂度、恒定的深度、代数和单调线路、证明复杂度），平均复杂度和难度放大，去随机化和伪随机数产生器，以及PCP定理。

计算复杂性

作者：Christos H.Papadimitriou ISBN：978-7-111-51735-1 定价：119.00元

计算复杂性理论的研究是计算机科学最重要的研究领域之一，而Chistos H. Papadimitriou是该领域最著名的专家之一。计算复杂性是计算机科学中思考为什么有些问题用计算机难以解决的领域，是理论计算机科学研究的重要内容。复杂性是计算（复杂性类）和应用（问题）之间复杂而核心的部分。

本书是一本全面阐述计算复杂性理论及其近年来进展的教科书，内容颇为深奥，重点介绍复杂性的计算、问题和逻辑。本书主要内容包含算法图灵机、可计算性等有关计算复杂性理论的基本概念；布尔逻辑、一阶逻辑、逻辑中的不可判定性等复杂性理论的基础知识；P与NP、NP完全等各复杂性类的概念及其之间的关系等复杂性理论的核心内容；随机算法、近似算法、并行算法及其复杂性理论；以及NP之外（如多项式空间等）复杂性类的介绍。每章最后一节包括相关的参考文献、注解、练习和问题，很多问题涉及更深的结论和研究。